SÜD
RHODESIEN
(SIMBABWE)
ALAND
NA)
MOÇAMBIQUE
Limpopo
TRANSVAAL
Pretoria
Johannesburg
SWASI-
LAND
Lourenço Marques
(Maputo)
Vaal
ORANJE-
FREISTAAT
LESOTHO
NATAL
Durban
Oranje
SÜDAFRIKA
UM 1925
25°
30°
35°

Eberhard W. Machens
Hans Merensky – Geologe und Mäzen

Abb. 1. Hans Merensky, etwa 65-jährig

Eberhard W. Machens

Hans Merensky Geologe und Mäzen

Platin, Gold und Diamanten in Afrika

Mit 35 Abbildungen

Schweizerbart • Stuttgart 2011

Machens: Hans Merensky – Geologe und Mäzen
Platin, Gold und Diamanten in Afrika

Umschlagvorderseite: Hans Merensky, etwa 65-jährig. Im Hintergrund die von ihm gestiftete Merensky-Bibliothek der Universität in Pretoria

Umschlagrückseite:
Oben: Captain Jack Carstens, der im Juli 1926 die ersten Diamanten bei Port Nolloth fand und Hans Merensky.
Mitte: Chromit-Flöze auf der Farm Jagdlust.
Unten: Hans Merensky als Bergbaubeflissener in Königshütte, Oberschlesien, etwa 22-jährig.

ISBN 978-3-510-65269-3

Information on this title: **www.schweizerbart.de/9783510652693**

Originaltitel: Machens: Hans Merensky – Geologe und Mäzen

Publisher: E. Schweizerbart'sche Verlagsbuchhandlung (Nägele u. Obermiller)
Johannesstr. 3A, 70176 Stuttgart, Germany
www.schweizerbart.de
mail@schweizerbart.de

∞ Gedruckt auf alterungsbeständigem Papier nach ISO 9706-1994
Printed in Germany by Gulde Druck GmbH, Tübingen

Englische Originalausgabe:
Eberhard W. Machens: Platinum, gold and diamonds. The adventure of Hans Merensky's discoveries. (Protea Book House, Pretoria, 2009)
Erhältlich bei: E. Schweizerbart'sche Verlagsbuchhandlung
Information on the English title: www.schweizerbart.de/9783510652570

Inhaltsverzeichnis

Geleitwort von Prof. Dr. Friedrich-W. Wellmer

Da Rohstoffe wieder eine hohe politische Bedeutung in Deutschland erlangen, erscheint das Buch von Eberhard Machens in deutscher Sprache über Hans Merensky zur rechten Zeit. Hans Merensky kann man wohl als den bedeutendsten deutschstämmigen Rohstoffgeologen ansehen. Er zählt zu den großen *„Minefinders“* der Welt. Merensky wurde 1871 im Transvaal in Südafrika als Sohn brandenburgischer Missionare geboren. Er erhielt seine akademische Ausbildung in Geologie und Bergbau und die Ausbildung zum Bergreferendar in Deutschland, kehrte dann aber wieder nach Südafrika zurück, wo er seine nachhaltigen Erfolge erzielte. Dort starb er 1952.

Nach zwei Enteignungen während der beiden Weltkriege und einer langen Phase eines käuferdominierten Marktes, in der deutsche Firmen fast alle ihre in den siebziger und achtziger Jahren aufgebauten und z.T sehr bedeutenden Positionen in der ausländischen Bergbauproduktion abstießen, erleben wir jetzt in Deutschland eine „Renaissance“ der Rohstoffe. Ausgelöst wurde sie im Wesentlichen durch Chinas Rohstoffhunger, der zu einem ungeahnten Rohstoffboom führte. War das Wort „Rohstoff“ in den neunziger Jahren des letzten Jahrhunderts in der deutschen Politik ein Fremdwort geworden, so gehen heute die Namen Seltener Erden wie Neodym oder Praseodym – als High-Tech-Rohstoffe wichtig für Produkte unserer hochindustrialisierten Gesellschaft und exportorientierten Wirtschaft – vielen flüssig über die Lippen. Fast alle großen Industrienationen haben in den letzten Jahren ihre eigene Abhängigkeit von spezifischen Rohstoffen wissenschaftlich untersuchen lassen.

An der Spitze dieser Rangliste der Abhängigkeiten stehen nicht nur Seltene Erden oder Indium, Gallium und Germanium als Rohstoffe für die Halbleiterindustrie, sondern auch immer Platingruppenelemente wie Platin, Palladium oder Rhodium. Sie sind beispielsweise als Katalysatoren in vielen Bereichen unserer Wirtschaft, nicht nur als Abgaskatalysator in unseren Autos, sondern auch in der Chemieindustrie oder in Brennstoffzellen von essentieller Bedeutung. Neben Untersuchungen über ihre Bedeutung in der industriellen Wertschöpfung sind gleichzeitig auch Untersuchungen über Versorgungsrisiken durchgeführt worden. Diese Risiken werden umso größer, je weniger Länder einen bestimmten Rohstoff liefern können.

Besonderes Augenmerk erfordern Rohstoffe, die einerseits besonders wichtig sind und andererseits nur in sehr wenigen Ländern in hoher Konzentration gefördert werden.

Das gilt zurzeit für die Platinmetalle und viele weitere High-Tech-Rohstoffe im Hinblick auf China. Die Produktionsstätten der Platinmetalle liegen im Wesentlichen in Südafrika und hier u. a. im Merensky-Reef, das den Namen seines Entdeckers trägt.

Das Merensky-Reef ist ein flözartiger Horizont in einem sogenannten geschichteten Ultrabasitkomplex, dem Bushveld-Komplex in Südafrika. Ultrabasite sind relativ magnesiumreiche und siliziumarme magmatische Gesteine, in diesem Fall Tiefengesteine. Hier kam es bei der Abkühlung der Schmelze zu einer Fraktionierung in der Schmelze, d. h. unterschiedliche Mineralhorizonte und damit Gesteine bildeten sich, und im Zuge dieser Fraktionierung kam es zu den einmaligen Platinelementanreicherungen. Aus den Platinhorizonten des Bushvelds, dem Merensky Reef, dem UG 2-Horizont und dem Platreef stammen heute über 75 % der Weltplatinproduktion; beim Palladium sind es immer noch 40 %. Das Merensky-Reef ist zwar die bedeutendste und bekannteste Platinanreicherung, in der aktuellen Produktion wird es jedoch mittlerweile in Summe von der aus den anderen Reefs übertroffen.

Die im vorliegenden Buch von Eberhard Machens beschriebene Geschichte zeigt, wie kreatives geologisches Denken und Hartnäckigkeit zu dieser Entdeckung führten. Diese Eigenschaften des deutschen Rohstoffgeologen Hans Merensky führten auch zu weiteren Entdeckungen wie den sekundären Diamantvorkommen an der Mündung des Oranje-Flusses, die Erschließung von Chromitvorkommen im Bushveld-Komplex oder der Palabora-Phosphat-Lagerstätte. Bei jeder dieser Entdeckungen und Entwicklungen können die entscheidenden Eigenschaften für einen erfolgreichen Lagerstättenentdecker studiert werden: die Fähigkeit, aus wenigen Oberflächenbeobachtungen („*showings*") ein Lagerstättenpotential zu erkennen, kreatives Denken für neue Lagerstättenmodelle, wie z. B. bei der Entdeckung von Diamantseifen, der ersten ihrer Art, insbesondere Hartnäckigkeit und langer Atem. So konnten die Erkenntnisse der Chromitprospektion von Merenskys erst nach 15 Jahren umgesetzt werden. Diese Eigenschaften Merenskys können Vorbild sein für den Beginn neuer deutscher Rohstoffaktivitäten, wie sie jetzt wieder diskutiert und hoffentlich auch ausgeführt werden.

In diesem Sinne wünsche ich dem Buch von Eberhard Machens Erfolg und eine breite Leserschaft!

Glückauf!

Prof. Dr.-Ing. Dr. h.c.mult. Friedrich-W. Wellmer

Präsident a.D. der
Bundesanstalt für Geowissenschaften und Rohstoffe (BGR) und des
Niedersächsischen Landesamtes für Bodenforschung
(heute Teil des Landesamtes für Bergbau, Energie und Geologie (LBEG)),
Hannover

Vorwort und Danksagung des Autors

Die erste und bisher einzige Biographie über Hans Merensky, „Look Beyond The Wind. The Life of Dr. Hans Merensky, 1871–1952“ von Olga Lehmann erschien vor 55 Jahren in Südafrika. Ihr folgten 1956, 1959 und 1989 unveränderte Nachdrucke und 1965 eine deutschsprachige Ausgabe unter dem Titel „Hans Merensky, ein deutscher Pionier in Südafrika“.

Die wissenschaftliche Leistung Merenskys wurde 1999, anlässlich des 75. Jahrestages der Entdeckung des südafrikanischen Platins (Merensky-*Reef*) in einem von R. G. Cawthorn herausgebenen, vielbeachteten und weltweit gelesenen Sonderheft des *South African Journal of Geology* gewürdigt.

Hinsichtlich einer Würdigung der wirtschaftspolitischen Bedeutung Hans Merenskys und einer Gesamtschau des Lebenswerks dieses großen Geologen hat sich dagegen wenig getan. Zwar erschienen gelegentlich einzelne Artikel, aber weder zu seinem 100. Geburtstag (1971) noch zu seinem 50. Todestag (2002) wurde seiner in größeren Veröffentlichungen gedacht. Das verwundert ein wenig. Tatsächlich hat sich nämlich die wirtschaftliche Bedeutung verschiedener Rohstoffe in den letzten 50 Jahren stark verändert. Gleichzeitig haben sich auch die Zentren der Produktion verlagert.

In Bezug auf Hans Merensky bedeutet dies, dass die Entdeckungen, die er zwischen 1924 und 1950 gemacht hat, heute wirtschaftlich gesehen um ein Mehrfaches wertvoller sind als vor 60 oder 80 Jahren. Damals wurde er von der um Wortschöpfungen nie verlegenen Presse, als der „Hexenmeister der Geologie“ (*wizard geologist*) bezeichnet. Heute ist klar, dass er ein genialer Geologe war und darüber hinaus ein weit vorausschauender Wirtschaftsstratege. Mehr noch, Südafrika verdankt ihm unendlich viel. Ohne seine damaligen zukunftsweisenden Überlegungen wäre Südafrika heute ein ärmeres Land.

Das südafrikanische Platin hatte es in den ersten Jahren nach seiner Entdeckung schwer, sich auf dem Markt zu behaupten. Heute ist Südafrika der wichtigste Platinproduzent der Welt. Merensky hatte immer daran geglaubt, dass es so kommen würde.

- Die Chromerze des Bushvelds waren nach ihrer Entdeckung nicht zu verkaufen. Merensky glaubte unverbrüchlich daran, dass diese Art von Erzen einmal den Weltmarkt beherrschen würden und die Entwicklung hat ihm recht gegeben.
- Die Region von *Palabora*, in der Merensky die große Phosphatlagerstätte entdeckt hatte, entwickelte sich im Laufe der folgenden Jahrzehnte so, wie ihr Ent-

decker es unmittelbar nach Abschluss der Prospektionsarbeiten seinen Mitarbeitern skizziert hatte.

– Am weitsichtigsten war Merensky aber wohl bei der Abfassung seines Testaments und der Planung, wie sein großes Vermögen nutzbringend für Südafrika und für den Fortschritt eingesetzt werden könnte. Er plante für 100 Jahre im Voraus. Wenn man heute sieht, was aus seinem Erbe geworden ist und in welcher Art die Merensky Foundation weltweit operiert und gleichzeitig in Südafrika Gutes tut, dann muss man Merenskys weitsichtiger Planung höchste Anerkennung zollen.

Es gibt also viel zu erzählen.

Wie kommt man nun dazu, ein solches Buch zu schreiben? Wer gab die Anregung und wie entwickelte sich die Arbeit? Die erste Frage ist einfach zu beantworten, mit der Antwort auf die die zweite Frage könnte man Bände füllen.

Die Anregung kam von meiner Frau. Sie hatte vor 45 Jahren, als ich meine erste Afrika-Vorlesung hielt, mein Manuskript gelesen. Darin wurden selbstverständlich auch die südafrikanischen Diamanten besprochen. Um den Text aufzulockern, hatte ich an dieser Stelle die Episode eingeflochten, über die im vorliegenden Buch in Kapitel 17 berichtet wird, nämlich Merenskys galanter Umgang mit den Damen der Gesellschaft und seine großzügige Art Diamanten zu verschenken. Meine Frau fand diese Szene wunderbar und ist seitdem ein „Merensky-Fan“. Meine Studentinnen fanden das ebenso aufregend. Dadurch angeregt begann ich, mich auch für Merenskys privates Leben zu interessieren. Und es dauerte nicht lange, bis mir bewusst war, dass der „späte“ Merensky (nach dem Kauf von Westfalia), eine faszinierende und menschlich hoch interessante Persönlichkeit darstellte. Einige Jahre nach meiner Pensionierung sagte meine Frau dann eines Tages: „Wenn Du schon unser Leben lang unsere Gäste und die Kinder mit deinen Geschichten über Merensky unterhältst, dann setz dich doch einmal hin und schreib das auf ...“.

Das tat ich. Und wenn man das Material weitgehend bereit hat, ist das zunächst eine leichte Übung. Dann aber wird man im Laufe der Arbeit in ein Netz von zusätzlichen Informationen, Ratschlägen, Hilfestellungen und wohlgemeinten Ermutigungen derart eingewebt, dass es einem nach zwei oder drei Jahren fast unmöglich ist, all denen zu danken, die behilflich waren. Fest steht jedoch: Ein Buch dieser Art schreibt der Autor nicht alleine! Einige der wichtigen Helfer seien genannt: Mein früherer Assistent, Professor Rainer Herd, hat das Buch aus geologischer Sicht durchgesehen und korrigiert. Unsere frühere technische Zeichnerin, Frau Sabine Printschitsch, hat die Karten entworfen. Mein Freund Gerd Kähler† hat die deutsche Fassung sprachlich mehrfach korrigiert. Relativ spät in der Entwicklung – die erste Fassung des Buches lag schon broschiert auf dem Tisch – bin ich auf der Suche nach Fotos mit der Merensky Foundation in Johannesburg und ihrem früheren Präsidenten Dr. Viktor Hesse, dem Executive Manager Agribusiness Claus

Lippert, dem Direktor der Farm Westfalia, Dr. Stefan Koehne und seiner Frau Sylvie, der Leiterin der Forschungsstation auf Westfalia, in Kontakt gekommen. Die Stiftung bot mir an, die Übersetzung des Buches ins Englische zu finanzieren und stellte somit die Weichen dafür, dass das Buch zuerst in Südafrika veröffentlicht wurde. Sie gab mir zudem die Gelegenheit, Merenskys Farm Westfalia zu besuchen und das dort lagernde Merensky-Archiv einzusehen. Die Originalberichte zu den Platinuntersuchungen Merenskys in der Hand zu halten und vieles andere mehr, war für mich ein erhebender Moment. Auf Westfalia hatte ich dann aber auch Gelegenheit, Robbie Maddison kennen zu lernen, den heute wahrscheinlich einzigen noch lebenden Mitarbeiter Merenskys. Er hatte 1946 als junger Mann auf der Farm zu arbeiten begonnen und wurde später, wie schon zuvor sein Vater, Verwalter der Zitrusplantage. In langen Gesprächen machte er das Leben auf Westfalia in Merenskys letztem Lebensjahrzehnt vor mir lebendig. Als das Buch dann in Südafrika auf dem Markt war, kamen noch zusätzliche Informationen hinzu, so von Harald Krahmann, der über die geophysikalische Prospektion seines Vaters berichtete. Ihnen allen und vielen anderen, die nicht genannt werden können, sei für ihre Hilfestellung und ihr Engagement gedankt.

Zum Schluss sei noch eine Danksagung angefügt, die manchem ungewöhnlich erscheinen mag. Dem Autor ist sie jedoch wichtig. Es ist die Würdigung des Werkes von Olga Lehmann, der ersten Biographin Hans Merenskys. Sie hat sehr zeitnah nach dem Ableben Merenskys für ihr Buch recherchiert und mit unglaublich vielen persönlichen Freunden Merenskys, Bergbaumanagern und Politikern gesprochen. Die ihrem Buch vorangestellte Danksagung an die Informanten und der Index des Werkes lesen sich deshalb wie ein „*Who is Who*" der südafrikanischen Bergbaugemeinde um die Mitte des vorigen Jahrhunderts. Olga Lehmann hat aber auch sehr fundierte Akten- und Zeitungsrecherchen durchgeführt und schließlich eine große Zahl von Anekdoten über Hans Merensky gesammelt. Niemand, der nach ihr über Merensky schreibt, kann daran vorbeigehen, er kann höchstens die Gewichtung einzelner Ereignisse verschieben.

Olga Lehmann hat aber noch ein zweites Verdienst, das in den Augen des Autors noch schwerer wiegt. Im Zuge ihrer Recherchen hat sie die Bedeutung des Vaters, des Missionars Alexander Merensky, für die Entwicklung des Sohnes erkannt. Alexander Merensky war in den Jahren zwischen 1860 und 1890 einer der tatkräftigsten Pioniere Südafrikas, das ist allgemein bekannt. Sein Sohn, der als Geologe berühmt wurde, ist eine vollkommen eigenständige Persönlichkeit. Sowohl in seiner Berufswahl, als auch in den wichtigen Entscheidungen in den Jahren nach dem Kauf von Westfalia und bei der Formulierung seines Letzten Willens, ist er eigene Wege gegangen. Er war dabei vom Berufsbild und Lebensweg seines Vaters unbeeinflusst. In der Art, wie er seine Entscheidungen fällte, ist jedoch die Prägung durch sein Elternhaus sehr wohl zu spüren. Olga Lehmann hat das gefühlt und ihr Buch deshalb zumindest zum Teil als Familiengeschichte gestaltet. Der Autor der hier vorgelegten Biographie ist dieser Konzeption bewusst gefolgt, weil er sie für richtig hält. Man kann Hans Merensky nicht ohne einen ausführlichen Blick auf seine Herkunft, sein Elternhaus, seine Erziehung und das Vorbild des Vaters verstehen und würdigen.

Eberhard W. Machens
Bonn, im Februar 2011

Nur Persönlichkeiten bewegen die Welt,
niemals Prinzipien.

Oscar Wilde

1 Der Lebenslauf eines großen Geologen

Hans Merensky – der Name ist wahrscheinlich nur wenigen geläufig. Es sei denn, man hätte Bergbau studiert oder Geologie. Dann hätte man den Namen schon in der ersten Vorlesung zur Lagerstättenkunde gehört. Oder man wäre viel in Südafrika und Namibia gereist, denn dort ist der Name an vielen öffentlichen Stellen festgehalten. Staudämme, Straßen, ein Wildreservat, verbunden mit einer Lodge der Extraklasse, eine landwirtschaftliche Hochschule in Tzaneen, Universitätsinstitute in Stellenbosch und die Universitätsbibliothek in Pretoria sind nach Merensky benannt. Der Grund ist einfach: Hans Merensky genießt in Südafrika Kultstatus, denn er war der erfolgreichste Entdecker von Erzlagerstätten und Diamantenvorkommen, den es je gegeben hat, und zwar weltweit und zu allen Zeiten.

Geboren wurde Hans Merensky 1871 auf einer Missionsstation im damaligen Transvaal, in eher bescheidenen Verhältnissen. Seine Eltern waren brandenburgische Missionare. Später kam er nach Deutschland, durchlief das deutsche Bildungssystem, leistete seinen Militärdienst, wurde Gardeleutnant, studierte Bergbau und Geologie und wurde preußischer Bergassessor. Im Alter von 33 Jahren kehrte er nach Südafrika zurück und gehörte bald zu den führenden Geologen des Landes. Es folgten Jahre mit großen Erfolgen, aber auch finanziellen Abstürzen und schließlich einem Bankrott. Die Jahre des Ersten Weltkriegs und die Nachkriegszeit waren für ihn extrem schwierig. Mitte der 20er Jahre hatte er dann mit der Entdeckung der südafrikanischen Platinvorkommen seinen ersten ganz großen Erfolg, der ihm Weltruhm einbrachte. Kurz darauf war er wiederum in finanziellen Schwierigkeiten. Knapp zwei Jahre später kam der zweite ganz große Erfolg: Er entdeckte die Diamantenlager der Alexanderbucht, an der Mündung des Oranje-Flusses. Es war die größte Lagerstätte von Diamanten mit Schmucksteinqualität, die je gefunden wurde. Diese Entdeckung ließ ihn endgültig in die Liga der südafrikanischen Bergbaumagnaten aufsteigen.

Die letzten 22 Jahre seines Lebens verbrachte er als Farmer auf seiner Großfarm Westfalia, die er zu einem Musterbetrieb ausbaute. In diesen Jahren wurde er zum allseits geachteten Vorkämpfer für einen wissenschaftlich unterlegten ökologischen

Landbau und zum Schrittmacher im Kampf gegen die Landzerstörung und Bodenerosion. Zwischendurch brach er immer wieder zu Prospektionskampagnen auf, bei denen er zahlreiche Lagerstätten von Weltbedeutung entdeckte. Merensky starb 1952, 81-jährig, auf seiner Farm Westfalia, als schwerreicher Mann, als Industrieller und gefragter Berater für Rohstoff-Fragen, vor allem aber als vielseitig engagierter Mäzen und Förderer der Wissenschaften, der durch seine testamentarischen Verfügungen auch über seinen Tod hinaus in Südafrika wirksam blieb.

Seine Lebensgeschichte ist aus mehreren Gründen erzählenswert: Sie ist spannend und stellenweise sogar dramatisch. Es gibt kaum einen Schriftsteller, der phantasievoll genug wäre, sich ein solch facettenreiches Leben auszudenken. Die Lebensgeschichte verdient aber auch deshalb aufgeschrieben zu werden, weil viele seiner Entdeckungen von globaler Bedeutung waren. Merensky hat die internationalen Rohstoffmärkte immer wieder in Bewegung gebracht und Akzente gesetzt. Sein Wirken ist Teil der Weltwirtschaftsgeschichte. Und schließlich soll dieser Lebenslauf auch deshalb festgehalten werden, weil Hans Merensky für die erste Hälfte des 20. Jahrhunderts eine der prägenden Persönlichkeiten Südafrikas war. Ohne sein Wirken und ohne seine Entdeckungen wären das heutige Südafrika und Namibia wesentlich ärmer, als sie es heute sind.

Vorbemerkung

Im weiteren Verlaufe des Buches werden immer wieder Fachausdrücke und Mineralnamen auftauchen, die einer Erläuterung bedürfen. Solche Erklärungen in den laufenden Text einzuflechten, würde den Fluss der Erzählung beeinträchtigen. Um dies zu vermeiden, wurden solche Erläuterungen aus dem Text heraus genommen und in grau unterlegten „Einschüben" untergebracht. Das Gleiche gilt für einige geschichtliche und kulturhistorische Exkurse. Der Leser kann nun, wenn er zunächst die Lebensgeschichte des Hans Merensky weiter verfolgen will, die Einschübe überspringen. Er kann aber auch, wenn er im Laufe eines späteren Kapitels eine zuvor gegebene Fachinformation noch einmal nachlesen will, diese leicht wieder auffinden.

E-1 Was ist eine „Lagerstätte"?

Wird von nutzbaren Mineralien und ihren mancherorts in der Erdkruste auftretenden Anreicherungen gesprochen, dann werden Begriffe wie „Vorkommen", „Lagerstätte" und „nutzbare Lagerstätte" verwandt. Sie können wie folgt definiert werden:

Ein **Vorkommen** ist das an einen bestimmten Ort gebundene Auftreten einer mineralischen Substanz oder eines bestimmten Gesteins. – Der Ausdruck ist die allgemeinste Art, ein solches Auftreten zu beschreiben. Der Begriff sagt nichts über die Menge, den Wert oder die wirtschaftliche Bedeutung der auftretenden mineralischen Substanz oder des Gesteins aus.

Eine **Lagerstätte** ist ein innerhalb der Erdkruste liegender, räumlich begrenzter, geologischer Körper, der eine Anreicherung bestimmter chemischer Elemente oder ein bestimmtes Gestein enthält. Die Anreicherung ist auf natürliche Art und Weise zustande gekommen, und die Konzentration der Substanz liegt deutlich über der durchschnittlichen Verbreitung des entsprechenden Stoffes in der Erdkruste, soweit sie für Bergbauaktivitäten zugänglich ist.

Eine **nutzbare Lagerstätte** ist eine wie oben definierte Lagerstätte, bei der als weiteres Kriterium die Möglichkeit der wirtschaftlichen Verwertung hinzukommt. Dies ist dann gegeben, wenn die Lagerstätte einen Rohstoff enthält, für den ein wirtschaftlicher Bedarf besteht und mit dem, wenn er abgebaut wird, bei der Vermarktung ein Gewinn erzielt werden kann. Menge und Wert des Rohstoffs müssen also so sein, dass der Verkaufswert über den summierten Kosten der Infrastruktur, des Abbaus, der Aufbereitung, des Transportes usw. liegt.

Wichtig bei dieser Definition ist, dass die „Wirtschaftlichkeit" der Lagerstätte als variabler Faktor begriffen wird. So können Lagerstätten, die zunächst über lange Zeit hin in wirtschaftlicher Hinsicht uninteressant waren, bei sich verstärkender Nachfrage oder beim Ausfall anderer Lieferanten in die Gruppe der Lagerstätten aufrücken, die mit Gewinn abgebaut werden können. Sie werden dann zu „nutzbaren Lagerstätten". – Andererseits können Lagerstätten, die bereits in Abbau stehen, aus dieser Gruppe auch herausfallen. Das wird dann der Fall sein, wenn neu auftretende Konkurrenten kostengünstiger produzieren oder wenn das aus dem Rohstoff hergestellte Endprodukt auf den Märkten durch ein anders geartetes verdrängt wird.

Angemerkt sei jedoch, dass im täglichen Sprachgebrauch der Geologen der Zusatz „nutzbar" fast immer weggelassen wird. Man spricht nur von „Lagerstätten". Das ist insbesondere dann der Fall, wenn aus dem Kontext einer Beschreibung hervorgeht, dass eine Lagerstätte abbauwürdig ist oder sogar schon in Abbau steht.

2 Der Sohn des Missionars

Vertieft man sich in den Lebenslauf einer Persönlichkeit, die in ihrem Leben Besonderes geleistet hat, dann ist es immer von Interesse, etwas über die frühen Jahre dieser Person zu erfahren. Man möchte nachspüren, ob in der Kindheit, sei es im Elternhaus, sei es im Freundeskreis oder an anderer Stelle, Anregungen gegeben wurden, die für das spätere Leben von Bedeutung waren. – Wie war das nun bei Hans Merensky?

Frühe Beeinflussungen sind deutlich erkennbar: Sein naturwissenschaftliches Interesse wurde bereits in jungen Jahren geweckt. Gleichzeitig wurde seine Fähigkeit geschult, exakt zu beobachten und kein noch so kleines Detail zu übersehen. Beides verdankt er seinem Vater, dem Missionar. Zudem verbrachte er einen Teil seiner Kindheit auf der elterlichen Missionsstation, wo die Lebensumstände so waren, dass der Junge mit dem Gefühl aufwuchs, in einem Land zu leben, in dem es noch unglaublich viel zu entdecken gab. Auslöser oder besser gesagt Kristallisationskeim für dieses Empfinden waren die langen abendlichen Diskussionen, die der Vater mit Freunden oder auch fremden Besuchern führte. Was es mit diesen abendlichen Gesprächen auf sich hatte, muss erklärt werden, und dazu muss zunächst einiges über den Vater, den Missionar Merensky, erzählt werden.

Alexander Merensky wurde 1837 geboren und erhielt nach dem frühen Tode seines Vaters im Schindler'schen Waisenhaus in Berlin Gymnasialunterricht. Schon sehr jung kam er dort zu einem lebendigen Glauben und entschloss sich, Missionar zu werden. Ab seinem 18. Lebensjahr absolvierte er im Berliner Missionshaus eine entsprechende Ausbildung und wurde schon 1858 – erst 21 Jahre alt – nach Südafrika entsandt.

Zu jener Zeit waren Reisen in diesen Breiten ein anstrengendes und häufig auch abenteuerliches Unterfangen. Teils zu Fuß, teils im Ochsenwagen zog der junge Missionar zusammen mit einem Begleiter von Kapstadt aus 1400 km nach Nordosten zur Emmaus-Missionsstation im Zululand. Von dort ging es weiter nordwärts in das Stammesgebiet der Swazi in den Drakensbergen. Dieses Gebiet bildet heute ein kleines Königreich, eingezwängt zwischen dem östlichen Transvaal (heute *Mpumalanga*) und Mosambik. Damals lag das Land der Swazi weitab jeglicher Einflusszone einer europäischen Großmacht. Als Missionar war man dort auf sich allein gestellt und genoss keinerlei besonderen Schutz. Und so war es nicht verwunderlich, dass die Mission im Swaziland nicht Fuß fassen konnte.

Alexander Merensky wandte sich deshalb nach Westen zum Gebiet der *Sotho* im Grenzgebiet zum damaligen Transvaal. Dort gelang es ihm, mehrere kleine Gemeinden zu gründen. Aber auch hier war die Existenz eines Missionars weitgehend vom Wohlwollen des örtlichen Stammesfürsten abhängig. Zunächst wurde der Missionar wegen seiner vielen Fähigkeiten und kleiner Geschenke, die er mitbrachte, freundlich empfangen. Als den Stammesältesten jedoch bewusst wurde, wie nachhaltig die Taufe ihre Untertanen veränderte, schwand dieses Wohlwollen schnell und wurde durch eine unverhohlene Feindschaft ersetzt. Für den Getauften bedeutete der Eintritt ins Christentum eine Loslösung oder sogar Erlösung von vielerlei bösen Mächten, die ihn bis dahin umgeben hatten. Er wurde freier, zugleich auch selbstständiger, und er entledigte sich der dunklen Bindungen, die sein Leben bisher eingeschränkt hatten. Die Medizinmänner und Stammesältesten empfanden das allerdings anders. Für sie war es der Beginn der Zerstörung alt-hergebrachter sozialer Strukturen, aber auch von Abhängigkeiten, die ihre Machtbasis darstellten – und das konnten sie nicht dulden. König Sekhukhune, der um seine Macht fürchten musste, reagierte hart. Bald waren es keine Reibereien mehr, sondern eine echte Verfolgung der getauften Stammesmitglieder. Dreimal musste der junge Missionar deshalb eine gerade gegründete Missionsstation wieder aufgeben.

Die dritte Vertreibung fand unter dramatischen Umständen statt. Der Missionar Merensky war in diesem Moment weniger um sein eigenes Leben besorgt als um das der getauften Familien, die sich ihm anvertraut hatten und denen er kaum Schutz gewähren konnte. Und so flohen er und seine Gemeinde mitten in der Nacht auf abgelegenen Pfaden unter Umgehung aller Dörfer durch die kaum wegsamen Schluchten der Drakensberge nach Westen, nach Transvaal. Damals war er schon verheiratet, und seine Frau war zwei Tage zuvor von ihrem ersten Kind entbunden worden. Da sie in ihrem Zustand weder reiten noch laufen konnte, musste sie, auf einem Stuhl sitzend, durch die stockdunkle Nacht getragen werden. Ein schwarzer Bediensteter trug das zwei Tage alte Mädchen, Paula, die älteste Schwester unseres Geologen Merensky, über die steinigen Pfade. Begleitet wurde der Missionar von 12 von ihm getauften afrikanischen Familien, die mit ihm ihr Stammesgebiet verließen. Der Flüchtlingszug – es waren immerhin 70 Menschen – fand zunächst in einer Mission im Bezirk Lydenburg Unterschlupf. Dann machte sich Vater Merensky auf die Suche nach einem Standort für eine neue Mission. Er ritt kreuz und quer durch das östliche Transvaal und fand schließlich im Distrikt Middelburg den idealen Platz für eine Neugründung. Er nannte sie *Botshabelo*, das heißt „Zufluchtsstätte". Das war im Jahre 1865. Zu diesem Zeitpunkt hatte er bereits sieben Jahre schwerer Missionsarbeit hinter sich, Jahre, die ihm, so sah er es, wenig Erfolg beschert hatten.

Mit der neu gegründeten Missionsstation verlief das jedoch völlig anders. Der Missionar Merensky besaß nämlich Organisationstalent, welches er jetzt voll einbringen konnte. Der Aufbau der Mission entwickelte sich so zu einem anhaltenden Erfolg. Ganz folgerichtig wurde Alexander Merensky deshalb einige Jahre später bei einer Neuordnung der Gemeinden der Berliner Mission in Transvaal zum Superintendenten ernannt. Es blieb nicht die einzige Erfolgsgeschichte in seinem Leben, ihr folgten später noch andere.

Die ersten Tage auf dem neuen Gelände waren beschwerlich. Man lebte in einfachen Laubhütten. Gleichzeitig begann man feste Rundhütten zu errichten. Die Arbeit ging zügig voran. Hütten aus Materialien zu bauen, die man in der Umgebung aus der Natur gewann, war eine handwerkliche Fähigkeit, die die Flüchtlinge beherrschten. Jeder von ihnen, Mann oder Frau, hatte das in seinem heimatlichen Dorf oft genug getan, und die Kinder halfen mit. Und sie waren fröhlich. Vater Merensky hatte das Gelände für 75 Pfund (etwa 1.500 Mark) preiswert erwerben können, und seine Schützlinge fühlten, dass sie nun ein Zuhause hatten, in dem sie ohne bedrückende Bindungen leben konnten.

Nach einiger Zeit war das erste feste Haus nach den Plänen des Missionars errichtet. Es folgten eine Kirche und nach und nach weitere feste Gebäude. Als Vater Merensky 17 Jahre danach endgültig nach Deutschland zurückkehrte, ließ er ein blühendes Anwesen zurück, bestehend aus einem Farmhaus, einer Mühle, einer Schmiede und einer Landwirtschaft, die eine Missionarsfamilie ernähren konnte. Die Mission war im Laufe dieser Jahre nicht nur zu einem geistlichen, sondern auch zu einem kulturellen und wirtschaftlichen Zentrum geworden. In ihrem Umfeld lebte eine große Anzahl afrikanischer Familien in einer wohlstrukturierten Gemeinschaft, in der jeder sein Auskommen hatte.

In dieser Mission wurde der junge Hans Merensky 1871 im sechsten Jahr nach ihrer Gründung geboren, und dort wuchs er bis zu seinem 11. Lebensjahr auf. Er war in einer bunten Reihe von vier Mädchen und vier Knaben das dritte Kind. Eine Lehrerin, die aus Deutschland gekommen war, unterrichtete die Kinder in Rechnen, Lesen, Schreiben, Deutsch, Englisch und Musik. Selbstverständlich sprachen die Kinder auch *Afrikaans*, die Sprache der Buren. Den Unterricht in Latein und in Naturkunde übernahm der Vater selbst. Die Begeisterung für den Lateinunterricht hielt sich bei den Kindern in engen Grenzen, aber den Naturkundeunterricht, den liebten sie. Dieser Unterricht fand ohne Schulbücher statt und war von ganz eigener Art. Der Vater nahm die Kinder dazu hinaus in den Busch und zeigte und erklärte ihnen, wo und warum welche Pflanzen auftraten und welche Voraussetzung sie für ihr Gedeihen brauchten. Die Kinder kannten 15 verschiedene Grassorten beim Namen und konnten aufgrund ihres Vorkommens auf die Feuchtigkeitsverhältnisse und die Art der Böden schließen. Er erläuterte ihnen die Beziehungen und Abhängigkeiten zwischen den einzelnen Tiergruppen. Das begann mit dem Mistkäfer, den sie auf der toten Feldmaus beobachteten, über die Antilopen, die zur Wasserstelle zogen, und die Raubtiere, die dort ihre Beute suchten, bis hin zu den Geiern, die darüber kreisten und auf die Gelegenheit warteten, ein Stück vom Aas an sich zu reißen. Es war kein Unterricht im europäischen Sinne, sondern eher eine Unterweisung für junge Indianerknaben, die lernen sollten, sich in der Natur zu bewegen und in ihr aufzugehen. Vor allem hielt der Vater die Kinder aber dazu an, die Natur genau zu beobachten und feinste Unterschiede zu erkennen. Hans Merensky, der später aufgrund seiner außerordentlich entwickelten Beobachtungsgabe als Prospektor große Erfolge feierte, hat immer wieder gesagt, dass die Grundlage für seine phänomenale Beobachtungsgabe in seiner Kindheit gelegt worden sei. Und an anderer Stelle schrieb er über seinen Vater fast poetisch: „...er lehrte uns die Sprache des Windes zu verstehen und ließ den verwitterten Felsen seine Geschichte erzählen".

Vater Merensky war aber auch sonst ein interessanter Mann. Er hatte vor seiner Ausreise aus Deutschland eine Ausbildung in „Erster Hilfe" erhalten. Später bildete er sich weiter und praktizierte in Pretoria im Krankenhaus, wo er auch an Operationen teilnahm. Zuletzt galt er im Distrikt Middelburg als der einzige wirklich qualifizierte Arzt, den man dann bei Unfällen auch häufig holte. Während des ersten Burenkrieges (1880/81) wirkte er auf Seiten der Buren als Militärarzt und erwarb sich dabei hohe Verdienste.

Er verfasste eine Reihe von Büchern über Afrika. Er schrieb über die Aufgaben und die Geschichte der Missionsbewegung, aber auch über landeskundliche Themen. Sein Hauptwerk – *„Erinnerungen aus dem Missionsleben in Transvaal 1859–1882"* – wurde nach seinem Erscheinen sogar mit den berühmten Reisebeschreibungen Livingstones verglichen. Außerdem war er 1868 zusammen mit Frederick Jeppe, einem alten Transvaal-Pionier, Verfasser und Herausgeber der ersten Karte von Transvaal. Eine verbesserte, zweite Auflage erschien 1875 und galt über 20 Jahre hin als das Standardwerk für das Land. Ihr folgte 1884, schon von Deutschland aus, die Herausgabe einer Karte von ganz Südafrika, in der die sich in jener Zeit rasch ändernden kolonialen Besitzverhältnisse dargestellt wurden.

Der Missionar Merensky hatte daneben noch ein weiteres ganz persönliches Hobby: Sein besonderes Interesse galt der Entdeckungsgeschichte des südlichen Afrikas. Schaut man auf die Kartenwerke des 15. und 16. Jahrhunderts, dann erkennt man, dass der Küstenverlauf des südlichen Afrikas, sowohl auf der West- als auch der Ostseite des Kontinents, schon bald nach der ersten portugiesischen Umsegelung (1488) durch Bartholomeu Diaz recht genau wiedergegeben wird. Entlang beider Küsten finden sich zahlreiche Landungspunkte und kleine portugiesische Siedlungen eingetragen. Im Inneren des Kontinents erscheinen dagegen zunächst nur bunte Phantasienamen.

Mit der Zeit mehrten sich dann die Kenntnisse, denn überall, wo es eine portugiesische Siedlung gab, waren auch Missionare zur Stelle, die alles aufschrieben, was sie an Berichten über das Landesinnere zusammentragen konnten. An Nachrichten mangelte es nicht, denn Händler, Elfenbeinjäger und Abenteurer versuchten immer wieder, in die Wildnis vorzudringen. Wahrscheinlich gab es auch schon zu Beginn des 17. Jahrhunderts die ersten Durchquerungen des Kontinents von Mosambik nach Angola. Ihre wissenschaftliche Ausbeute blieb jedoch minimal. Abenteurer, die ein solches Unternehmen wagten, waren kaum in der Lage, verwertbare landeskundliche Aufzeichnungen oder Routenbeschreibungen zu verfassen. Manches, was sie erzählten, war wohl auch nur Phantasterei. Nichtsdestoweniger ermöglichten diese Berichte erste Einblicke in das Landesinnere.

Der Missionar Alexander Merensky, der zu diesem Zweck das Portugiesische erlernt hatte, sammelte solche Dokumente. Er besuchte Missionsstationen und kopierte die frühen Beschreibungen für sein Archiv. Er befragte auf seinen Reisen aber auch die Alten in den Dörfern, was sie über die noch unerforschten Gebiete nördlich des Limpopo oder weiter westlich im Bechuanaland (heute Botswana) wussten oder von ihren Vätern gehört hatten. Und selbstverständlich befragte er auch alle europäischen Reisenden, Großwildjäger und Goldsucher, die von Norden her aus den Gebieten jenseits des Limpopo zurückkamen und auf seiner Station übernachteten. Bei der Sichtung seiner Aufzeichnungen fiel ihm dann auf – und dies wurde durch manche Erzählung bestätigt – dass irgendwo zwischen Limpopo und Sambesi eine aus Stein gebaute Stadt liegen sollte, umsäumt von mit Türmen besetzten Mauern. Diese Stadt sollte inmitten eines Landes liegen, in dem an vielen Stellen Gold gewonnen würde.

Der Gedanke, dass mitten im afrikanischen Busch eine aus Stein gebaute Stadt liegen sollte, war an sich schon ungewöhnlich. Dass diese Stadt zudem in einem reichen Goldland liegen sollte, machte den Missionar hellhörig. Als bibelfester Kirchenmann brachte er diese Berichte mit dem Lande *Ophir* in Verbindung, dem Goldland des Königs Salomo, das im Alten Testament im 1. Buch der Könige erwähnt wird.

Die Idee, das südliche Afrika mit dem biblischen *Ophir* in Verbindung zu bringen, war allerdings nicht ganz neu. In Deutschland war dieser Gedanke von dem Göttinger Althistoriker Arnold H. Heeren (1760–1842) in seinem damals sehr bekannten Werk über die Politik, den Handel und Verkehr der Völker der Alten Welt geäußert worden. Etwa zur gleichen Zeit hatte in Frankreich der berühmte

Abb. 2. Hans Merensky vor den Ruinen von Simbabwe (um 1935). Was für seinen Vater 65 Jahre zuvor ein Wunschtraum blieb, war für den Sohn im Zeitalter der Motorisierung ein Dreitagesausflug.

Orientalist Marc Etienne Quatremère ähnliche Schlussfolgerungen publiziert. Man muss davon ausgehen, dass der Missionar zumindest das Werk Arnold H. Heerens kannte. Dessen Hinweise auf das südliche Afrika waren allerdings wenig präzise und nicht auf eine bestimmte Region ausgerichtet. Es ist sicherlich das Verdienst von Alexander Merensky, den Fokus auf das Matabeleland und auf die heute als „Ruinen von Simbabwe" bekannte Lokalität gelenkt zu haben.

Dieser war überzeugt, dass diese Stadt tatsächlich existieren müsse, und er plante zwei Mal, sie zu suchen. Seine Versuche standen jedoch unter keinem guten Stern. Beim ersten Mal stoppte ihn, bald nachdem er den Limpopo überschritten hatte, eine in den Dörfern nördlich des Flusses grassierende Pockenepidemie. Die Furcht vor Ansteckung war groß. Und da seine afrikanischen Begleiter den Weitermarsch verweigerten, musste er umkehren. Ein zweiter Versuch eine kleine Expedition zusammen zu stellen, musste schon während der Vorbereitungsphase abgebrochen werden, da sich gerade zu dieser Zeit in *Botshabelo* ein Überfall ereignet hatte.

Es war sicherlich ein buntes Völkchen, das im Laufe der Jahre bei seiner Missionsstation vorbeikam und dort immer eine Herberge fand. Aber es waren auch Männer dabei, die etwas zu sagen hatten und mit denen sich auszutauschen der Missionar als Gewinn empfand. Einer dieser Gesprächspartner und zugleich häufiger Besucher auf der Merensky'schen Missionsstation und nach einiger Zeit guter Freund der Familie war der deutsche Afrikaforscher Karl Mauch. Eines der Themen, die der Missionar und Karl Mauch oft und heiß diskutierten, war die aus Stein gebaute Stadt, über die in den alten portugiesischen Schriften berichtet wurde. Und Karl Mauch übernahm die Idee, dass diese Stadt das Zentrum des Landes *Ophir* gewesen sein könnte.

Schließlich brach Karl Mauch 1871 zu einem Marsch in die Gebiete nördlich des Limpopo auf. Vater Merensky hatte ihm dazu die gesammelten Berichte und Daten über die sagenumwobene Stadt zur Verfügung gestellt. Und tatsächlich erreichte der Forscher die Ruinenstadt, die von den Eingeborenen als „*Zimbabwe*" bezeichnet wurde, einem Wort, das einer lokalen Bantu-Sprache entstammt. Diese Ruinen sind eines der eindrucksvollsten Zeugnisse einer frühen afrikanischen Hochkultur. Wir wissen heute, dass die Bauten nicht aus biblischer Zeit stammen (König Salomo regierte zwischen 965–926 v. Chr.), sondern aus dem 14. bis 15. Jahrhundert n. Chr. Das ändert aber nichts an der außerordentlichen intellektuellen und auch physischen Leistung Karl Mauchs, diese Ruinenstadt im Busch gezielt gesucht und gefunden zu haben.

Der junge Hans Merensky – um den es in unserer Erzählung geht – war gerade erst geboren worden, als Karl Mauch zu seiner letzten Expedition aufbrach. Er hat den Forscher also nicht mehr bewusst erlebt. Da die abendlichen Gespräche im Hause Merensky sich aber auch noch Jahre danach häufig um das Thema *Ophir*, die Ruinenstadt Simbabwe und die Forschungserfolge des Karl Mauch drehten, war dieser dem Jungen in seinen Kindertagen durchaus präsent. (Karl Mauch wird hier im Buch nur deshalb so ausführlich erwähnt, um an einem Beispiel zu zeigen, wer im Hause Merensky zu Gast war und welche Art von Gesprächen nach Einbruch der Nacht an der Tischrunde vorwiegend geführt wurden.)

Man sollte vielleicht einen Moment innehalten und versuchen, sich die abendliche Szene im Haus des Missionars vorzustellen. *Botshabelo* liegt auf dem 25. Grad südlicher Breite. Das würde auf der Nordhalbkugel einer Lage in der Zentralsahara entsprechen. Auf diesem Breitengrad gibt es keine langen, hellen Sommerabende, wie wir sie in Mitteleuropa kennen. Die Nacht bricht schnell herein, und die dunklen Abende sind lang. Natürlich gab es noch kein elektrisches Licht, aber auch mit Kerzen wurde sicherlich gespart. Die Männerrunde saß also um den großen Tisch und wurde vom Kaminfeuer oder einem kleinen Öllämpchen nur spärlich beleuchtet. Die Kinder hockten außerhalb des Lichtkegels, mucksmäuschenstill, auf Bänken entlang der Wände oder auch auf dem Boden und lauschten den Gesprächen der Männer. Da wurde von unglaublichen Naturschönheiten erzählt, von ungehobenen Schätzen und wundersamen Dingen. Oft verstanden die Kinder nicht, wovon die Rede war, aber sie hörten den Erzählungen mit atemloser Spannung zu.

Selbstverständlich wurde auch über Diamanten gesprochen. Da die Berliner Mission im Diamantengebiet am Vaal Landbesitz hatte, waren von *Botshabelo* aus 25 Männer dorthin geschickt worden, um auf missionseigenem Land nach Diamanten zu schürfen. Der Erfolg der Unternehmung blieb allerdings bescheiden. Die Männer fanden in fünf Monaten nur acht kleine Steine und kehrten daraufhin nach *Botshabelo* zurück. Der Missionar Merensky war zu ihrer Betreuung – zumindest zeitweise – bei ihnen gewesen. Ob er selbst auch nach Diamanten geschürft hat, ist seinen Lebenserinnerungen nicht eindeutig zu entnehmen. Sicher ist aber, dass er die Diamantenfelder am Vaal recht gut kannte, und sehr wahrscheinlich hat er an solchen Abenden mit seinen Gästen auch darüber gesprochen.

Diese abendlichen Diskussionen des Vaters mit durchreisenden Abenteurern, Elfenbeinjägern und Goldsuchern haben den jungen Merensky zweifelsfrei frühzeitig beeinflusst. Nicht in dem Sinne, dass er sich schon damals entschloss, Geologe zu werden. In dem zehnjährigen Jungen wuchs jedoch ein diffuses Gefühl, dass er in einem Land von unendlicher Weite lebte, in dem es jenseits der Berge, die die Farm umgaben, noch Wunderbares zu entdecken gab. Und dieses diffuse Gefühl nahm er mit nach Europa, als der Vater und die Familie 1882 Südafrika endgültig verließen. Hans Merensky war damals 11 Jahre alt.

E-2 Das Goldland Ophir

Das Goldland *Ophir* wird im Alten Testament im Buch der Könige erwähnt:

Kap. 9, 26 Und Salomo machte auch Schiffe zu Ezon-Geber, das bei Elath liegt, am Ufer des Schilfmeeres, im Lande der Edomiter.

27 Und Hiram sandte seine Knechte im Schiff die gute Schiffsleute und auf dem Meer erfahren waren, mit den Knechten Salomos,

28 Und kamen gen Ophir und holten daselbst 420 Zentner Goldes und brachten's dem König Salomo.

Wir wissen heute, dass derartige Berichte einen durchaus realen Hintergrund haben, wie auch König Salomo eine geschichtliche Gestalt war.

Salomo war ein Sohn von David, dem größten der Könige Israels, der etwa von 1000 v. Chr. an regierte und ein bedeutender Staatsmann und Feldherr war. Unter seiner raumgreifenden Führung wuchs das Land zu einem komplizierten Staatsgebilde. David war König von Juda, Israel und Ammon und beherrschte die Provinz Aram (Damaskus), das im Süden gelegene Land der Edomiter und das Vasallenkönigreich Moab. Gegen Ende seiner Herrschaftszeit gab es blutigen Zwist um seine Nachfolge. Der Erstgeborene Sohn Amnon wurde von seinem Bruder Absalom ermordet, der wiederum nach einer verlorenen Feldschlacht auf der Flucht von Soldaten seines Vaters getötet wurde.

Auf Drängen von Bathseba, der wegen ihrer Schönheit berühmten Nebenfrau Salomos, erkor der alternde König schließlich nicht den nächstgeborenen Sohn Adonia, sondern ihren gemeinsamen Sohn Salomo zu seinem Nachfolger und übergab ihm schon zu Lebzeiten die Regentschaft. Dieser regierte dann von 965 v. Chr. an 40 Jahre lang. Im Gegensatz zu seinem Vater führte er keine Kriege. Er war ein König des Friedens. Trotzdem gelang es ihm, das Großreich im Wesentlichen in seinem Bestand zu erhalten. Seine Berühmtheit erlangte er jedoch als der weiseste aller Herrscher, von denen das Alte Testament erzählt. Seine Weisheit glänzte nicht nur in Israel, sondern strahlte über die Grenzen seines Reiches hinaus in die Nachbarländer. Das führte schließlich zu dem berühmten Besuch der Königin von Saba, die aus dem Südwesten der Arabischen Halbinsel kam, um ihn kennen zu lernen, wobei sie möglicherweise aber auch handelspolitische Zwecke verfolgte.

In dieser Beschreibung erfahren wir dann auch, dass Salomos Hofhaltung überaus prächtig war, und dass er einen für damalige Zeiten sagenhaften Reichtum sein Eigen nannte. Das wirft die Frage auf, woher solcher Reichtum stammte, da Salomo ja keine Raubkriege führte. Israel und Juda wiederum waren im Wesentlichen Agrarstaaten mit einer eher kargen, naturgegebenen Ausstattung. Es ist also wenig wahrscheinlich, dass der zur Schau gestellte Reichtum im Lande selbst erarbeitet worden war. Auch wenn man der Meinung wäre, das Land sei damals aufgrund nacheiszeitlicher, kurzfristiger Klimaschwankungen regenreicher gewesen und hätte grünere Weiden besessen als das heute der Fall ist, der beschriebene Reichtum muss von auswärts hereingebracht worden sein – also durch Handel.

Tatsächlich waren die Israeliten in dieser Blütezeit unter König Salomo eine außerordentlich erfolgreiche Händlernation. Man betrieb einen regen Überseehandel. Die Handelsprodukte, die der König anzubieten hatte, waren Eisen und Kupfer. Beides gewann er aus eigenen Gruben. Die dazugehörigen Schmelzstätten wurden 1938 von dem amerikanischen Archäologen Nelson Glueck bei Tell el-Kheleifeh, in unmittelbarer Nähe des antiken Elath, ausgegraben. Dieses liegt 45 km nördlich der heutigen Nordspitze des Golfes von Akaba und des modernen Elath – so stark ist das Nordende des Roten Meeres in den vergangenen 3000 Jahren verlandet. Die Schmelzstätten – eigentlich muss man sie als echte Schmelzhütte bezeichnen – waren ein riesiger Komplex, möglicherweise der größte Hüttenkomplex der damals bekannten Welt. Salomo war also nicht nur ein weiser König, sondern auch ein Kupfermagnat, Industrieller, Schiffsreeder und königlicher Kaufmann.

Nur eines waren die damaligen Israeliten nicht – sie waren kein Seefahrervolk. Deshalb nahmen sie die Hilfe der Phönizier, der erfahrensten Seeleute jener Zeit, in Anspruch. Das hatte auch schon König David getan, der mit Hiram, dem König von Tyros, freundschaftliche Beziehungen gepflegt hatte, und Salomo setzte das fort. Mit Hilfe der Phönizier konnten die „Knechte Salomos" jeden Küstenstreifen und jeden Hafen in der damals bekannten Welt erreichen, sei es im Mittelmeer, sei es im Roten Meer oder Indischen Ozean. Für die südliche Route war Elath der Hafen, und nahebei, in Ezon-Geber, wurden die Schiffe gebaut.

Soweit die geschichtlichen Tatsachen. Bis heute ungeklärt blieb dagegen die Frage, wo das Land Ophir lag. Außer in den oben zitierten Versen wird *Ophir* auch an anderen Stellen des Alten Testaments mehrfach erwähnt, und es scheint sicher zu sein, dass solche Reisen mehrfach unternommen wurden. Sie dauerten jeweils drei Jahre und werden nicht als Kriegs- oder Beutezüge geschildert. Also waren es Handelsreisen. Mitgebracht wurden Gold, Edelsteine, Sandelholz und Gewürze. Da jeglicher weiterer geographischer Hinweis fehlt, lag es nahe, dass die Historiker *Ophir* mit einem der Länder in Verbindung brachten, die Gold und Edelsteine produzieren. Infrage kommen da die Arabische Halbinsel, die eine ganze Reihe kleinerer Goldvorkommen beherbergte, Indien mit Goldvorkommen in den Gebieten von Mysore, Madras und Hyderabad und schließlich das südliche Afrika, wo im Hinterland von Mosambik, im heutigen Simbabwe, viele Goldvorkommen liegen. Jedes der erwähnten Gebiete hat zahlreiche Befürworter gefunden, die in ihm das Land *Ophir* sehen. Die Zahl der wissenschaftlichen Veröffentlichungen darüber ist riesig und die Zahl der halbwissenschaftlichen Werke ist Legion. Sie soll hier nicht vergrößert werden. Erwähnt werden sollte jedoch, dass man an einer Lokalisation von *Ophir* auf der Arabischen Halbinsel Zweifel hegen kann, denn bei dem ausgeprägten Karawanenwesen jener Zeit hätte man dann den Goldhandel auch auf dem Landwege abwickeln können. Da das Reich Salomos auch eine Militärmacht war, wäre man in der Lage gewesen, die Karawanen vor räuberischen Überfällen zu schützen. Schließlich war ja auch die Königin von Saba mit ihren wertvollen Geschenken wohlbehalten zu Salomo gelangt. – Gegen Indien spricht, dass es eigentlich nie ein Exportland für Gold gewesen ist. Was dort produziert wurde, wurde auch im Lande verbraucht.

Denkt man an die dreijährige Dauer der Reise, dann könnte das dafür sprechen, dass das biblische Ophir im heutigen Simbabwe lag. Die Beauftragten Salomos sind ja sicherlich nicht ins Innere des Kontinents vorgedrungen, um dort Gold aufzukaufen, sondern sandten von ihrem Ankerplatz an der Sofalaküste (beim heutigen Beira) Boten ins Innere. Das war jedoch ein Weg von über 600 km. Bis die Antwort kam, das Gold herangeschafft und der Handel abgeschlossen war, vergingen viele Monate. Die Dauer der Reise hätte dann eine plausible Erklärung. – Trotzdem, Simbabwe als mögliches Land Ophir ist nur eine der vielen Optionen, bewiesen ist sie nicht.

Erwähnt werden sollte deshalb auch, dass es noch eine vierte Möglichkeit gibt, nämlich die, dass das „*Ophir*" des biblischen Textes gar keine geographische Bezeichnung sein will, sondern nur ein allgemeiner Ausdruck für „fernes, reiches Land" oder „Eldorado". Berühmte Forscher wie Alexander von Humboldt und der Entzifferer der assyrischen Keilschrift, Jules Oppert, vertraten diese Meinung.

E-3 Karl Mauch entdeckt die Ruinen von Simbabwe

Unter den Entdeckungsreisenden, die im 19. Jahrhundert im südlichen Afrika unterwegs waren, zählt Karl Mauch zu den bedeutendsten. Bei uns ist er heute fast vergessen, weil er als Forscher in Gebieten arbeitete, die später englischer Kolonialbesitz wurden und weil seine Arbeiten nicht zur Ausrufung eines deutschen Schutzgebietes führten. Anders in Südafrika, dort wird sein Name in Ehren gehalten. Unter anderem ist die höchste Erhebung der nördlichen Drakensberge, der Mauch-Berg, nach ihm benannt.

Karl Mauch wurde 1837 in Stetten im Remstal geboren. Er hatte eine solide Lehrerausbildung, gute geologische Kenntnisse (im Schwabenland unter Lehrern nichts Ungewöhnliches) und konnte vermessungstechnisch arbeiten. Mit 28 Jahren reiste er auf eigene Kosten nach Südafrika und zog dann von Durban aus nach Norden. Ab 1865 durchwanderte er allein und zu Fuß große Teile Transvaals, des Bechuanalandes und des späteren Südrhodesiens (heute Simbabwe). Wo immer er war, untersuchte er die anstehenden Gesteine, nahm mit seinem Sextanten Ortsbestimmungen vor und zeichnete Lageskizzen, in die er seine geologischen Beobachtungen eintrug.

Berühmt wurde er in Südafrika vor allem als der Entdecker einer Reihe von später sehr produktiven Goldfeldern und als der Forscher, der als einer der ersten auf den Goldreichtum von Transvaal und der angrenzenden Gebiete aufmerksam machte. 1867 entdeckte er die erste Goldlagerstätte, *Injati* bei *Bulawajo*, im Südteil des heutigen Simbabwe. Er war damals bei einem seiner Streifzüge auf so genannte *„diggings“* gestoßen, das sind alte, vor-europäische Abbaue. Seinem geschulten Auge konnte so etwas in einer von Menschen sonst in bergbaulicher Hinsicht unberührten Landschaft nicht entgehen, und das Gleiche passierte ihm im Laufe der Jahre noch an vielen anderen Stellen. Häufig lagen nahebei auch noch alte Schmelzstätten.

Im Allgemeinen waren diese vor-europäischen Abbaue nur bis zu einer geringen Tiefe vorangetrieben und dann aufgegeben worden. In vielen Fällen lag unter einem solchen alten Abbau eine Lagerstätte, die in größere Tiefen herabreichte. Für die europäischen Goldsucher und für die bald darauf gegründeten Gesellschaften, die in großem Stil auf Gold prospektieren wollten,

Abb. 3. Karl Mauch in einer Abbildung der „Illustrierten Zeitung“, Leipzig, 1867. Die Zeichnung selbst ist wahrscheinlich vor seiner Ausreise (1865) nach Südafrika entstanden.

waren die Entdeckungen des Karl Mauch also hochinteressant. Nur – er selbst hat sich nie als Prospektor und Goldsucher verstanden. Einmal, nachdem er die Goldvorkommen von *Tati*, etwa 500 km nördlich von Johannesburg, entdeckt hatte, wollte man ihn sogar zum Generaldirektor einer neu zu gründenden Ausrüstungsfirma ernennen. Da er gerade über etwas Geld verfügte – der deutsche Geograph Dr. Petermann, der ihn gelegentlich unterstützte, hatte ihm aus Gotha einen kleinen Betrag geschickt - lehnte er ab. Sein Forscherdrang trieb ihn unaufhörlich weiter.

Und so war es immer. Karl Mauch hat aus den von ihm entdeckten Goldlagerstätten nie einen Gewinn gezogen. Er wollte nie länger an einem Ort verweilen, er hatte keine Zeit als Goldgräber zu arbeiten. Obwohl er häufig in Geldnöten steckte und oft genug auch Hunger litt, marschierte er immer weiter. Immer wollte er Neues entdecken.

Auf einem seiner Märsche war er an der Missionsstation *Botshabelo* vorbeigekommen, hatte um ein Nachtquartier gebeten und war von dem Missionar Merensky freundlich aufgenommen worden. Später kehrte er oft nach *Botshabelo* zurück, und da die beiden Männer viele gemeinsame Interessen hatten, entwickelte sich zwischen ihnen eine echte Freundschaft. Schließlich stellte Karl Mauch dem Missionar seine Ortsbestimmungen und Kartenskizzen zur Verfügung. Diese Daten fanden Aufnahme in den ersten Landkarten von Transvaal, die der Missionar Alexander Merensky 1868 und 1875 herausgab. Mauch wiederum bekam Einblick in die von Alexander Merensky gesammelten Aufzeichnungen der frühen portugiesischen Missionare. Darin wurde auch über eine nördlich des Limpopo gelegene, aus Stein gebaute Stadt berichtet, die als Hauptstadt des Reiches Monomotapa bezeichnet wurde. Und es wurde ausdrücklich erwähnt, dass diese Stadt inmitten eines an Goldlagerstätten reichen Landes liegt. Für den Missionar stand fest, dass es sich dabei um das im Alten Testament erwähnte Land *Ophir* handeln müsse. Aus ihm hatte, wie im Buch der Könige berichtet wird, König Salomo sein Gold bezogen. Karl Mauch übernahm diese Idee, und beide Männer verabredeten eine gemeinsame Expedition, um die sagenumwobene Stadt zu finden. Als es dann so weit war, wurde der Missionar jedoch durch akute Probleme in der Missionsstation aufgehalten. Karl Mauch musste deshalb alleine aufbrechen.

Es war seine letzte große Erkundungstour, gleichzeitig aber auch seine erfolgreichste. Auf ihr fand Karl Mauch 1871 nördlich des Limpopo, im Matabeleland, die Ruinenstadt Simbabwe. Allerdings war es ein Marsch voller Strapazen und mit noch größeren Hindernissen, denn die örtlichen Stammesfürsten wollten nicht dulden, dass ein Europäer in diese Stadt gelangte. Obwohl in den umliegenden Dörfern zu dieser Zeit niemand mehr wusste, wer diese befestigte Stadt einmal bewohnt und wer sie gebaut hatte, betrachteten man sie als eine Art verwunschenen Ort oder auch Heiligtum. Aber nicht nur das machte Karl Mauch zu schaffen. Als er die Ruinen von Simbabwe schließlich erreicht hatte, war er körperlich fast am Ende. Die ständig mangelhafte Ernährung führte beinahe zu seinem Zusammenbruch.

Die Ruinenstadt beeindruckte ihn sehr. Über 200 Jahre lang hatte kein Europäer diese Stadt mehr erreicht, aber die alten portugiesischen Berichte erwiesen sich als richtig. Die Stadt war tatsächlich von steinernen Mauern umgeben, die mit Türmen besetzt waren. Es war eine große Anlage mit einer auf einem Hügel liegenden Zitadelle, und – da gab es keinen Zweifel — die Stadt lag tatsächlich in einem Gebiet, in dem es Gold gab. Karl Mauch hatte auf seinem Weg nach Simbabwe eine ganze Reihe von alten *diggings* gesehen, und in den an seiner Marschroute gelegenen Dörfern der Matabele waren ihm vielerorts Goldschürfer begegnet. Für ihn war das tatsächlich das Land *Ophir*.

Wegen seiner Erschöpfung musste Karl Mauch eine ganze Weile in Ruinenstadt Simbabwe bleiben. Schließlich brach er wieder auf. Krank und von Fieber geschüttelt schleppte er sich, mit nur einem Begleiter an seiner Seite, rund 900 km quer durch das heutige Simbabwe zum Unterlauf des Sambesi. Dort hoffte er, in *Sena*, einer kleinen portugiesischen Siedlung, Post und eine kleine Geldsendung von Dr. Petermann vorzufinden, wurde aber enttäuscht. Er war jetzt völlig mittellos. Die Portugiesen nahmen ihn auf und pflegten ihn. Schließlich brachte man ihn 200 km flussabwärts zur Mündung des Sambesi, von wo aus ein französischer Segler ihn mit nach Europa nahm. – Karl Mauch lebte noch 3 Jahre in sehr bescheidenen Verhältnissen in Württemberg. Er starb 1875 in Stuttgart, erst 37 Jahre alt, nach einem Sturz aus seinem Fenster.

Vorher hatte er die Entdeckung der Ruinen von Simbabwe beziehungsweise des „Goldlandes *Ophir*" noch bekannt machen können. Wie so oft in seinem Leben zog er daraus keinen Profit. Das taten dafür andere. Das Matabeleland erlebte aufgrund seines Berichtes einen regen Zustrom von Goldsuchern, und bald darauf wurde das Land zum englischen Einflussgebiet. 1889 gründete Cecil Rhodes die *British South African Company*, die in den folgenden Jahren große Teile des Landes erwarb. Der Weg zur Kolonie Südrhodesien war beschritten.

Im Gleichschritt mit dieser politischen Entwicklung verlor man in Deutschland das Interesse an den Entdeckungen Karl Mauchs, und so geriet sein Name in Vergessenheit.

Umso intensiver nahmen sich anglophone Archäologen der Erforschung der Ruinenstadt an. Dabei wurde die These, dass es sich um eine phönizische Niederlassung und somit um das biblische Ophir handelt, zunächst mit Nachdruck bejaht, so in den umfassenden Werken von Richard Nicklin Hall und W. G. Neal (1902 und 1907). Dann führte der Ägyptologe David Randall MacIver (1906) eine unvoreingenommene Neubewertung aller Funde durch und kam zu dem Schluss, dass die Ruinenstadt wesentlich jünger als bisher angenommen und im Übrigen rein afrikanischen Ursprungs sei. Keiner der Gegenstände, die er bergen konnte, war älter als aus dem 14. oder 15. Jahrhundert, und in den Bauten konnte er keinerlei europäische oder orientalische Stilelemente entdecken. Vor allem aber gab es in der Stadt keinerlei Inschriften. Offensichtlich hatten ihre Bewohner die Kunst des Schreibens noch nicht entwickelt. Etwas mehr als 20 Jahre später stellte dann die britische Archäologin Gertrude Canton-Thompson die Forschung auf eine deutlich breitere Basis. Inzwischen war es einfacher geworden, sich in der Kolonie Südrhodesien zu bewegen, und so zählte sie zwischen Sambesi und Limpopo nicht weniger als 500 Ruinenstätten. Zu ihnen gehören unter anderem die Ruinen von *Inyanga*, die in ihrer Ausdehnung sogar deutlich größer sind als die von Simbabwe. Diese dürfen also nicht isoliert betrachtet werden, sie sind vielmehr Teil eines großflächigen Siedlungsgebietes eines afrikanischen Volkes, möglicherweise von fortschrittlichen Bantu-Stämmen.

Das Geheimnis von Simbabwe scheint damit weitgehend gelöst. Das bedeutet jedoch nicht, dass das Gold des Königs Salomo nicht doch aus diesem Gebiet gekommen sein könnte. Unter den bei Grabungen gemachten Funden befinden sich nämlich auch Halsketten indischer und malaiischer Herkunft. Sie beweisen, dass im 14. und 15. Jahrhundert Handelsverbindungen zur Küste und quer über den Indischen Ozean hinweg existiert haben. Man kann annehmen, dass diese indischen und malaiischen Waren mit Gold bezahlt wurden. Was aber vor jetzt 500 Jahren möglich war, nämlich ein Goldexport aus der Region, kann auch schon 1.400 Jahre früher, eben zu Salomos Zeiten, möglich gewesen sein, unabhängig davon, ob die steinerne Stadt Simbabwe damals schon bestanden hat.

3 Gardeleutnant und Bergassessor

Die Familie ging nach Berlin, wo der Vater seine zweite Karriere begann, die genauso erfolgreich verlief wie die erste. Ab 1883 wirkte er zunächst als Inspektor der Berliner Stadtmission und von 1886–1909 als Missionsinspektor der Berliner Mission.

Vater Merensky wurde, kaum dass er angekommen war, zu einem überaus gefragten Mann, denn zu dieser Zeit nahm die deutsche Kolonialentwicklung gerade Konturen an. Hanseatische Kaufleute hatten schon seit langem dafür plädiert, in Übersee nicht nur Handel zu treiben, sondern auch Niederlassungen zu gründen. Diese sollten unter den Schutz der Reichsregierung gestellt werden, ähnlich wie man das von den Engländern kannte. Verschiedene Versuche wurden gestartet. 1883 erwarb der Bremer Großkaufmann Adolf Lüderitz an der Küste Südwestafrikas die kleine Bucht von *Angra Pequeña*, die heute als Lüderitzbucht bekannt ist. Bismarck, der bis dahin den Wünschen der Kaufmannschaft ablehnend gegenüber gestanden hatte, änderte danach seine Meinung. 1884 stellte die Regierung einen Schutzbrief für diesen Landerwerb aus. Die Lüderitzbucht wurde damit zur Keimzelle von Deutsch-Südwestafrika. Im gleichen Jahr erwarb Carl Peters Deutsch-Ostafrika, das bald darauf ebenfalls deutsches Schutzgebiet wurde. Alle Welt interessierte sich plötzlich für die überseeischen Gebiete. Niemand wusste jedoch genau, wie man dort geschäftlich Fuß fassen konnte und mit welchen Schwierigkeiten man zu rechnen hatte. Und just in diesem Moment kam ein Missionar aus Afrika zurück, der dort 24 Jahre lang erfolgreich gearbeitet hatte. Er konnte über die Art berichten, wie die Engländer Kolonien erwarben, und er kannte die britische Verwaltungspraxis. Er konnte aber auch von den Eingeborenen erzählen, über ihren Charakter und über die Möglichkeit, sie als Arbeitskräfte einzusetzen. Das waren hochaktuelle Themen. Kurzum, der Missionar Merensky konnte sich vor Einladungen zu Vorträgen kaum retten, was sich noch steigerte, als er 1884 als Herausgeber einer Karte von Südafrika bekannt wurde. Er gab auch gerne Auskunft, denn im Prinzip stand er der Kolonialbewegung positiv gegenüber, ist dabei aber nie von der christlichen Botschaft abgerückt. Zusammen mit vielen anderen war er der festen

Abb. 4. Der Missionar Alexander Merensky in seiner Berliner Zeit, kurz vor 1900, etwa 62 Jahre alt.

Überzeugung, dass es die Aufgabe der deutschen Christen sei, die unter deutsche Oberhoheit gekommenen Afrikaner mit dem christlichen Glauben bekannt zu machen. Und so zögerte er nicht, sich 1891 noch einmal nach Afrika entsenden zu lassen. Die Berliner Mission eröffnete damals im Südteil von Deutsch-Ostafrika ein neues Arbeitsfeld, und es gab niemanden, der für diese Aufgabe besser vorbereitet gewesen wäre als er. Zwar war er mit seinen 54 Jahren schon weit über das Alter hinaus, in dem man in die Tropen gehen sollte, aber er nahm diese Aufgabe auf sich und leitete mehrere Jahre lang und mit großem Erfolg den Aufbau der neuen Mission.

Sein großes Wissen über Afrika gab Alexander Merensky jedoch nicht nur in Gesprächen und Vorträgen, sondern auch in zahlreichen wissenschaftlichen Publikationen weiter. Dabei erwies er sich als *All-round*-Fachmann. Am umfangreichsten und wohl bedeutendsten sind seine Texte zur Geographie Südafrikas und seine Karten von Transvaal. Er publizierte aber auch über Klimafragen, über Malaria, Lepra und andere Tropenkrankheiten und über veterinärmedizinische Fragestellungen, z.B. die Akklimatisation europäischer Pferde in Südafrika. Dazu kamen zahlreiche Veröffentlichungen zu den Grundsätzen der Missionsarbeit und dem damals in Afrika sehr akuten Problem des Aufeinanderprallens des Christentums mit anderen Religionen. Die wissenschaftliche Welt honorierte dieses ungewöhnlich breite Engagement durch zahlreiche Ehrungen. Die Universitäten

Abb. 5. Hans Merensky als 17-Jähriger.

Heidelberg und Berlin verliehen dem Missionar Merensky jeweils den *„doctor honoris causa“* und als ganz besondere und sehr seltene Ehrung ernannte ihn die „Leopoldina“, die berühmteste und älteste deutsche Akademie der Naturforscher, zum Ehrenmitglied.

Währenddessen durchliefen die Söhne das deutsche Bildungssystem. Die drei Ältesten kamen zunächst in ein Internat in Gütersloh. Dort gefiel es ihnen gar nicht. Sie waren mehr persönliche Freiheit gewohnt und empfanden die Atmosphäre als bedrückend. Hauptopponent war Alexander, der älteste von ihnen. Schließlich wurde das Experiment abgebrochen. Man holte die Kinder zurück ins elterliche Heim nach Berlin-Moabit. Dort besuchten sie dann das Luisenstädtische Gymnasium. Hans Merensky war kein blendender Schüler, aber auch nie wirklich schlecht. Zumeist bevorzugte er das unauffällige Mittelfeld. Der Vater machte sich zeitweise darob echte Sorgen. Dem Jungen „fehle der Biss“, meinte er. Als es auf das Abitur zuging, wurde ein erneuter Versuch gestartet, ihn dazu zu bringen, ein aktiv mitarbeitenden Schüler zu werden. Vielleicht würden eine neue Umgebung oder auch neue Freunde etwas bewirken, und so schickte man den Jungen auf eine Schule in Gartz an der Oder. Es änderte sich auch einiges, aber nicht in die Richtung, die man erhofft hatte, denn Hans Merensky gründete mit Billigung der Schuldirektion einen Ruderclub. Dank seines Organisationstalents und seiner Überredungsgabe, mit der er unter seinen Schulkameraden aktive Mitglieder warb, und nach einigem

Training, errang der Club alsbald die ersten sportlichen Erfolge. Mit ihnen ging allerdings – man ahnt es – eine Verschlechterung der schulischen Leistungen einher, nicht nur bei ihm, sondern auch bei einigen Mitschülern. Glücklicherweise wurde die Situation aber nicht so bedrohlich, als dass das Abitur ernsthaft gefährdet gewesen wäre.

Immerhin, der Vorgang war symptomatisch, denn er ließ einige der Eigenschaften erkennen, die Hans Merensky sein Leben lang begleitet haben. Er war eloquent, er konnte überzeugen und er konnte, wenn ihm etwas am Herzen lag, durchaus die Teamführerschaft übernehmen. Hinzu kam eine stete Hilfsbereitschaft gegenüber jedermann und ein äußerst liebenswürdiges Auftreten. Wo er auch war, stets hatte er einen großen Freundeskreis.

Bald nach dem Abitur wurde er zum Militärdienst einberufen. Er diente bei den Gardeschützen, die in Berlin-Lichterfelde in Garnison standen. Er beendete seine Dienstzeit als Leutnant der Reserve.

Aus dieser Zeit soll eine Episode erwähnt werden, die erkennen lässt, dass Hans Merensky, wenn es darauf ankam, sehr entschlossen handeln konnte und dann mutig, ja kaltblütig war. Er war ein begeisterter Jäger und ein sehr guter Schütze. Eine der Jagdmöglichkeiten, die ihm jederzeit offenstand, war das in Schlesien gelegene Gut der Familie von Thaer, die alte Freunde der Merenskys waren. Der Vater von Thaer war ein Nachfahre des berühmten, gleichnamigen Agrarwissenschaftlers und selbst ein passionierter Landwirt. Der Sohn Albrecht war Hans Merenskys bester Jugendfreund. Irgendwann während seiner Militärzeit war er also an einem Wochenende auf dem Gut zu Gast. Er ging abends allein auf die Pirsch und sah sich dann plötzlich vier bewaffneten Männern gegenüber, die in einer Entfernung von 30 oder 40 m hinter Bäumen standen und ihn aufforderten, seine Waffe niederzulegen und sich zu ergeben. Es waren polnische Wilddiebe, die über die nahegelegene Grenze gekommen waren, was damals häufiger geschah. Merensky sprang ebenfalls hinter einen Baum und forderte nun seinerseits die Wilderer auf, sich zu ergeben. Er hatte das kaum gesagt, da legte einer der Männer an und schoss. Merensky schoss im gleichen Moment zurück. Es gab einen Aufschrei und der Mann verschwand im Dickicht. Sekunden später kam hinter einem anderen Baum ein weiterer Mann hervor und legte an. Merensky schoss wieder. Der Mann fiel um und blieb liegen. Man hörte Zweige brechen und ein paar dumpfe Wortfetzen, dann herrschte Schweigen. Merensky wartete mehr als eine Viertelstunde, um sicher zu sein, dass die Männer das Feld geräumt hatten. Dann schlich er unter allergrößter Vorsicht zu dem auf dem Boden liegenden Mann. Er war zwischen die Augen getroffen worden und tot. Dort, wo der erste Schütze gestanden hatte, zog sich eine Blutspur in den Wald. Die Situation war unangenehm. Er hatte in Notwehr geschossen, aber es gab keine Zeugen, und so fürchtete er, dass er Schwierigkeiten bekommen könnte.

Glücklicherweise nahm der alte Herr von Thaer, der über die Gefährlichkeit dieser Wilderer Bescheid wusste, die Sache in die Hand. Die Polizei wurde benachrichtigt. Gleichzeitig wurde jedoch klargestellt, dass Merensky Soldat war und dass deshalb die Militärbehörden eingeschaltet werden mussten. Zurück in der Garnison wartete Merensky mit großer Sorge, wie sich dic Dinge entwickeln würden. Einige Zeit später wurde er zu seinem Kommandeur bestellt, der ihm eröffnete, dass der Fall erledigt wäre. Der Tote war als ein gerichtsbekannter Bandenführer identifiziert worden, und die königliche Jagd- und Forstkommission hatte Merensky für eine Auszeichnung wegen Tapferkeit vorgeschlagen.

Die Familie von Thaer und ihr Gut Pawonkau spielten in der Entwicklung des jungen Merensky auch sonst eine wichtige Rolle. Während seiner Schulzeit verbrachte er einen großen Teil seiner Ferien bei seinem Jugendfreund Albrecht, und auch später, während seiner Militär- und Studienzeit war er dort ein häufiger Wochenendgast. Der alte Herr von Thaer war ein kluger und weitsichtiger Mann. Für ihn war absolut klar, dass das Gut der Mittelpunkt der Familie war, weshalb alles getan wurde, um es für die Zukunft zu erhalten. Dazu gehörte dann auch, dass seine Söhne Albrecht und Georg schon frühzeitig alle forst- und landwirtschaftlichen Tätigkeiten von der Pike auf erlernen mussten. Später kam dann eine Einweisung in die betriebswirtschaftliche Führung des Gutes hinzu. Das war häufig sehr harte Arbeit, aber auch sehr lehrreich, denn das Gut wurde als Musterbetrieb geführt. Hans Merensky wurde, wann immer er in Pawonkau zu Besuch weilte, in dieses Ausbildungsprogramm der Söhne integriert. Er machte das gerne mit, denn auf der elterlichen Missionsstation war ja auch Landwirtschaft betrieben worden und die Abläufe interessierten ihn. Und so lernte er *en passant* sehr viel über die Land- und Forstwirtschaft. Vierzig Jahre später sollten die in Schlesien gesammelten Erfahrungen sich für ihn als überaus nützlich erweisen.

Während seiner Militärzeit entschied sich auch seine Berufswahl. Hans Merensky durchlief seine Dienstzeit zwar makellos, aber er fühlte sich bis an die Grenze des Erträglichen eingeengt, und so suchte er nach einem Beruf, in dem er unabhängig sein konnte. Er diskutierte das Problem oft mit seinem Freund Albrecht von Thaer. Dessen berufliche Orientierung war vollkommen klar. Er liebte die Reiterei und er wollte Soldat werden, wie das seit Generationen in der Familie seiner Mutter üblich war. Im Übrigen war Pawonkau sein Refugium. Bei Hans Merensky war das anders. Zunächst dachte er daran, eine alte Familientradition wieder aufzunehmen. Sein früh verstorbener Großvater Merensky war in Schlesien in der vierten Generation Förster gewesen, und so hatte er vorübergehend die Idee, ebenfalls Forstmann zu werden. Er liebte den Wald und auch die Arbeit im Forst und natürlich auch die Jagd. Aber dann obsiegte die Einsicht, dass er auch in diesem Beruf sein Leben lang Vorgesetzte über sich haben und ständig in einer Abhängigkeit leben würde.

Nachdem ihm das klar geworden war, kam er bei seinen Berufsüberlegungen in einer Art Ausschlussverfahren auf den Beruf des Geologen und Bergmanns, von dem er meinte, dass er ihm die denkbar größte persönliche Freiheit bieten würde.

Die Studienzeit begann, wie das für Bergbaustudenten vorgeschrieben war, mit einem einjährigen Untertagepraktikum. Er arbeitete als „Bergbaubeflissener" im oberschlesischen Steinkohlenbergbau. Dann ging Merensky nach Breslau. Das war für das Studium der Geologie ein idealer Ort. Die Universität war gut, und in nur 90 km Entfernung lagen das Riesengebirge, das Eulengebirge und die übrigen Sudeten, in denen es damals noch zahlreiche aktive Erzgruben gab. Zudem lag im Vorland des Gebirges der Zobten, ein einzeln stehender Berg mit außerordentlich interessanten geologischen Formationen und Vorkommen von Halbedelsteinen, darunter den berühmten schlesischen Chrysoprasen. Dem jungen Studenten bot sich also bei Exkursionen ein reiches Anschauungsmaterial. Dementsprechend machte ihm das Studium in Breslau außerordentlich viel Freude. Schon damals bescheinigten ihm die Professoren, dass er sich bei Übungsarbeiten im Gelände durch eine auffallend gute Beobachtungsgabe auszeichnete.

Abb. 6. Hans Merensky als Bergbaubeflissener in Königshütte, Oberschlesien, etwa 22-jährig. Rückseitig der handschriftlicher Vermerk: „Seinem lieben Freund Horst Correns. – H. Merensky, Bergbaubaubeflissener, zur Zeit Schlepper".

Nach zweieinhalb Jahren verließ Merensky Breslau. Zunächst arbeitete er noch einmal ein halbes Jahr im saarländischen Kohlenbergbau als Steiger. Dann ging er für den technischen Teil des Bergbaustudiums nach Berlin. Nach weiteren sechs Semestern machte er sein erstes Staatsexamen und wurde somit „Preußischer Bergreferendar“. Es folgte die dreijährige Referendarzeit. Sie war für ihn von außerordentlicher Wichtigkeit, denn sie bot ihm die nur allzu gern genutzte Möglichkeit, praktisch alle Bergbaureviere des Deutschen Reiches zu studieren. Er besuchte die Gruben des Erzgebirges, die Blei-Zinkgruben des Harzes, das berühmteste und älteste deutschen Erzbergwerk, den Rammelsberg bei Goslar und er fuhr im Ruhrgebiet in die Steinkohlenzechen ein. Es war aber nicht nur die Lagerstättenkunde, die ihn faszinierte. In seiner Referendarzeit erlernte er auch die betriebswirtschaftliche Rechnungslegung für Bergbaubetriebe und er bekam zugleich eine hervorragende technische Ausbildung. Schließlich machte er sein zweites Staatsexamen und wurde mit 33 Jahren zum „Preußischen Bergassessor“ ernannt.

Kaum hatte er seine Ernennungsurkunde in der Hand, nahm er die ihm zustehende Möglichkeit einer vorübergehenden einjährigen Beurlaubung aus dem Staatsdienst in Anspruch. Das taten alle seine Examenskollegen. Man ließ sich beurlauben und arbeitete während dieses Jahres in der Privatindustrie, um zu sehen, ob man dort unterkommen könne. Die Regierung tolerierte diese Abwanderung der jungen Bergassessoren, ja förderte sie sogar, weil dadurch sichergestellt wurde, dass die deutsche Bergbauindustrie gut ausgebildeten Nachwuchs für spätere Spitzenfunktionen bekam. Hans Merensky nahm die Möglichkeit der Beurlaubung also in Anspruch, nur lauteten sein Gesuch und die daraufhin erteilte Urlaubsgenehmigung etwas anders als bei seinen Studienkollegen, nämlich wie folgt:

„Genehmigt. – Studienurlaub in Südafrika zwecks Berichterstattung über die Grubentätigkeit in Südafrika“.

4 Beratender Geologe in Südafrika

Anfang 1904 traf Hans Merensky in Südafrika ein. Er war 33 Jahre alt. Für einen „Einwanderer", der er ja war, und der es zum vielfachen Millionär bringen sollte, war das ein schon fortgeschrittenes Alter. Allerdings begann er ja nicht als Tellerwäscher, sondern kam mit einer ausgezeichneten, doppelten Berufsausbildung nach Südafrika. In der Geologie und Lagerstättenkunde war er auf dem absolut neuesten Stand der Wissenschaft, und die in Berlin absolvierte Ausbildung zum Bergingenieur galt damals als die beste der Welt. Zudem sprach er die beiden Landessprachen, Afrikaans und Englisch. Er hatte zwar keine Landeskenntnis, denn dafür war er zu jung gewesen, als er 1882 nach Deutschland zurückgekehrt war. Wie sich aber zeigen sollte, besaß er etwas, was weit wichtiger war, nämlich ein ausgeprägtes Einfühlungsvermögen in die spezielle Mentalität der Burenfarmer. Das war deshalb bedeutsam, weil diese Farmer sehr bald zu seinen Auftraggebern wurden. Ihre Lebensweise war ihm aus seinen Kindertagen her vertraut. Die Freundschaft, die ihm auf vielen Farmen entgegengebracht wurde, erleichterte ihm seine Arbeit im Gelände und trug somit zu seinen Erfolgen bei. Und es waren Burenfarmer, die ihn auffingen, als er am Tiefpunkt seiner Karriere in einem körperlich desolaten Zustand war. Ihrer Pflege und ihrer selbstlosen Gastfreundschaft war es zu verdanken, dass er schließlich wieder arbeitsfähig wurde. Und Farmer waren es auch, die ihm später den Zugang zu einem seiner größten Erfolge, der Platinprospektion, ermöglichten.

Es gab aber etwas, das noch schwerer wog als diese persönlichen Eigenschaften: Merensky kam nach Südafrika mit einer klaren Vorstellung darüber, was er dort tun wollte, bzw. was er mit Sicherheit nicht bereit war zu tun. Er wollte unabhängig sein und er wollte als selbstständiger Geologe arbeiten. An diesem Konzept hat er zeitlebens festgehalten. Es wurde die Grundlage seines Erfolges.

Über seine ersten Wochen im Lande gibt es keine zuverlässigen Berichte. Wir wissen auch nicht, welches die ersten Kontakte waren, die er knüpfte. Sicher ist aber, dass er nie versucht hat, sich bei einer Bergbaugesellschaft als angestellter Geologe zu verdingen.

Zwei Monate nach seiner Ankunft finden wir ihn in Johannesburg. Er hat ein kleines Büro gemietet, nicht gerade im Zentrum, aber auch nicht zu weit davon entfernt. Die Einrichtung ist karg: ein Tisch, zwei Stühle, ein Bücherregal und ein Kleiderrechen. In einem kleinen Nebenraum kann er Gesteinsproben lagern und auch einfache Analysen machen. An der Tür prangt ein Schild:

HANS MERENSKY
Beratender Geologe und Bergingenieur
(ehemals in der Bergbau-Abteilung des
Preußischen Ministeriums)

Solche Beschreibungen der beruflichen Herkunft auf dem Firmenschild oder der Visitenkarte sind in Deutschland unbekannt, im Ausland sind sie jedoch durchaus üblich. Im Übrigen wusste Hans Merensky, dass er, wenn er geschäftlich Erfolg haben wollte, für sich werben musste. Und so versteckte er sich nicht. Im Gegenteil, er wucherte mit seinem Pfund und stellte seine gute Ausbildung und Herkunft deutlich heraus.

Womit beschäftigte sich ein „Beratender Geologe" in jener Zeit in Südafrika? Um das zu verstehen, muss man das damalige Berggesetz von Transvaal kennen. Es war so angelegt, dass dem Grundbesitzer alle auf seinem Grund und Boden gefundenen Bodenschätze gehörten, egal was es war. Das konnten Kohlen, Gold oder jede Art von Erzen sein oder sogar Diamanten. Der Grundbesitzer konnte Optionen vergeben und damit die Erlaubnis, auf seinem Land zu schürfen. Wurde etwas gefunden, konnte der Entdecker die Option in eine Konzession umwandeln. Diese berechtigte ihn dann, die Bodenschätze abzubauen.

Der Grundbesitz in Transvaal bestand im Wesentlichen aus den verstreut liegenden Farmen, großen und kleinen, von denen es über 4.000 gab. Ein Teil davon gehörte den Farmern selbst, andere waren Eigentum großer Gesellschaften, die das Land verpachteten. An größeren Städten gab es außer dem schon 1855 gegründeten und nach dem Staatsgründer und ersten Präsidenten Andries Pretorius benannten Pretoria eigentlich nur noch Johannesburg, das erst 1886 aus einer Goldgräbersiedlung entstanden war, dann aber sehr schnell wuchs. Seit 1887 hatte es bereits eine Börse und jetzt, rund 20 Jahre später, war es auf dem Wege, eine Großstadt zu werden. Alles andere waren nur kleinere Ansiedlungen.

Im Land waren bis zu diesem Zeitpunkt schon viele bedeutende Lagerstätten bekannt. 1869 war in Kimberley das erste Diamantenvorkommen gefunden worden, dem noch andere folgten, und zu Beginn der 80er Jahre hatte die Entwicklung der Goldminen des *Witwatersrand* begonnen. Zudem gab es Kohlenlagerstätten und vielerlei Erzvorkommen.

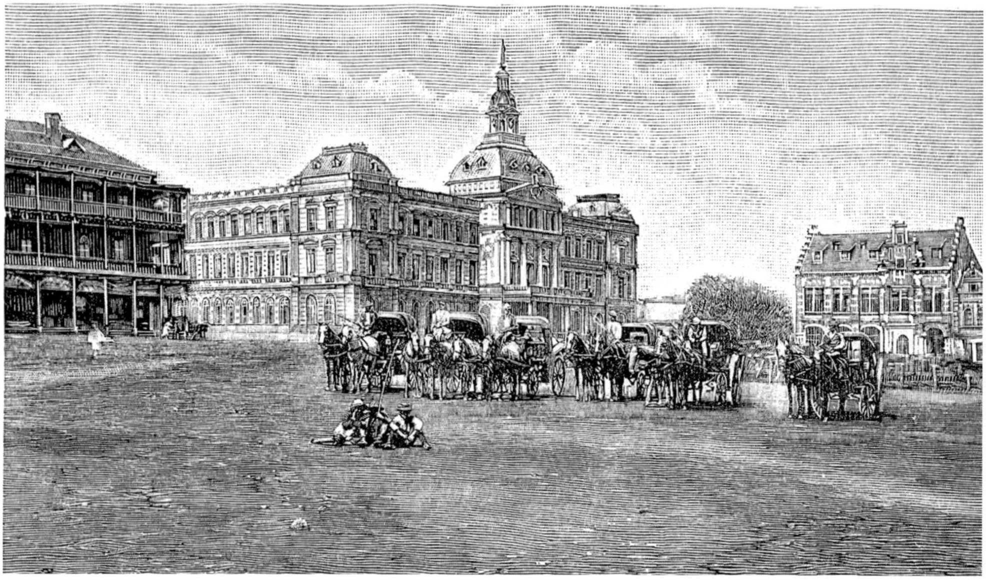

Abb. 7. Pretoria, das Regierungsgebäude, Holzstich, 1898.

Gemeinsam war Farmern und Stadtbewohnern zu jener Zeit, dass sie allesamt das Gefühl hatten, in einem Land zu leben, in dem es noch viele ungehobene Schätze gab und in dem jedermann, wenn ihm das Glück hold war, durch die Entdeckung von Edelsteinen, Gold oder Erzen zu Reichtum gelangen konnte. Und so verhielt man sich auch. Es gab ungezählte Gold- und Erzsucher, die durch das Land trampten und mal hier und mal dort schürften oder die von einem Goldfeld zum nächsten zogen. Und wer einen festen Beruf und einen festen Wohnsitz hatte, dachte trotzdem stets daran, ob er nicht doch vielleicht bei irgendeiner Gelegenheit den „großen Fund" machen würde. Viele Farmer betrieben das Schürfen auch als Hobby nebenbei. Wenn sie ins *Veld* hinausritten, hatten sie an ihrem Sattelknauf eine Goldgräberpfanne hängen, und wenn nach einem Regensturz irgendwo eine größere Wasserlache stand, dann wuschen sie schnell einige Pfannen des umliegenden Bodens oder Sandes durch, um zu prüfen, ob sich darin ein paar Goldkörner fanden oder sonst etwas Interessantes. Und so wurde auch jeder Stein, der etwas anders aussah oder schwerer war als andere, mit nach Hause genommen und dann einem Fachmann vorgelegt.

Auf diese Weise hatten die beratenden Geologen viel zu tun. Aus allen Teilen des Landes wurden immer wieder Gesteins- und Bodenproben zur Begutachtung und Analyse nach Johannesburg geschickt. Das waren keine großen Aufträge. Eine

No. of Certificate 1220
No. of Shares 100
East Witwatersrand Gold Mining Areas, Limited
(Incorporated in the Union of South Africa.)
This is to Certify that Hendrik Cornelis van Riggelen
of 50, CARNARVON ROAD, JOHANNESBURG
is the Registered Proprietor of One hundred
fully paid Shares of FIVE SHILLINGS (5/-) each, numbered as per margin in the East Witwatersrand Gold Mining Areas, Limited, subject to the Memorandum and Articles of Association of the Company.

No. of Shares	Distinctive Numbers (inclusive) From	To
100	19379	19478

Dated at Johannesburg this 4th day of October 1933
Secretary.
Directors.

Abb. 8. Eine typische südafrikanische Inhaber-Aktie aus dem ersten Drittel des vorigen Jahrhunderts.

Einzelanalyse kostete den Gegenwert von etwa 20 Goldmark, aber sie brachte doch etwas Geld in die Kasse.

Es wurden aber auch größere Aufträge vergeben. Waren nämlich irgendwo Vererzungen gefunden worden, die vielversprechend aussahen, dann bildeten sich rasch Konsortien, die an einem Abbau interessiert waren und eine Konzession erwarben. Und damit begannen die Probleme. Für einen Abbau – und sollte er auch noch so klein sein – benötigte man zunächst einmal Geld, und das war nicht da. Die Konzessionäre waren ja zumeist Farmer, die als Selbstversorger auf ihren Farmen zwar alles hatten, was sie zum Leben brauchten, aber kein Bargeld besaßen. Und auch die Erzsucher, die durch das Land zogen, lebten eher von der Hand in den Mund. Zur Geldbeschaffung mussten also Anteilscheine ausgegeben werden, die

Abb. 9. Im Lager der Diamantengräber. Holzstich, um 1880.

an der Börse in Johannesburg gehandelt werden konnten. Voraussetzung dafür war jedoch, dass die potentielle Lagerstätte zuvor gründlich untersucht und ein seriöses geologisches Gutachten vorlegt worden war. Das war das Arbeitsfeld, auf dem sich die „Beratenden Geologen“ tummelten. Sie taten das gern, denn Gutachten, die zur Vorbereitung eines Börsenganges erstellt wurden, waren im Allgemeinen finanziell recht interessant.

Noch lukrativer waren die Aufträge, die von den großen Geldhäusern oder privaten Financiers vergeben wurden. Zu dieser Zeit gab es in Johannesburg bereits Niederlassungen aller europäischen Großbanken. Sie beobachteten, was sich im Lande tat, und warteten darauf, die Entwicklung interessanter Bergbauprojekte finanziell begleiten zu können. Bedingung war, dass zuvor nachgewiesen wurde, dass das Projekt tatsächlich einen Gewinn abwerfen würde. Und da es sich häufig um beachtliche Beträge handelte, die diese Geldgeber investieren wollten, wurden an die entsprechenden Gutachten hohe Ansprüche gestellt. Nur die Besten aus dem

Kreis der beratenden Geologen konnten deshalb damit rechnen, einen solchen Auftrag zu erhalten.

In diesen Jahren gab es in Johannesburg eine ganze Anzahl solcher „Beratender Geologen". Die vielen Namen, die im Umfeld von Merensky und in verschiedenen Publikationen oder Akten auftauchen, legen das jedenfalls nahe. Da gab es alte, erfahrene Geologen, die seit vielen Jahren im Lande arbeiteten und von denen einige große Erfolge aufzuweisen hatten. Daneben gab es junge Bergingenieure oder Geologen, die ähnlich wie Merensky im Berufsleben gerade erst Fuß fassen wollten. Sie kamen von den Hochschulen in England, Holland, Österreich und Deutschland und waren mit dem neusten Stand der Bergbautechnik und der geologischen Wissenschaft vertraut.

Es gab andere, die hatten nie den Hörsaal einer Bergschule oder Universität von innen gesehen, waren dafür aber Praktiker von hohem Grade. Da waren Goldwäscher, die 30 oder mehr Jahre in den Goldfeldern Südafrikas und seiner Nachbarländer gearbeitet hatten. Und da waren Diamantenwäscher, die bei jedem Diamanten-*rush* seit der Entdeckung von Kimberley dabei gewesen waren. Das waren Männer mit gutem Gespür und ungeheurer Erfahrung. Die theoretischen Grundlagen der geologischen Wissenschaft kümmerten sie wenig. Dafür wussten sie, wie man einen Erz- oder Diamantenfund beurteilt, wie man eine Prospektion aufzieht und welches Material dazu benötigt wurde. Und noch wichtiger, sie wussten, wie man sich zu verhalten hatte, wenn man einen größeren Fund gemacht hatte und wie man vermied, dass Spekulanten einem die mühsam erarbeitete Pfründe abjagten. Jetzt im Alter berieten sie Farmer, die auf ihrem Land etwas gefunden hatten, oder gaben ihr Wissen an junge Männer weiter, die das Handwerk des Prospektors erlernen wollten.

Und es gab wieder andere, die sich nur für bestimmte Teile des Landes interessierten, also den Norden oder das *Bushveld* oder für den südlich angrenzenden Oranje-Freistaat. Auch sie hatten ihr Auskommen.

Zwischen all diesen Fachleuten, von denen manche von der Aura ihrer früheren Erfolge umgeben waren, bewegte sich der junge Merensky mühelos. Dank seiner umgänglichen Art und seiner steten Liebenswürdigkeit hatte er in diesem Kreis bald viele Freunde. Von Anfang an kam er problemlos an Aufträge heran, auch wenn es zunächst nur kleinere Aufgaben waren, die man ihm übertrug.

Im Jahr nach seiner Ankunft erlebte Merensky den großen Zinn-*rush* des Jahres 1905. Damals war nördlich von Pretoria, in den Graniten des *Bushvelds,* Zinnstein gefunden worden. Es handelte sich um mehrere Vorkommen. Einige der Funde beruhten auf der Wiederentdeckung alter Abbaue aus voreuropäischer Zeit, andere waren Neuentdeckungen. Die Vorkommen erstreckten sich über viele Kilometer, und an einigen Fundstellen beobachteten die Geologen ungewöhnlich hohe Erzkonzentrationen. Die Aufregung in Johannesburg war entsprechend groß. Die Kurse der Zinnpapiere schossen steil in die Höhe, und bald sprach man an der Börse nur noch von Zinn. Dann kamen Nachrichten herein, die die weite Ausdehnung der Lagerstätten in Frage stellten und die die möglichen Erzreserven als wesentlich bescheidener bezeichneten. Daraufhin fielen die Kurse innerhalb von zwei Tagen um 40 bis 50 %, um eine Woche später, beim Eintreffen einer neuen Nachricht, wieder zu steigen. Diese Nachricht war zwar nur ein „vorläufiger" Bericht, aber die Spekulanten behaupteten, er wäre äußerst positiv und rissen dadurch andere Anleger mit. Dieses Spiel wiederholte sich mehrfach. Zwei Monate lang war der Kurs der Zinnaktien durch eine wilde Zickzackkurve gekennzeichnet. Als er sich dann auf einem mittleren Niveau einpendelte, hatten einige Spekulanten hohe Gewinne eingestrichen, viele Anleger dagegen große Summen verloren.

Für Merensky waren der Zinn-*rush* und die damit verbundenen Börsenspekulationen Schlüsselerlebnisse. Es erschütterte ihn, mit welcher Leichtfertigkeit geologische „Vorberichte", die in Wirklichkeit fachlich gesehen nur wenig Substanz enthielten, an die Öffentlichkeit gebracht worden waren. Und er war entsetzt darüber, dass die jeweiligen Verfasser es offenbar bewusst in Kauf nahmen, dass ihre Berichte an der Börse Unruhe schufen oder gar von Spekulanten missbraucht wurden. Diese Vorgänge waren ihm abschreckendes Beispiel und Lehre zugleich. In seinem späteren Berufsleben hat Merensky nie einen Prospektionsbericht erstellt, dessen Ergebnisse und Gesamturteil nicht durch eingehende Untersuchungen belegt und abgesichert waren. Er hat deshalb auch nie einen Bericht wegen fehlerhafter Vorhersagen zurückziehen müssen.

Selbstverständlich hat Merensky in seiner langen beruflichen Laufbahn nicht nur positive Gutachten abgeliefert. Um seine Auftraggeber vor verlustreichen Investitionen in weniger guten Lagerstätten zu bewahren, war er manchmal gezwungen, nach eingehender Untersuchung eine scharfe, negative Bewertung abzugeben. Und eine negative Beurteilung war es dann auch, die ihm ein Jahr später den großen Durchbruch bescherte.

E-4 Was ist Prospektion, was ist Exploration?

Die beiden Begriffe werden von international tätigen Bergbaufirmen, von Erdölgesellschaften und den Geologischen Diensten der verschiedenen Länder nicht einheitlich benutzt.
Im amerikanischen Sprachgebrauch ist die **Prospektion** die Suche nach nutzbaren Lagerstätten durch den **einzelnen** Geologen oder Prospektor mit Hilfe seiner persönlichen Beobachtungen und Probenahmen im Gelände.

Die **Exploration** ist dagegen eine systematische Suche nach nutzbaren Lagerstätten durch Bergbaufirmen, Geologische Dienste oder internationale Organisationen. Sie setzt ein breites Instrumentarium von geophysikalischen und geochemischen Untersuchungsmethoden ein und ist somit in jedem Fall eine **Teamarbeit**.

Im deutschen Sprachgebrauch wird der Begriff **Exploration** vor allem bei der Suche nach Erdöl- oder Erdgaslagerstätten benutzt, während bei der Suche nach nutzbaren Lagerstätten von Erzen oder Industriemineralien fast ausschließlich der Begriff **Prospektion** verwandt wird

Was die **Methoden** der Prospektion angeht, so sind sie, wenn ein einzelner Prospektor (im amerikanischen Sinne) für sich allein arbeitet, relativ einfach und in ihrer Wirkungsweise begrenzt. Die genaue Kenntnis der Gesteinsformationen sowie der Mineralien oder Erze, die in den einzelnen Formationen eventuell erwartet werden können, ist stets die Basis der Arbeit. Notwendig ist auch ein Gefühl für die Verwitterungsformen der verschiedenen Gesteine sowie für Landschaftsformen, denn nicht selten machen sich Erzausbisse in der Landschaft durch morphologische Besonderheiten bemerkbar. So sind z. B. Eisenerzlagerstätten in den Tropen häufig von harten Eisenoxidkrusten bedeckt. Sie widerstehen dadurch der Erosion und bilden dann mächtige Bergzüge. Andere Mineralisationen sind an Quarzgänge gebunden, die wegen ihrer Härte in der Landschaft ebenfalls deutlich hervortreten.

Grundsätzlich gilt, dass es die Abweichungen von der Norm sind, die der Prospektor bemerken muss. Denn gerade sie können ein Hinweis auf ein im Untergrund liegendes Mineralvorkommen sein. Wichtig ist deshalb eine scharfe Beobachtungsgabe, die alles registriert. Dass der Prospektor Erzgerölle oder auch Kohlenbröckchen in einem Bachbett oder im Geröllschutt eines Hanges findet, ist relativ selten, kommt aber vor. Viel häufiger begegnen ihm die weniger eindeutigen Anzeichen wie rostbraune Oxidationszonen oder Ockerablagerungen an Quellaustritten. Hellwach muss er sein, wenn ihm „bunte Farben“ begegnen. Das sind nur selten schöne Kristalle, wie man sie aus mineralogischen Sammlungen kennt. Häufiger sind dagegen mikrokristalline Massen als Beläge auf Schichtflächen und in Gesteinsspalten. Es können aber auch Verfärbungen des Erdreichs oder eines Gesteins sein. So können malvenfarbene Verfärbungen des Bodens auf Lithiumerze hinweisen, blaue oder dunkelgrüne Mineralien auf Kupferoxide, hellgrüne Kristalle auf Nickel und amorphe gelbe Massen können Molybdänocker sein. Jedem Hinweis muss der Prospektor nachgehen. Das gilt im Übrigen auch für Veränderungen in der Vegetation. So kann z. B. eine Krüppelvegetation durch einen in nicht allzu großer Tiefe liegenden Erzkörper verursacht sein.

Sonst stehen dem Prospektor eigentlich nur einfache Analysen und Gesteinsbestimmungsmethoden zur Verfügung. Hinzu kommen verschiedene mechanische Arbeiten, die der Prospektor selbst oder zusammen mit Hilfskräften durchführen kann, die er an Ort und Stelle engagiert. Das sind das Waschen von Sand- und Bodenproben in der Goldgräberpfanne (ein für den Nachweis von Gold, Platin, Zinn oder Diamanten sehr wirkungsvolles Instrument!), das Anlegen von Schürfgräben oder kleinen Schächten und gelegentlich kleinere Handbohrungen. Alles in allem ein bescheidenes Instrumentarium, wobei das wichtigste das persönliche „Gespür“ eines Prospektors ist.

Diese Art von Prospektion eines Einzelnen ist allerdings selten geworden. Nur gelegentlich begegnet man noch in Namibia, Südafrika oder Australien einem solchen selbstständigen Schürfer. In diese Gruppe gehören allerdings auch die Erz- und Edelsteinsucher, die in den Andenländern oder im brasilianischen Urwald nach Gold, Smaragden und Diamanten suchen, oder die Hobby-Prospektoren, die man dann und wann in Alaska und den Rocky Mountains antrifft.

Ganz anders arbeitet die „moderne“ Exploration der großen Firmen oder Geologischen Dienste. Bereits im Vorfeld einer Prospektionskampagne, beim Sammeln von Daten über die zu untersuchende Region, zapft sie alle nur denkbaren Informationsquellen an. Manchmal bedient sie sich dabei auch der Kenntnisse weitab liegender Wissenschaftszweige. Das klingt abstrakt und soll deshalb an zwei Beispielen erläutert werden:

In den 50er Jahren des vorigen Jahrhunderts wurde in Mauretanien in der Nähe von Fort Gouraud eine der bedeutendsten Eisenerzlagerstätten Afrikas entdeckt. Der Hinweis auf die mögliche Existenz dieser Lagerstätte war damals bereits 25 Jahre alt. Er stammte von den berühmten französischen Postfliegern Jean Mermoz (1901–1936), Antoine de Saint-Exupéry (1900–1944) und anderen. Diese Postflieger führten damals, Ende der 20er Jahre, die ersten Flüge von Marseille nach Rio durch, mit Zwischenlandung in Dakar (Senegal). Sie berichteten, dass sie, von Marseille kommend und nach Überquerung des Atlasgebirges, beim Überfliegen der mauretanischen Wüste Schwierigkeiten gehabt hätten, ihren Südwest-Kurs Richtung Dakar zu halten, da ihr Kompass zeitweise verrückt spielte.

Der Gedanke, dass diese magnetische Anomalie ihren Ursprung in einem magnetithaltigen Eisenerzvorkommen haben könnte, lag nahe. An seiner Erkundung bestand zu dieser Zeit jedoch kein Interesse. Eine in der Wüste und zugleich weitab eines Hafens gelegene Eisenerzlagerstätte wäre nämlich damals völlig unwirtschaftlich gewesen. Prospektiert wurde in Französisch-Westafrika zu dieser Zeit eigentlich nur auf Gold, das aber auch nur in den Gebieten, in denen reichlich Wasser zur Verfügung stand und in denen die Goldwäscherei schon vor Ankunft der Europäer betrieben worden war, also in Guinea und der Elfenbeinküste. – Als nach dem Zweiten Weltkrieg die geologische Erforschung Westafrikas in großem Stil begann, wurde mit einer der ersten Prospektionskampagnen dem Hinweis der Postflieger nachgegangen. Das führte sehr schnell zur Entdeckung der Eisenerzlagerstätte von *Fort Gouraud*. Die Postflieger waren zu diesem Zeitpunkt bereits den Fliegertod gestorben – Mermoz 1936 bei seinem 24. Flug über den Südatlantik, Saint-Exupéry 1944 bei einem militärischen Erkundungsflug über dem Mittelmeer.

Es gibt aber noch eine andere Entdeckungsgeschichte, bei der der erste Hinweis noch weiter hergeholt wurde: Eine in Entwicklungsländern gängige geologische Arbeitsmethode ist es, im Busch oder Urwald Eingeborene zu befragen und ihnen möglichst auch Proben der gesuchten Erze oder Gesteine vorzulegen. Bei der Naturverbundenheit dieser Menschen und ihrer häufig erstaunlichen Beobachtungsgabe haben Geologen in vielen Ländern dadurch wertvolle Hinweise auf nutzbare Mineralvorkommen erhalten. In der für Westafrika zuständigen Direktion des französischen *Bureau de Recherches Géologiques et Minières* ging man 1960er Jahren noch einen Schritt weiter und beschloss, alle literarischen Quellen, derer man habhaft werden konnte, zu durchforsten. Da die afrikanischen Völker zwar eine reiche Erzählkultur, aber keine Schriftsprache entwickelt haben, könnte man meinen, dass Schriftzeugnisse über Westafrika rar sind und eigentlich erst gegen Mitte des 19. Jahrhunderts mit den Berichten der ersten europäischen Afrikaforscher beginnen. Dem ist aber nicht so. Fünfhundert Jahre zuvor lag die gesamte Sahara im Einflussgebiet der arabisch-islamischen Kultur. Und da das Klima in dieser Zeit nicht so wüstenhaft war wie heute, wurde die Sahara in dieser Zeit häufig von Reisenden, Geographen und Schriftstellern, von Ost nach West und zurück durchquert. Zu ihnen gehörte unter anderem Ibn Battuta (1304–1377), ein Rechtsgelehrter, der als einer der größten Weltreisenden überhaupt gilt. Im Osten kam er bis nach China, und in der Westsahara erreichte er die damals sehr berühmte Universitätsstadt Timbuktu.

Beim Studium der Westafrika betreffenden arabischen Schriften fand man, dass in der Gegend von *Agadès*, das im Norden der heutigen Republik Niger liegt, drei Brunnenplätze erwähnt werden, deren arabischer Name das Wort „Kupfer“ enthält. Heute gibt es in diesem Raum jedoch keine arabischen Ortsnamen mehr. Als die Franzosen um 1900 die Zentralsahara erreichten, lebten dort die Tuareg, und alle Lokalitäten waren mit Namen aus deren Sprache belegt.

Das Problem war also nicht durch Kartenstudium zu lösen, und so beschloss man, Geologen in den Raum von *Agadès* zu entsenden, um dort auf Kupfer zu prospektieren. Diese fanden in den jungen Sandstein-Serien, die das wesentlich ältere *Air*-Gebirge umranden, relativ schnell zahlreiche Malachitbeläge auf Klüften und Schichtflächen. Malachit ist ein Kupferkarbonat, das sich häufig in der Oxidationszone von Kupfervorkommen findet. Die Arbeit lief also gut an. Man beobachtete aber noch etwas anderes auf diesen Klüften, nämlich eine schwefelfarbene bis zitronengelbe Mineralisation. Es waren Uranmineralien!

Der Rest ist schnell erzählt. Das französische *Commissariat à l'Energie Atomique (CEA)* wurde unterrichtet. Die Geologen des CEA flogen ein, schwärmten aus und fanden in der westlichen Umrandung des *Air*-Gebirges weitere Anzeichen von Uranmineralisationen. Die Kupferprospektion wurde eingestellt, das CEA übernahm, und bald darauf wurde 60 km nordwestlich von *Agadès* die Uranlagerstätte *Arlit* lokalisiert. Sie ist die viertgrößte der Welt.

Der Zufall war bei dieser Entdeckung sogar in doppelter Hinsicht im Spiel. Nicht nur, dass der erste Hinweis auf den Raum von Agadès aus der arabischen Literatur kam, auch das sofortige Erkennen der Uranminerale im Gelände war keine Selbstverständlichkeit, denn es gibt nur wenige Geologen, die das auf Anhieb können. In der Geologengruppe, die zunächst auf Kupfer prospektierte und die keinen Geigerzähler mit sich führte, befand sich jedoch ein junger ungarischer Geologe namens Imreh, der 1956 aus Budapest geflohen und dann in den belgischen Kongo gegangen war. Dort hatte er im damaligen Katanga, in Shinkolobwe, Uranminerale kennengelernt. Ohne seine Anwesenheit wäre die Uranmineralisation bei *Agadès* möglicherweise übersehen worden.

Soweit die Beispiele für die weit ausholende Vorbereitung der Prospektion. Nicht minder breit angelegt ist die später folgende **Hauptprospektion**. Dabei spielen die Luftbildvermessungen eine große Rolle. Auf **Satellitenbildern** lassen sich geologische Großstrukturen identifizieren und die zu untersuchenden Flächen einengen. **Luftaufnahmen** ersetzen in abgelegenen Gebieten die topographischen Karten. Zugleich zeigen sie Details, die eine Fokussierung der Arbeit ermöglichen. Es folgt die **geophysikalische** Prospektion, die teils aus der Luft, teils vom Boden aus durchgeführt wird. Bei ihr werden verschiedene physikalische Parameter der im Untergrund liegenden Gesteine gemessen und Mineralvorkommen dadurch aufgespürt, dass sich deren Parameter deutlich von denen des Nebengesteins unterscheiden. Dazu einige Beispiele: Durch Schweremessungen lassen sich Salzstöcke identifizieren, da ihre Dichte geringer ist als die des Nebengesteins, aber auch Erzvorkommen, die wiederum eine deutlich größere Dichte aufweisen. Vor einigen Jahren benutzte z.B. der Diamanten-Konzern De Beers dieses Prinzip in der östlichen Kalahari. Von einem niedrig fliegenden Zeppelin (!) aus ließ er Schweremessungen vornehmen. Ziel war es, unter den Wüstensanden der Kalahari Diamanten führende Kimberlitschlote (siehe Einschub E-7) zu identifizieren. Mit magnetischen Messungen werden Eisenerzlagerstätten lokalisiert (siehe oben) und mit elektromagnetischen Messungen gut leitende Sulfiderzkörper. Prospektiert man auf radioaktive Substanzen, werden radiometrische Messgeräte (Beryllometer und Szintillometer) verwendet. Wird ein Gebiet danach als aussichtsreich beurteilt, kommt die **geochemische** Prospektion zum Einsatz. Dabei werden heute nicht mehr einzelne Erz- oder Gesteinsproben analysiert, sondern Hunderte oder Tausende von Bodenproben. Sie werden in Längsprofilen oder flächigen Rastern entnommen und dann auf ihren Gehalt an zwei oder drei, manchmal aber auch zwanzig verschiedenen Elementen analysiert.

All dies kann hier nur angedeutet werden. Wesentlich ist jedoch, dass die moderne Prospektion mit dem gleichzeitigen oder auch zeitlich gestaffelten Einsatz vieler **Spezialisten** arbeitet. Lagerstätten werden also heute (von seltenen Ausnahmen abgesehen) nicht mehr von einem Einzelnen entdeckt. Die Handhabung der geophysikalischen Apparaturen, die Feldlabors, die Fahrzeuge usw. erfordern einen logistischen Aufwand, der nur noch von Teams mit vielerlei Spezialisten bewältigt werden kann, die zudem gut aufeinander abgestimmt sind.

5 Das Madagaskar-Gold

Es war in den ersten Monaten des Jahres 1905, als in Johannesburg Berichte über bedeutende Goldfunde in Madagaskar eintrafen. Das verwunderte zunächst ein wenig. Madagaskar stand nämlich nicht in dem Ruf, ein an Goldvorkommen reiches Land zu sein. Zwar gab es dort Gesteinsserien, die für sehr alt gehalten wurden, ob sie aber altersmäßig und ihrer Entstehung nach den in Südafrika bekannten goldführenden Formationen entsprachen, war zu diesem Zeitpunkt noch völlig unklar. Auch sonst war über die Geologie des Landes noch wenig bekannt. Nur die madagassischen Halbedelsteine genossen bereits einen weltweiten Ruf. Über diese Vorkommen hatte der französische Seefahrer Capitain Jean Fonteneau schon im Jahre 1547 berichtet. Richtig in Schwung war ihr Abbau aber erst 1895 gekommen. Der berühmte Geologe und Mineraloge Alfred Lacroix, Sekretär auf Lebenszeit der französischen Akademie der Wissenschaften, hatte in den Jahren danach Halbedelsteine aus Madagaskar schleifen lassen und sie dann 1900 bei der Pariser Weltausstellung präsentiert. Die im französischen Afrika-Pavillon gezeigten Turmaline und vor allem ihre wunderschöne taubenblutrote Varietät, die Rubellite, wurden zu einer der Sensationen der Ausstellung. Das war es dann auch schon, was man über die Lagerstätten in Madagaskar wusste. Gold spielte in dem Land bis dahin kaum eine Rolle. Vereinzelt wurde es von Eingeborenen aus Flussseifen gewonnen, aber die offiziellen Statistiken bezifferten die Produktion nur auf einige hundert Kilogramm.

Nun kam aus Madagaskar ein Bergingenieur namens J. E. Jones zurück und berichtete über großartige Goldfunde, die er gemacht habe. Sie lagen in den sehr weiträumig abgesteckten Konzessionsgebieten eines Monsieur Louis Lecomte. Jones, der bereits 14 der 32 Ansprüche von Lecomte erworben hatte, berichtete über Erzvorräte von 25 Mio. Tonnen mit einem durchschnittlichen Goldgehalt von 10 Unzen (= 311 g) pro Tonne. Das war in der Tat sensationell, denn nach dieser Rechnung enthielten die von Jones erworbenen Konzessionen einen Goldinhalt von 7.775 Tonnen. Jones, der inzwischen die „Lecomte-Madagaskar-Gold-Konzession" gegründet hatte, nahm eine Reihe namhafter Financiers in seine Gesellschaft auf und verfügte damit über ein erhebliches Kapital. Die großen südafrikanischen

Bergbaugesellschaften und Geldhäuser belegten deshalb schnell die verbleibenden 18 Anspruchsgebiete mit Optionen. Dieses rasche Handeln der Minengesellschaften war verständlich und notwendig zugleich, denn wenn sich die Zahlen bewahrheiten sollten, dann musste man befürchten, dass das Madagaskar-Gold eine echte Konkurrenz für die bis dahin bedeutendste Goldlagerstätte der Welt – den *Witwatersrand* in Transvaal – werden würde. Keine Bank und keine große Bergbaugesellschaft konnte unter diesen Umständen beiseite stehen.

Der nächste Schritt war logischerweise die Überprüfung der Lagerstätten. Banken und Bergbaugesellschaften beauftragten damit die besten Geologen, die sie aufbieten konnten. Merensky wurde von Friedlaender & Co., einer Rothschild-Tochter, engagiert. Der Rothschild-Konzern war damals schon seit Jahrzehnten weltweit mit Rohstoffprojekten befasst. So hatte er z. B. einige Jahre zuvor die Erschließung der ersten europäischen Erdölfelder bei Baku finanziert, und natürlich wollte er auch dabei sein, wenn in Madagaskar eventuell ein neues Eldorado erschlossen werden würde. – Schließlich versammelten sich in Durban 21 Geologen, jeder für eine andere Gesellschaft oder Interessengruppe tätig. Da kein fahrplanmäßiges Dampfschiff nach Madagaskar zur Verfügung stand, wurde ein nach Mauritius gehendes Schiff, die *Comrie Castle*, für den Umweg über Madagaskar gechartert. Mit ihr stach die Gruppe am 20. Juli 1905 in See.

Die Experten wurden an der Ostküste Madagaskars, am Strand von *Mananjary*, ausgeschifft und dann schnell aus dem fieberheißen Küstengebiet ins Hochland in das 150 km entfernte *Fianarantsoa* gebracht. Dort teilte sich die Gruppe. Ein Teil ging nach *Anjeva*, wo Optionen belegt worden waren, die anderen, zu denen auch Merensky gehörte, brachen in Richtung *Anosivola* auf, wo die restlichen Lecomte'schen Konzessionen lagen.

In der Nähe der Fundstellen war ein großes Camp vorbereitet worden, in dem für jeden Experten eine Rundhütte bereitstand. Zudem gab es einen großen überdachten Platz für gemeinsame Mahlzeiten und abendliche Gespräche. Sofort nach der Ankunft begannen die Bergbauspezialisten sich mit dem jeweiligen Gebietsstreifen zu beschäftigen, der für jeden von ihnen vorgesehen oder auch schon belegt war. Der von Merensky zu untersuchende Bereich wurde von einem langgestreckten Hügel aus kristallinem Kalk durchzogen, in dem einige gangartige, stark vergneiste Gesteinsbänder lagen, deren ursprünglicher Mineralbestand auf den ersten Blick nicht zu entziffern war. Die Goldmineralisation sollte an diese Gneisbänder gebunden sein. Das war im Prinzip nicht das geologische Milieu, in dem man eine solche Mineralisation erwarten konnte, aber diese Frage stand im Moment nicht im Vordergrund.

Merensky hatte eine rudimentäre Geländeskizze ausgehändigt bekommen. Außer der Hügelkette waren darin ein dahinter liegender kleiner Fluss und jenseits davon weitere durch mehrere Nebentäler zergliederte Hügel eingezeichnet. Dazu waren alle Punkte eingetragen, an denen Gesteins- oder Sandproben entnommen und analysiert worden waren. Er machte sich also an die Arbeit. Er begann mit den vergneisten Bändern in dem langgestreckten Kalkrücken. Schnell fand er die Stellen, von denen die verschiedenen Proben stammten. Tatsächlich ist es nämlich so, dass in einem Gelände, das zuvor nie prospektiert worden ist, von dem man also sagen könnte, dass es „jungfräulich" ist, die Spuren eines Geologen, der dort Gesteinsproben genommen hat, noch jahrelang zu erkennen sind. Dem Laien mag das wenig glaubhaft erscheinen, aber es ist so. Die Art, wie an bestimmten, leicht zugänglichen Felsecken handgroße Stücke herausgeschlagen und – wenn der Geologe sie unter der Lupe betrachtet hat – liegen geblieben sind, ist für einen später vorbeikommenden Geologen unverkennbar und unübersehbar. Praktisch gibt es ja auch kein Tier und keinen Eingeborenen, der diese Probestücke beseitigen würde, und bis ein mit dem Hammer frisch angeschlagener Fels so stark verwittert ist, dass die Schlagspuren nicht mehr erkennbar sind, vergehen Jahre. Merensky fand also die alten Probenahmestellen und nahm exakt an diesen Stellen noch einmal Gesteinsproben. Dann inspizierte er den gesamten Kalkrücken sehr gründlich und kehrte danach ins Camp zurück.

Am nächsten Tag bereitete er seine Proben auf und wusch das zerkleinerte Material in seiner Goldgräberpfanne. Er war erstaunt, als bereits die erste Probe sehr deutliche Goldspuren aufwies. Das hatte er nicht erwartet, zumindest nicht in dieser Stärke. Der Reihe nach prüfte er auch die anderen Proben und siehe da, auch sie zeigten samt und sonders sehr annehmbare Goldgehalte. Das ließ sich gut an!

Zum Berufsbild des prospektierenden Geologen gehört nicht nur, dass er Mineralien und Erze kennen muss und auch weiß, in welcher Art von Gesteinsserie man welche Mineralisationen erwarten kann. Mindestens genauso wichtig sind die Technik der Probenahme, die Art des Transportes, die Art der Analysen und schließlich auch das Verhalten des Geologen, wenn er etwas Interessantes gefunden hat. Dabei ist es eine Selbstverständlichkeit, dass Analysenergebnisse, die Anlass zu einer wirtschaftlichen Aktivität geben könnten, nochmals überprüft werden. Handelt es sich um ein Projekt, das große Investitionen verlangt, muss die Überprüfung sogar mehrfach abgesichert werden, und eigentlich gehört es auch dazu, dass man in einem solchen Fall ein neutrales, drittes Labor einschaltet. Diesem werden die Proben ohne Herkunftsbezeichnung, nur mit Nummern versehen, zur Prüfung übersandt. Dabei ist es durchaus üblich, die Proben in verlöteten Metallbehältern oder zumindest versiegelt zu versenden. Das alles war dort im Busch in diesem Moment nicht möglich, aber dass Merensky eine zweite Probenahme durchführte, war Routine. Er schritt also am nächsten Tag das Profil vom Vortage noch einmal ab, nahm an den gleichen Stellen Proben, überquerte den Hügel, bereitete die

Proben an dem kleinen Flüsschen selbst auf und wusch sie dann durch. Keine der Proben enthielt irgend ein Anzeichen von Gold.

An dem kleinen Fluss selbst waren an einigen Stellen deutliche Spuren vom Durchwaschen der Flusssande und Schotter zu erkennen, und diese Stellen waren auch in der Skizze als goldführend bezeichnet. Merensky wusch deshalb einige Pfannen des im Fluss liegenden Materials durch. Und wieder fand sich nichts. Nicht einmal das kleinste Goldflitterchen war zu sehen. Damit war die Frage der Goldvererzung dieses Kalkrückens und seiner Gneisbänder geklärt. Merensky beherrschte die Technik der Probenahme, die Aufbereitung und das Waschen der Proben „aus dem Effeff". Ihm war kein Fehler unterlaufen, dessen war er sich absolut sicher. Und so zögerte er nicht eine Sekunde mit seiner Schlussfolgerung: Es gab keine primäre Vererzung im festen Gestein und deshalb auch keine sekundäre Anreicherung von Gold in den Sanden und Schottern des Flusses.

Zurück im Lager untersuchte er unter einer starken Lupe noch einmal das Gold, das er am Vortag aus den zerkleinerten Gesteinsproben heraus gewaschen hatte. Dabei erkannte er, dass sich unter den Goldpartikeln auch abgerollte Goldkörner befanden, die in einen Fluss transportiert worden waren. Das konnte aber nicht sein, da er die Proben selbst aus dem festen Gestein herausgeschlagen hatte.

Das bedeutete aber, die Proben des Vortages waren verfälscht, genauer gesagt, sie waren nachträglich „mit Gold geimpft" worden. Merensky ahnte auch, wann das geschehen sein musste, nämlich während er seine Hütte vorübergehend verlassen hatte, um zum gemeinschaftlichen Abendessen zu gehen. Das „wie und wann" der Fälschung war also klar, das „von wem?" hatte für ihn im Augenblick keine Bedeutung.

Was er aber unbedingt wissen wollte war, ob man nur die Proben des nahe beim Camp gelegenen Kalksteinhügels „geimpft" hatte, oder ob das gesamte Konzessionsgebiet wertlos war. Am nächsten Tag machte er sich deshalb auf, um die Hügel jenseits des Flüsschens zu untersuchen. Auf dem Weg dahin fiel ihm ein Studentenulk aus seiner Zeit an der Breslauer Universität ein. Damals kursierte unter den Studenten (ähnliches existiert übrigens auch heute noch) eine Liste mit unsinnigen Examensfragen, auf die dann ein Student eine genauso alberne Antwort gab. Eine dieser Fragen hatte gelautet: „Was ist eine Goldgrube?" Antwort des Studenten: „Eine Goldgrube ist ein Loch im Boden, neben dem ein Geologe sitzt und lügt!"

Wie sehr dieser lockere Studentenspruch der Wahrheit entsprach, merkte Merensky eine Stunde später, als er das besagte Hügelgelände durchstreifte. Zu seinem Erstaunen stellte er nämlich fest, dass diese Hügel nie von einem Geologen prospektiert worden waren. Zwar waren in der Kartenskizze verschiedene Punkte eingezeichnet, an denen angeblich Proben genommen worden waren, aber die typischen Spuren einer Prospektion fehlten völlig. Da lag nirgends ein frisch aufgeschlagener Stein, da war kein Fels angeschlagen, und die im Talboden der kleinen Seitentäler lagernden Sande und Schotter waren unberührt.

Das war nun eine Situation, in der man nicht wusste, ob man empört sein oder einfach nur lachen sollte. Für die Empörung wäre Grund vorhanden gewesen: Da waren Fälscher am Werk, die hatten in der Kartenskizze wahllos Probenpunkte eingetragen und hatten geglaubt, dass das ausreichen würde, um die Vertreter großer Bergbaufirmen oder internationaler Banken irrezuführen. Darüber konnte man in der Tat verärgert sein. Immerhin hatten die Minengesellschaften die besten südafrikanischen Geologen nach Madagaskar entsandt. Dass dem so sein würde, hätten die Fälscher sich ausrechnen können, denn die finanziellen Implikationen des sich anbahnenden Goldgeschäfts wären riesig gewesen. Dass die Fälscher tatsächlich geglaubt hatten, diese hochkarätige Expertenmannschaft irreführen zu können, das war schon empörend. Gleichzeitig war es ihnen aber offenbar überhaupt nicht in den Sinn gekommen, dass sie, um Erfolg zu haben, auch Spuren einer Prospektionstätigkeit hätten vortäuschen müssen. Und über diese Stümperei konnte man schon wieder lachen.

Merensky tat weder das eine noch das andere. Er empörte sich nicht und er lachte auch nicht. Stattdessen eilte er schnurstracks in das Camp zurück. Das ganze „Unternehmen Lecomte" war offenbar eine von langer Hand geplante, wenn auch mit wenig Geschick vorbereitete Betrugsaffäre. Das Wichtigste war jetzt, seinen Auftraggeber zu warnen. Und so handelte er schnell. Eine Stunde später war ein Bote auf dem Weg zur nächsten Telegraphenstation. Die Warnung, die er an Friedlaender & Co. übermittelte, war massiv, wenn auch äußerst kurz. Sie bestand nur aus einem Wort.

Am Abend traf Sir Aubrey Wools-Sampson ein, der in *Anjeva* zusammen mit dem anderen Teil der Experten die dortigen Optionsgebiete untersucht hatte. Ihm waren ebenfalls Zweifel gekommen, ob da nicht Proben nachträglich künstlich angereichert worden waren. Ganz sicher war er sich dessen aber noch nicht. Merensky und er tauschten ihre Erfahrungen aus, und nun wurde das ganze Ausmaß der Affäre deutlich. Es war ein gigantisches Betrugsmanöver, das wahrscheinlich nicht nur ein oder zwei der angebotenen Optionsgebiete, sondern möglicherweise den gesamten Lecomte'schen Konzessionsbesitz betraf. (Später bestätigte sich diese Vermutung.) Es war kaum zu glauben. Hier wollte man offenbar nicht nur ein einzelnes Finanzinstitut oder eine einzelne Bergbaugesellschaft um zehn- oder zwanzigtausend Pfund prellen, nein, hier sollte die südafrikanischen Goldbergbauindustrie insgesamt „abgezockt" werden. Zwar konnten sich weder Sir Aubry noch Merensky vorstellen, dass so etwas hätte gelingen können, denn dazu waren die „Ungereimtheiten" bei dieser angeblichen Goldmineralisation zu augenfällig. In wenigen Tagen würden auch die anderen angereisten Experten dahinterkommen, dessen waren sie sich sicher. Und trotzdem – bei dem Gedanken daran, was alles hätte passieren können, wenn dieses Betrugsmanöver nicht rechtzeitig entlarvt worden wäre, schauderte es den beiden Herren. Die Zahl der Investoren, die da hereingelegt werden sollten, war groß, und die Summen, die auf dem Spiele standen, waren immens. Aber nicht nur das – so viel konnte man sich ausmalen – bei solch herben Verlusten aufgrund betrügerischer Manöver würde es zu einer Vertrauenskrise gegenüber dem südafrikanischen Goldbergbau kommen. Und wahrscheinlich würde die Krise auch auf die übrigen Bergbauzweige Südafrikas übergreifen. Es war höchste Zeit, dem unguten Treiben ein Ende zu bereiten.

Der Morgen graute kaum, da war wieder ein Bote zur Telegraphenstation unterwegs. Die zweite Warnung an Friedlaender & Co. war noch deutlicher, aber wiederum von lapidarer Kürze. Dann reiste Merensky ab.

In Johannesburg hatten sich in der Zwischenzeit turbulente Szenen abgespielt. Während die Expertengruppe auf dem Weg nach Durban war und dort auf eine Schiffsgelegenheit wartete, war der Handel mit Optionen und Konzessionsanteilen zunächst weitergegangen. Da waren Spekulanten, die wurden unruhig, als sie sahen, was für eine hochkarätige Expertengruppe sich nach Madagaskar auf den Weg machte. Hatten sie da etwas verpasst? Wenn die großen Bergbaufirmen die besten Geologen des Landes nach Madagaskar entsandten, dann musste dort doch mehr zu holen sein, als offiziell zugegeben wurde. Also versuchte man noch irgendwie ins Geschäft einzusteigen, auch wenn die Kurse der Lecomte-Papiere schon sehr hoch standen. Und da waren andere, die ergriffen, als die Kurse nochmals stiegen, die Gelegenheit zur Gewinnmitnahme und stießen ihre Papiere ab. Schließlich trat Stille ein. Man hatte Nachricht, dass die Spezialisten von der madagassischen Küste in Richtung Landesinnere aufgebrochen waren, und nun warteten alle gespannt auf die ersten Meldungen von dort.

Dann traf das erste Telegramm von Merensky ein. Im Hause Friedlaender war man von seiner lapidaren Kürze überrascht. Der ganze Text bestand nur aus einem Wort und das hieß „Faul!“ Das sollte doch wohl kein Code sein? Nein, das war kein Code! Das war eine Warnung! Bei Friedlaender gab es genügend Leute, die die deutsche Kaufmannssprache kannten. „Faule Kredite“, „faule Geschäfte“ und jetzt „faule Bergbauspekulationen“, das war das letzte, womit man sich abgeben wollte. Friedlaender war in diesem Moment dabei, das Engagement in Madagaskar substantiell zu erweitern. Da waren Optionen, die gerade ausliefen und die man entweder verfallen lassen oder für teures Geld verlängern konnte. Und da waren Konzessionen erworben worden, deren Kaufpreis zu diesem Zeitpunkt fällig wurde und die bei Nichtzahlung an den Verkäufer zurückgingen. Bei Friedlaender rätselte man, was wohl der Hintergrund dieses Telegramms seien mochte, aber die Nachricht, die hatte man verstanden, und so zögerte man nicht, die anstehenden Transaktionen umgehend zu stoppen.

Die Johannesburger Finanzkreise schreckten auf. Was wusste man bei Friedlaender, was andere nicht wussten? Die Gerüchteküche brodelte, und in kürzester Zeit begannen die Kurse der Lecomte-Aktien zu fallen. Die Lage wurde noch verworrener, als kurz darauf ein erstes Telegramm des beratenden Bergingenieurs der Lecomte-Gesellschaft einging. Er berichtete von ausgezeichneten Prospektionsergebnissen, die – so seine Darstellung – zu den allerschönsten Hoffnungen berechtigten. Nun entspann sich ein hektischer Telegrammwechsel zwischen Johannesburg und dem Buschpostamt in Madagaskar. Dort gingen in zwei Wochen mehr Telegramme ein als sonst in fünf Jahren. Die Geschäftsführung von Lecomte in Johannesburg forderte ihren Repräsentanten in Madagaskar auf, den Anlass des Rückzuges von Friedlaender aus dem Madagaskargeschäft an Ort und Stelle zu klären. Gleichzeitig sollten die eigenen Prospektionsergebnisse noch einmal überprüft und, je nach Lage, entweder bestätigt oder verworfen werden. Friedlaender & Co. wiederum erbat von Merensky Mitteilung, ob man das Engagement in Madagaskar insgesamt abbrechen solle. Dieses Telegramm konnte allerdings nicht zugestellt werden, denn der Adressat war bereits auf der Rückreise.

Dann traf das zweite Telegramm von Merensky ein. Diesmal war es doppelt so lang, aber wiederum lapidar und nur aus einem Wort bestehend, es hieß: „Oberfaul!". Nichts ist für ein Geldhaus schädlicher, als mit faulen Spekulationen in Verbindung gebracht zu werden, und so zögerte Friedlaender nicht einen Moment und gab seinen definitiven Rückzug aus dem Madagaskargeschäft bekannt, und zwar diesmal öffentlich. Fast gleichzeitig traf eine Nachricht von Sir Aubrey Wools-Sampson ein, der über seine persönlichen Zweifel am Madagaskar-Gold berichtete. Jetzt wurden auch die letzten Gutgläubigen unsicher und versuchten ihre Papiere zu verkaufen, sofern sie noch einen Käufer fanden. Es bedurfte aber noch vieler weiterer Telegramme, bis die Nebel sich in der zweiten Augusthälfte endgültig lichteten. Alarmiert durch die dringenden Nachfragen aus Johannesburg hatten die Experten die zuvor positiven Fundpunkte nochmals beprobt und das Material eigenhändig an Ort und Stelle untersucht – überall mit dem gleichen Ergebnis: Es gab kein Gold. Daraufhin wurden die örtlichen Angestellten der Lecomte-Gesellschaft einzeln verhört, und am Ende gaben zwei von ihnen zu, Proben nachträglich „geschönt" zu haben. Der Traum vom Madagaskar-Gold war ausgeträumt. Es gab keine zweite Witwatersrand-Lagerstätte. Was blieb, war der fade Nachgeschmack an einen nicht einmal besonders geschickt eingefädelten Betrugsversuch und als Bereicherung des Johannesburger Börsenjargons die beiden Begriffe „Faul" und – als Steigerungsform – „Oberfaul".

Merensky war während dieser gesamten Zeit verschwunden. Schließlich tauchte er nach zwei Monaten wieder in Johannesburg auf, blass und körperlich sehr geschwächt. Er hatte auf der Rückreise einen schweren Malariaanfall erlitten und war in Durban vom Schiff weg ins Krankenhaus eingeliefert worden.

Malaria ist eine heimtückische Krankheit. Es sind nicht nur die Fieberanfälle als solche, die den Patienten schwächen. Vielmehr werden bei jedem Fieberschub abertausende von Blutkörperchen zerstört, und danach dauert es Monate, bis das Blutbild sich wieder normalisiert hat. Entsprechend geschwächt bleibt der Patient für lange Zeit. Und so war es auch bei Merensky. Aber ungeachtet der Tatsache, dass er sich kaum auf den Beinen halten konnte, brachen nach seiner Ankunft in Johannesburg Jubel und Lob über ihn herein. Er war der Mann der Stunde, der Mann, der den Betrug mit dem Madagaskar-Gold aufgedeckt hatte.

Merensky wusste, dass das nicht stimmte. Er war nur derjenige gewesen, der am schnellsten darüber berichtet hatte. Er hatte nicht den geringsten Zweifel, dass jeder der in Madagaskar versammelten Goldexperten auch ohne sein Zutun den Betrug innerhalb weniger Tage bemerkt hätte. Er sagte das auch immer wieder, aber das wurde nur als falsche Bescheidenheit ausgelegt.

Fakt war jedenfalls, dass Merensky nach dieser Goldaffäre zur ersten Garnitur der südafrikanischen Geologen gezählt wurde. Damit änderte sich auch seine Auftragslage als „Beratender Geologe". Die großen Bergbaufirmen engagierten Merensky fortan immer häufiger. Man schätzte ihn, weil er zusätzlich zu seinem großen geologischen Können auch die Fähigkeit besaß, zum richtigen Zeitpunkt schnelle und präzise Entscheidungen zum Vorteil seiner Auftraggeber zu treffen. Er hatte nach harter Arbeit seinen beruflichen Durchbruch geschafft.

E-5 Über „primäre" und „sekundäre Lagerstätten"

Anreicherungen von Metallen oder Edelsteinen können auf sehr unterschiedliche Art und Weise zustande kommen. Je nachdem, welche natürlichen Prozesse bei ihrer Bildung eine Rolle gespielt haben, sprechen die Fachleute von diesem oder jenem „Lagerstättentypus". Ihn genau zu bestimmen, ist sowohl für den Fortgang der Prospektion (Suche nach Fortsetzungen der Lagerstätte oder nach ähnlichen Vorkommen in der weiteren Umgebung) als auch für die Planung der bergmännischen Gewinnung und die vorläufige Kostenkalkulation von erheblicher Bedeutung.

Hier ist nicht der Platz, um die große Zahl der existierenden Lagerstättentypen zu erläutern. Die im Text häufig erwähnten Begriffe „primäre" und „sekundäre Lagerstätten" sind eine erste, nicht ins Detail gehende Unterscheidung zwischen zwei großen Gruppen von Vorkommen. Als „primär" werden Lagerstätten bezeichnet, bei denen die Erze oder Edelsteine noch im Kontext des Gesteinsverbandes liegen, in dem sie erstmalig ausgeschieden worden sind. In Südafrika spielt diese Gruppe von Lagerstätten eine hervorragende Rolle. Das Platin des Merensky-*Reefs*, die Chromitvorkommen des Bushvelds und die Diamanten führenden Kimberlit-Pipes sind Beispiele dafür.

Vielleicht noch wichtiger für den Subkontinent sind jedoch die „sekundären Lagerstätten“. Sie entstehen durch eine Umlagerung und nachfolgende Konzentration der Wertmineralien. Dafür müssen zunächst ein älteres Gestein oder eine Lagerstätte eine mechanische Zerstörung (Verwitterung) und/oder chemische Zersetzung durchmachen und abgetragen werden. Im Anschluss daran müssen die werthaltigen Minerale („sekundär“) angereichert werden. Im deutschen Sprachgebrauch werden solche Mineralanreicherungen mit einem alten Bergmannsausdruck als „Seifen“ bezeichnet.

Bei der Entstehung einer Seife spielt das spezifische Gewicht des Minerals oder Edelmetalls, das angereichert wird, eine entscheidende Rolle. Gold wird z. B. von den Wässern, welche das Abtragungsmaterial wegschwemmen, in allerkleinsten Goldflitterchen mitgeführt. Da Gold jedoch siebenmal schwerer als die gleichzeitig mitgeschwemmten Silikate und Karbonate ist, werden die Goldflitter deutlich langsamer transportiert und beim Nachlassen der Transportkraft des Wassers schnell wieder abgesetzt. Bevorzugte Ablagerungsstellen sind die flachen Innenseiten von Bach- und Flusskrümmungen, strömungsarme Bereiche hinter größeren Felsen und Kolke hinter Felsrippen. In solchen Zonen entstehen dann „sekundäre“ Goldlagerstätten. Dabei liegt das Gold stets im tiefsten Teil des Sand- oder Schotterprofils, d. h. unmittelbar über dem nackten Fels, der den eigentlichen Boden der Talaue bildet. Im Übrigen haften die Goldflitter während des Transportes häufig aneinander bzw. werden durch die ständige Bewegung zusammengehämmert. Es entstehen die sogenannten „Nuggets“, die erhebliches Gewicht erreichen können.

Die Widerstandfähigkeit der Mineralien gegen die Beanspruchung während des Transportes im Wasser oder in einer Schlammlawine ist der zweite Bestimmungsfaktor für die Entstehung einer Seife. Manche Mineralien, wie z. B. Zinnstein, die im Prinzip zwar hart, zugleich aber auch spröde sind, brechen bei einem solchen Transport entlang vorhandener Unstetigkeitsflächen. Die Zinnsteinbröckchen werden dann rasch zerrieben und somit deutlich weniger weit transportiert als Gold oder gar Diamanten. Findet der Prospektor also Zinnstein in einem Bachbett, dann kann er sicher sein, dass er höchstens 10 Kilometer von der ursprünglichen Quelle entfernt ist. Er kann sich dann relativ leicht an das Vorkommen herantasten.

Dieses „sich Herantasten“ an eine Lagerstätte durch Waschen von Sand- und Schotterproben entlang eines Flussprofils ist eine der klassischen Prospektionsmethoden. Nicht nur Zinn-, sondern auch viele der großen Goldlagerstätten sind so gefunden worden. Und fast immer waren es Goldseifen die zuerst entdeckt wurden, während die Identifizierung der primären Goldvorkommen erst danach erfolgte. Das war sowohl in Kalifornien in den 50er Jahren des 19. Jahrhunderts so als auch 40 Jahre später beim Goldfieber in Alaska. Die zuerst gefundenen Vorkommen waren stets sehr reich, gleichzeitig aber auch relativ kurzlebig. In dieser ersten Abbauphase wurden häufig große Vermögen verdient. Allerdings war diese Phase in vielen Fällen bereits nach 10 Jahren abgeschlossen. Anschließend kamen die großen Bergbaugesellschaften zum Zuge und bauten die in festem Gestein liegenden primären Lagerstätten ab. Diese wiesen deutlich geringere Goldgehalte auf, waren dafür aber langlebiger.

Im Übrigen wäre es ein Irrtum zu glauben, dass so etwas wie ein „Goldrausch“ heute nicht mehr möglich ist. In wenig erschlossenen Gebieten und insbesondere dann, wenn die Grundbesitzverhältnisse vom Staat nicht entschieden verteidigt werden, kann ein „Goldfieber“ (mit all seinen problematischen Auswüchsen) auch heute noch ausbrechen. So geschehen um 1985 in der *Serra Pelada* im brasilianischen Amazonasgebiet.

Werden werthaltige Minerale ins Meer transportiert und dann von der Brandung zurückgeworfen, selektiert und zusammengespült, spricht man von „Strandseifen". Dafür kommen nur solche Minerale in Frage, die einen weiten Transport überstehen. Jeder Sommergast an der Nord- oder Ostsee kennt die am Strand entlang der Wasserlinie auftretenden feinen Säume aus schwarzen Sanden. Sie bestehen aus Schwermineralien wie Ilmenit (einem Eisen-Titanmineral), Monazit (einem Thorium-Ceriumhaltigen Mineral), Zirkon und Magnetit. Diese schwarzen Säume sind nach dem Prinzip der Strandseifen entstanden und treten an anderen Stellen der Welt in Größenordnungen von vielen tausend Tonnen als abbaubare Lagerstätten auf.

An der südafrikanischen und namibischen Atlantikküste spielen diamantenhaltige Strandseifen eine bedeutende Rolle. Voraussetzung für die Entstehung dieser Vorkommen waren die große Härte und Widerstandsfähigkeit der Diamanten. Wahrscheinlich lagen die Pipes, aus denen die Steine ursprünglich stammen, im Inneren des Kontinents. Die Steine sind über weite Strecken zum Meer transportiert und dann durch die Brandung wieder ans Land geworfen worden. Trotzdem weisen sie kaum Abrollungsspuren auf. Nichtsdestoweniger hat auch bei ihnen während des Transportes eine Selektion stattgefunden. Alle Steine, die Fehlstellen oder Einschlüsse aufwiesen, sind offenbar zerstört worden. Jedenfalls fällt auf, dass einige der Strandseifen, z. B. die von Merensky gefundene „Austernlinie", zum überwiegenden Teil aus besonders schönen, makellosen Steinen bestehen. Im Übrigen gilt auch für Diamantenseifen, was schon von den Goldseifen berichtet wurde: Sie sind häufig sehr reich, manchmal sogar extrem reich, aber ihre Lebensdauer ist deutlich kürzer als die der in Abbau befindlichen Kimberlit-Pipes, aus denen letztendlich die größere Karatmenge gewonnen wird.

Sekundäre Mineralanreicherungen können auch dadurch entstehen, dass das wenig interessante Nebengestein weggeführt wird, während die werthaltigen Mineralien an Ort und Stelle verbleiben und sich anreichern. Man spricht dann von „Residualseifen". Die Fortführung des zersetzten Nebengesteins kann durch Wasser erfolgen oder durch Windeinwirkung („äolische Seifen"). Die von Merensky untersuchten Diamantenlager auf der Kolmanskuppe, in der Nähe der Lüderitzbucht, sind durch ein Zusammenwirken beider Mechanismen zustande gekommen. Erst wurden die Steine durch Flüsse ins Meer transportiert, dann durch die Brandung an Land geworfen, um schließlich durch die Wirkung des Windes aus der Strandseife herausgearbeitet zu werden. Am Schluss lagen die Diamanten lose verstreut in den Dünensanden.

Selbstverständlich gibt es auch Seifen, die in früheren Zeiten entstanden sind, d. h. vor Millionen und in einigen Fällen sogar vor Milliarden Jahren. Die Erosion von Gebirgen und somit auch von Lagerstätten und die Möglichkeit einer nachträglichen Anreicherung von Wertmineralien hat es nämlich zu allen Zeiten gegeben. Man kann dann von „Paläoseifen" oder „fossilen Seifen" sprechen. Solche Seifen sehen allerdings etwas anders aus als die rezenten Seifen. Die ursprünglich lose zusammengeschwemmten Sande, Schotter und Wertmineralien sind während der langen Zeiträume, die seit ihrer Ablagerung vergangen sind, wieder verfestigt worden und zu einem harten Gestein zusammengewachsen. Zu diesem Typ gehören einige sehr berühmte Lagerstätten. So wurde bei den brasilianischen Diamanten, die zunächst lose in Flussschottern gefunden worden waren, später ein sehr altes, hartes Konglomerat als Ausgangsgestein identifiziert.

In Südafrika wiederum ist das Gold der *Witwatersrand*-Formation offenbar ebenfalls an eine alte Seifenformation gebunden. Jedenfalls erkennt man in den harten, quarzitischen Gesteinen deutlich die Umrisse alter Gerölle, die allerdings ausgewalzt und gestreckt sind. Man geht davon aus, dass diese Gerölle ursprünglich durch Flüsse transportiert und in einem intramontanen Becken abgelagert wurden, das vielleicht 300 km lang und etwa 120 km breit gewesen sein mag. In den Sand- und Schotterschüttungen der verschiedenen Deltas findet sich das Gold, das aus der Abtragung der umliegenden Gebirge stammt. Das Gold des Witwatersrandes liegt also auf sekundärer Lagerstätte und hat seinen Ursprung in einem viel älteren geologischen System. – Diese Interpretation ist allerdings (wie bei vielen der sehr alten Lagerstätten) nicht ganz unumstritten. Es gibt Fachleute, die der Ansicht sind, dass das Gold nicht zusammen mit den Schottern und Sanden abgelagert wurde, sondern erst später mit hydrothermalen Lösungen in die Schichtfolge eingewandert ist.

6 Bankrott

In den folgenden Jahren war Merensky ständig unterwegs. Er durchquerte den Subkontinent mehrfach in allen Richtungen, von Norden nach Süden und umgekehrt und von der Atlantikküste zum Indischen Ozean und zurück. Er arbeitete in allen Teilen Südafrikas und in allen Nachbarländern. Besonders häufig war er im heutigen Namibia und Simbabwe. Aber auch aus Bechuanaland (Botswana), Swaziland und Mosambik existieren Untersuchungsberichte. Wo immer sich eine neue Prospektionsmöglichkeit andeutete, Merensky war zur Stelle.

Im Vordergrund standen in diesen Jahren die Untersuchungen von Gold- und Diamantenvorkommen. Er prospektierte die alten Goldfelder im damaligen Südrhodesien (heute Simbabwe). Einige dieser Vorkommen waren 40 Jahre zuvor von Karl Mauch, dem Freund seines Vaters, entdeckt worden. Die oberflächennahen Teile dieser Lagerstätten waren inzwischen längst abgebaut. Dort wo man versucht hatte, weiter in die Tiefe vorzudringen, waren die Arbeiten an vielen Stellen zum Erliegen gekommen. Jetzt gab Merensky durch seine Studien der Goldgewinnung in Südrhodesien neue Impulse. Häufig erledigte er diese Untersuchungen in einer Art Rundreise, so z. B. wenn er acht oder neun Goldlagerstätten nacheinander besuchte. Für jede schrieb er einen eigenen, ausführlichen Bericht, denn jede stellte eine eigene Konzession dar. Den Entwurf schrieb er bereits im Gelände oder auf den Farmen, auf denen er übernachtete. In Johannesburg wurden dann noch die Analysendaten und die abschließende Beurteilung hinzugefügt. Es war eine phänomenale Arbeitsleistung, die er in diesen Jahren erbrachte. Ermöglicht wurde sie durch seinen sehr konzentrierten Arbeitsstil.

Eine besondere Rolle spielte er bei der Begutachtung der *Voorspoed*-Diamanten. Man hatte ihn kurz nach deren Entdeckung hinzugezogen, und seine mehrfachen Gutachten trugen wesentlich zur raschen Entwicklung dieses Vorkommens bei.

Als im Jahre 1908 in Deutsch-Südwestafrika oberhalb der Lüderitzbucht in den Dünensanden der Kolmanskuppe Diamanten gefunden wurden, eilte er hin, um die Lokalität zu besichtigen. Die Konzessionen waren fest in deutschen Händen. Trotzdem studierte er das Vorkommen sehr genau. Er sah sich nicht nur die Teile der Lagerstätte an, die gerade im Abbau standen, sondern widmete auch den Flä-

Abb. 10. Die erste Diamantensucher auf der Kolmanskuppe. Keiner von ihnen erkannte den ursächlicher Zusammenhang zwischen dem gemeinsamen Auftreten von Diamanten und fein zerriebenen Austernschalen. Für Merensky wurde diese Beobachtung dagegen Anlass für die Entdeckung der „Austernlinie".

chen viel Aufmerksamkeit, auf denen die Gewinnung bereits abgeschlossen war. Tagelang war er in den Dünen unterwegs und untersuchte viele hundert Sand- und Bodenproben unter seiner Lupe. Zwischendurch nahm er sich immer wieder Zeit, mit den Entdeckern der Lagerstätte und denen, die dort als Erste gearbeitet hatten, zu sprechen. Wie sah das Gelände aus, als es von der Prospektion noch völlig unberührt war? Wie war die Position der ersten gefundenen Diamanten innerhalb des Dünenverbandes gewesen? Nachdem er das abgeklärt hatte, nahm er sich ein Pferd und zog den Radius seiner Untersuchungen immer weiter. Zunächst erkundete er die Dünen rings um die Kolmanskuppe. Danach verfolgte er den gewaltigen Dünenzug, der sich parallel der Küste bis zum Oranje-Fluss erstreckt, ein gutes Stück nach Süden. Und auch bei diesen Ausritten untersuchte er immer wieder Boden- und Sandproben. Er saß ab, erklomm den Dünenkamm und studierte beim Aufstieg Meter für Meter das sich bietende Profil. Dabei formte sich vor seinen Augen allmählich ein Bild der Entstehung des Diamantenlagers der Kolmanskuppe. Es wich erheblich von den Vorstellungen anderer Geologen ab. Aber nicht nur das, wichtiger war, dass ihm klar wurde, wo dieses Diamantenlager möglicherweise eine Fortsetzung haben könnte. Seine damaligen Erkenntnisse wurden 19 Jahre später Grundlage für seinen wohl spektakulärsten Prospektionserfolg.

Dann reiste er von der Küste des Südatlantiks auf die andere Seite des Kontinents, nach Mosambik, um sich wiederum einer Untersuchung auf Gold zu widmen. Sein Interesse galt in diesen Jahren aber keineswegs nur Gold und Diamanten. Er prospektierte vielmehr auf jedes nur denkbare Mineral. Er untersuchte Zinnlagerstätten im *Bushveld* und in Namibia, er suchte nach Wolfram und Tantal, er begutachtete Molybdänvorkommen in Natal und immer wieder waren es Kohlenlagerstätten, mit denen er sich befasste.

Trotz der vielen Gutachten, die Merensky für große Bergbaugesellschaften erstellte, vernachlässigte er in dieser Zeit in keiner Weise sein ursprüngliches Geschäft, die Beratung des kleinen Mannes. Nach wie vor überprüfte und analysierte er regelmäßig die vielen Einzelproben, die Farmer ihm zur Begutachtung einschickten. Sein Büro in Johannesburg hatte sich inzwischen vergrößert, sowohl räumlich als auch personell. Da er oft wochenlang abwesend war, hatte er jetzt als wichtige Stütze einen ständigen Mitarbeiter, der seine Post erledigte, seine Berichtsentwürfe fertig stellte und zum Versand brachte und der ihn, wenn er unterwegs war, regelmäßig per Telegramm oder per Brief über neue Entwicklungen – oder auch Gerüchte – auf dem Laufenden hielt.

Wenn Merensky in Johannesburg war, wohnte er im Rand-Club. Für ihn als Junggesellen war das eine ideale Lösung. Er brauchte sich um nichts zu kümmern und befand sich gleichzeitig in dem Zentrum, in dem alle Informationen über den Bergbau und neu entdeckte Lagerstätten zusammenliefen. Im Rand-Club traf man sowohl gewichtige Bergbaumagnaten und elegante Banker als auch die wettergegerbten und manchmal etwas abgerissen wirkenden Erzsucher und Goldwäscher, die aus dem *Veld* heimkehrten. Die einen trafen sich dort, um auf neutralem Boden Geschäftsmöglichkeiten zu erkunden, die anderen, die zuvor wochen- oder monatelang den Busch durchstreift hatten, kamen, um alte Freunde zu treffen und Neuigkeiten auszutauschen, wobei es durchaus auch einmal lärmend zuging. Ständige Gäste waren auch die jetzt alt gewordenen Entdecker von einst, die aus den 80er Jahren des 19. Jahrhunderts erzählten, als das Gold des *Witwatersrand* gefunden wurde. Im Rand-Club brodelte es zu jeder Stunde von Neuigkeiten und Gerüchten. Nicht alles, was erzählt wurde, war wahr. Manches waren Phantastereien, anderes waren alte Geschichten von anno dazumal, aber wenn man genau hinhörte und die Erzähler einzuschätzen wusste, dann konnte man auch hochaktuelle Informationen bekommen.

Der Rand-Club war für Merensky also beruflich wichtig, und er bewegte sich in dem heterogenen Kreis der Gäste mühelos. Trotzdem muss man sagen, von seinem inneren Gefühl her gehörte er dort nicht hin. Denn so gut Merensky auch in die Gesellschaft des Rand-Club integriert sein mochte, er war kein Stadtmensch. Am wohlsten fühlte er sich, wenn er draußen im *Veld* war. Er übernachtete auf allen möglichen Farmen und war mit den meisten Besitzern gut befreundet. Später sollte sich das als Vorteil erweisen. Er liebte das Leben auf den Farmen, und es störte ihn überhaupt nicht, dass auf vielen von ihnen die Zeit stehen geblieben war. Er stammte ja selbst von einer Farm und hatte dort eine glückliche Jugend verbracht.

Wenn er dann mit Pferd und Zelt allein im Busch unterwegs war, fühlte er sich völlig unbeschwert. Da waren die geruhsamen Stunden am Lagerfeuer, abends, wenn es nach einem heißen Tage abkühlte. Und noch schöner waren die kühlen Morgenstunden, wenn nach einer erfrischenden Nacht die kurze Dämmerung anbrach und die Strahlen der schnell steigenden Sonne das Farbenspiel der Natur von Minute zu Minute veränderten. Er liebte diese Momente.

Merensky schwamm auf einer Welle des Erfolges – nicht unverdient. Er arbeitete hart. Er hatte einen unglaublichen Spürsinn und zugleich eine phänomenale Beobachtungsgabe und er hatte Erfahrungen gesammelt. Zugleich war er von großem Fleiß und allen Exzessen abhold. Dazu kam als besondere Gabe seine große Liebenswürdigkeit, die ihm viele Freundschaften einbrachte. Er war nicht nur erfolgreich, sondern zugleich auch ein zufriedener, ja ein glücklicher Mensch.

Hinzu kam, dass seine finanzielle Situation sich äußerst erfreulich entwickelt hatte. Durch seine Gutachten verdiente er jährlich etwa 2.000 Pfund, das entsprach einem Gegenwert von 40.000 Goldmark. Für die damalige Zeit war das eine außergewöhnlich hohe Summe. Das war aber noch nicht alles: Weil er mehr Geld verdiente, als er in den kurzen Wochen, die er in der Stadt war, ausgeben konnte, kaufte er Wertpapiere. Dabei bevorzugte er Aktien von Bergbauunternehmen, für die er gerade prospektiert hatte. Und da er im Allgemeinen frühzeitig gewahr wurde, wenn ein Bergbauobjekt überdurchschnittliche Gewinne abzuwerfen versprach, waren seine Geldanlagen fast stets gut platziert. So engagierte er sich z. B. bei den Voorspoed-Diamanten und verdiente gut daran. Die Firmen schätzten diese Art von Engagement übrigens sehr, denn für ein an der Börse soeben aufgelegtes Wertpapier konnte es keine bessere Empfehlung geben als den Kauf durch den begutachtenden Geologen. Schließlich verdiente er an der Börse pro Jahr noch einmal das Doppelte des Einkommens aus seiner Gutachtertätigkeit hinzu.

Sein Gespür für Börsengeschäfte sprach sich herum, und bald wurde er von Freunden um Rat bezüglich ihrer Geldanlagen gefragt. Schließlich gingen sie – um die Sache zu vereinfachen – dazu über, ihm ihr Geld einfach anzuvertrauen, damit er es nach Gutdünken anlegte. Zunächst tat er das gern, und mancher seiner Freunde strich in kurzer Zeit einen erheblichen Gewinn ein. Das weitete sich aus, und bald waren es auch Bekannte von Bekannten, die ihn baten, ihr Geld anzulegen. Das nahm so überhand, dass er am Ende diese Art von Gefälligkeiten ablehnen musste, darunter auch ein Angebot der Deutschen Bank, die ihn mit der Anlage von 5 Mio. Goldmark beauftragen wollte.

Wer die Börse kennt, der weiß, dass das nicht immer so weitergehen konnte. *Nobody is perfect*, pflegen Engländer zu sagen und meinen das nicht als Vorwurf, sondern als Entschuldigung für jemanden, dem ein Unbill widerfahren ist, das vermeidbar gewesen wäre, wenn er anders gehandelt hätte.

Man könnte diese Art Nachsicht auch auf Merensky anwenden. Er machte beruflich keinerlei Fehler, aber er war in seinem Denken in keiner Weise auf die globalen Vernetzungen der Rohstoffwirtschaft eingestellt. Er prospektierte und beurteilte Erzlagerstätten. Das war sein Beruf und da lagen seine Fähigkeiten. Wenn er feststellte, dass eine Lagerstätte von überdurchschnittlicher Qualität und mit Gewinn abzubauen war, dann empfahl er seinem Auftraggeber, sie zu entwickeln. Zugleich unterstützte er die Herausgabe von Aktien durch sein Gutachten, und häufig kaufte er diese Papiere dann auch für Freunde und Bekannte und für sich selbst. Was er aber offenbar völlig übersah, war die Tatsache, dass die Aktienkurse einer Bergbaugesellschaft von sehr vielen Parametern abhängig sind. Die Güte der Lagerstätte ist nur einer davon. Wichtiger für die Kursbildung sind die erzielbaren Rohstoffpreise, die wiederum von der Nachfrage abhängig sind. Die Entscheidungen über Angebot und Nachfrage wurden aber nicht in Südafrika gefällt, sondern auf anderen Kontinenten und meist aus Gründen, die in Südafrika zum gegebenen Zeitpunkt noch gar nicht bekannt waren.

Es kam das Jahr 1911, das für die Weltwirtschaft ein schwieriges Jahr wurde. In Europa brachen einige renommierte Banken zusammen, die Börsen kamen ins Trudeln und auf dem Balkan kriselte es – wieder einmal. Es mag dahingestellt bleiben, was Ursache und was Wirkung war. Eine der deutlichen Folgen war aber, dass die Nachfrage nach Metallen weltweit zurückging und dass die südafrikanischen Bergbauaktien fortan schwächer tendierten.

Das Unheil begann bei den Zinnaktien, mit denen Merensky und seine Freunde in den Jahren zuvor erfolgreich spekuliert hatten. Jetzt brachen die Kurse ein, und Merensky verlor erhebliche Beträge, sowohl mit seinen eigenen Papieren als auch mit denen, die er für Freunde gekauft hatte. Er versuchte zu retten, was zu retten war. Er verkaufte mit Verlust und legte die verbliebenen Restbeträge in Goldaktien an, die sich bis dahin stets als ein Hort der Stabilität erwiesen hatten. Und dann lief das übliche Szenario einer lang anhaltenden Baisse ab, die von den Aktionären (und eben auch von Merensky) nicht rechtzeitig als solche erkannt wurde. Die Herabstufungen ergriffen nach und nach alle Branchen des Erzbergbaus und am

Schluss auch die Diamantenwerte. Merensky, der seine Engagements mehrfach gewechselt hatte, verlor praktisch sein gesamtes Vermögen – und noch viel mehr, denn er machte Schulden. In der Hoffnung, seine Verluste dadurch ausgleichen zu können, kaufte er immer wieder Aktien, und zwar in die fallenden Kurse hinein und auf Kredit. Bei jedem Kauf war er der festen Überzeugung, dass die Baisse jetzt ihren Tiefpunkt erreicht habe und dass es von nun an nur noch aufwärts gehen könne – und jedes Mal irrte er sich.

Sein größter Fehler war aber, dass er seine Freunde in dem Moment, als sie ihm ihr Geld anvertrauten, nicht deutlich darauf hingewiesen hatte, dass Aktienanlagen auch stets ein Risiko beinhalten und dass dieses Risiko von ihnen selbst getragen werden müsse. Im Gegenteil, einigen seiner Freunde hatte er sogar Versprechungen gemacht, wie viel sie mit ihrer Geldanlage verdienen könnten. Nun fühlte er sich für diese Fehlinvestitionen verantwortlich und versuchte, die Verluste seiner Freunde durch Aktienkäufe mit eigenem Geld auszugleichen und handelte sich dadurch neue Verluste ein. Anfangs hatte er bei den Banken unbeschränkten Kredit. Als die Verluste aber immer weiter stiegen, wurden die Banken zurückhaltend. Schließlich nahm er auf die Farm seines Vaters, deren Verwaltung ihm oblag, einen Kredit auf. Allerdings gab die Bank ihm nur 10.000 Pfund, das war nur ein Bruchteil dessen, was er benötigt hätte.

Da Merensky sich aber auch noch von vielen Privatleuten unterschiedliche Summen für seine täglichen Ausgaben geborgt hatte, wurde die Lage für ihn immer unübersichtlicher. Schließlich wusste er nicht mehr, wie hoch seine Schulden insgesamt sein mochten und vor allem, wem er alles Geld schuldete. Es wurde offensichtlich, dass er sich nicht nur in einer Pechsträhne befand, sondern dass ihm die Fähigkeit zu einer geordneten Buchführung und Geldverwaltung einfach abging. Am Schluss hatte er selbst das Gefühl, ohne fachmännische Hilfe nicht mehr auskommen zu können, und so vertraute er im Jahr 1913 die Regelung seiner Schuldenlast einem Rechtsanwalt an. Er hoffte, dieser könnte Ordnung in seine Finanzen bringen und vielleicht einen Sanierungsplan erarbeiten. Dem war aber nicht so. Der Anwalt prüfte seine Unterlagen zwei Tage lang und erklärte ihn dann öffentlich für „bankrott". Für Merensky war das ein großer Schock. Vor allem war ihm aber von diesem Moment an jegliche weitere Kreditaufnahme bei Geldinstituten verwehrt.

Während dieser ganzen Zeit ging Merensky seiner Arbeit als Geologe weiter nach, denn nach wie vor bekam er Aufträge. Allerdings fiel ihm das Arbeiten zunehmend schwerer. Die verfahrene Situation belastete seine Gemütsverfassung. Er wusste nicht, wie es ihm je gelingen sollte, seine Schulden zurückzuzahlen. Er konnte sich ausrechnen, dass selbst bei dauerhaft gutem Verdienst sein Schuldenberg erst in Jahrzehnten abgetragen sein würde. Dieser Gedanke zermürbte ihn.

7 Im Internierungslager

Es sollte noch schlimmer kommen.

Im Juli 1914 war Merensky im *Veld* unterwegs. Es war die kühle Jahreszeit, in der man draußen gut arbeiten konnte. Die Ereignisse, die Europa aufwühlten, hatte er nur ganz am Rande mitbekommen. Und nicht einmal im Traum hatte er daran gedacht, dass das, was sich dort zusammenbraute, auch für Südafrika Konsequenzen haben könnte. Wer sollte auch ahnen, dass die europäischen Auseinandersetzungen zu einem Weltkrieg ausufern würden.

Europa, das war für ihn weit, weit entfernt. Er war jetzt bereits seit 10 Jahren in Südafrika, und außer zu seinen Eltern und Geschwistern, mit denen er in regelmäßigem Kontakt stand, hatte er zu seiner alten Heimat keine inneren Bindungen mehr. Im ersten Jahr nach seiner Ankunft war er als preußischer Beamter nur beurlaubt gewesen und hatte somit die Möglichkeit für eine Rückkehr nach Deutschland gehabt. 1905 hatte er um eine Verlängerung der Beurlaubung nachgesucht, die ihm gewährt wurde. Ein Jahr später reichte er dann dem Ministerium in Berlin sein Gesuch um Entlassung aus dem Staatsdienst ein. Er wollte definitiv in Südafrika bleiben. Die Gründe lagen auf der Hand: Nirgendwo in der Welt würde er mit so interessanten geologischen Aufgaben konfrontiert werden wie in diesem Land. Nirgendwo anders boomte die Bergbauindustrie so wie in Südafrika. Das hatte seinen Grund, denn nach dem Ende des Burenkrieges erlebte das Land eine bis dahin beispiellose Investitionsphase. Hier bestand – davon war er überzeugt – eine reelle Chance „sein Glück zu machen“. Hinzu kam, dass er sich in Südafrika einfach wohlfühlte. Die Menschen in diesem Lande lagen ihm. Gleichgültig ob er sich im quirligen Johannesburg aufhielt, mit seinen Einwanderern aus aller Herren Ländern oder draußen im *Veld*, wo er es mit bodenständigen Buren zu tun hatte, er konnte mit allen umgehen. Und auch das Land als solches gefiel ihm. Es waren also äußerst positive Gefühle, die er Südafrika entgegenbrachte. Seine augenblickliche wirtschaftliche Misere hatte daran nichts ändern können. Umso entsetzter war er über das, was jetzt auf ihn zukam.

Irgendwann in den ersten Augusttagen kam Merensky zurück nach Johannesburg. Er war kaum im Rand-Club eingetroffen, als zwei englische Offiziere erschienen und ihn höflich baten, sie zu begleiten. Und er fiel aus allen Wolken, als sie ihm – „*sorry*" – eröffneten, dass sie ihn leider in ein Internierungslager bringen müssten. Er protestierte heftig. Schließlich war er ja in Südafrika geboren und lebte in diesem Land schon so lange. Die Behörden sahen das anders. Merensky war nicht nur deutscher Staatsangehöriger, sondern auch preußischer Reserveoffizier. An eine Verschonung von der Internierung war überhaupt nicht zu denken.

Die Internierungszeit war für Merensky eine Leidenszeit sondergleichen. Er, der seinen Beruf bewusst gewählt hatte, weil er jeglichen Zwang verabscheute, war plötzlich ein Gefangener, der von Stacheldraht umzäumt war. Er, der einen Widerwillen gegen Massenquartiere hatte, der es gewohnt war, im Freien zu leben und einen weiten Horizont um sich zu haben, war plötzlich mit Tausenden von Mitgefangenen auf kleinstem Raum zusammengepfercht. Unter diesem Freiheitsentzug litt er entsetzlich. Das Fehlen jeglicher sinnvollen Beschäftigung, verbunden mit der Ungewissheit über die Dauer dieses Lageraufenthalts und die noch größere Sorge, wie das „Danach" aussehen würde, quälten ihn unablässig. Und diese Qual untergrub seine Gesundheit.

Allerdings sollte man gerecht sein. So unerträglich waren die Bedingungen dieser Internierung nicht. In keinem Fall waren sie mit denen zu vergleichen, die Kriegsgefangene in Europa zu erdulden hatten, egal welche Uniform ihre Bewacher trugen. Das südafrikanische Internierungslager war sehr groß und befand sich in Natal, bei Fort Napier, in Pietermaritzburg, 50 km westlich der Hafenstadt Durban. Die Bewacher waren Engländer und sie benahmen sich fair. Ihre Aufgabe nahmen sie allerdings ernst, und so waren die Kontakte nach außen stark eingeschränkt. Andererseits war der Anteil an Buren in der Bevölkerung sehr hoch – und die waren keine Freunde der Engländer. Verständlich, denn die Erinnerung an die Burenkriege und die damals von den Engländern eingerichteten Lager waren noch zu frisch. Das führte dazu, dass die Lagerumgrenzung dann doch eine gewisse Durchlässigkeit aufwies, zumindest von außen nach innen. Vor allem im ersten Jahr, als der Aufbau des Lagers noch nicht abgeschlossen war, erwies sich das als überaus nützlich. Alles was nötig war, um das Lagerleben erträglich zu gestalten, kam auch herein. Außerdem stellten die Lagerinsassen eine sehr aktive, innovativ begabte Gruppierung dar. Der Anteil an jungen Menschen war groß, und unter ihnen befanden sich viele Techniker und Handwerker. Praktisch gab es keinen Beruf, der nicht vertreten war, und so verfügte das Lager nach einiger Zeit nicht nur über alle notwendigen Installationen, sondern auch über einen Sportplatz, ein Schwimmbad und Tennisplätze. Auch für das leibliche Wohl wurde gesorgt, es wurde sogar Schnaps gebrannt. Gleichzeitig entwickelten sich vielerlei kulturelle Aktivitäten. Es wurde gemalt und gesungen, Laienspielgruppen führten Theaterstücke auf, und in Vortragszyklen wurden kulturelle und technische Themen behandelt. Im Übrigen waren die Bewacher, was die eigenständige Organisation des Lagerlebens anging, erstaunlich großzügig. Jedenfalls hatten sie nichts dagegen, dass die deutschen Lagerinsassen an „Kaisers Geburtstag" (27. Januar) eine Parade abhielten, zwar nicht in Uniform, aber doch einheitlich mit weißem Hemd gekleidet, und dass anschließend ein großes Turnfest stattfand. Zahlreiche Fotos im Merensky-Archiv belegen dieses Ereignis.

Merensky selbst hielt sich bei all diesen Dingen weitgehend zurück und blieb ein Einzelgänger. Er machte täglich große Märsche entlang der Innenseite des Stacheldrahtzaunes, aber er blieb für sich allein. Nur gelegentlich ließ er sich dazu überreden, einen Vortrag zu halten. Dann sprach er über die Geologie und Lagerstätten Südafrikas und schilderte die großen, unausgeschöpften Möglichkeiten, die dieses Land noch hatte. Das war hochinteressant, und niemand zweifelte daran, dass er in diesen Dingen überaus kompetent war. An anderer Stelle und in einer anderen Situation wären das mitreißende Vorträge gewesen, hier aber sprang der Funke nicht über. Der Stacheldrahtzaun war eben mehr als nur ein Zaun, er war ein Wall, der die Lagerinsassen auch gedanklich von der Außenwelt trennte.

Zehn Jahre später, als Merensky mit der Entdeckung der Diamanten im Namaqualand den spektakulärsten seiner Erfolge feierte, erinnerten sich frühere Lagergenossen daran, dass er mehrfach über die Diamantenlager in der Nähe der Lüderitzbucht gesprochen hatte und über die Möglichkeit, weitere Vorkommen an der Atlantikküste zu finden. Es war eine komplizierte wissenschaftliche Theorie, die er da mit großem Enthusiasmus vortrug, aber das Publikum war das falsche. Über Jahre hin von der Außenwelt abgeriegelt und auf das kleine Universum des internen Lagerlebens konzentriert, waren solche Zukunftsvisionen nichts, was die Zuhörer wirklich bewegen konnte.

Die Zeit verging. Endlich ruhten in Europa die Waffen, aber es dauerte noch viele Monate, bis das Lager aufgelöst wurde. Merensky war während des letzten Jahres im Lager – psychisch bedingt – ernstlich erkrankt. Viele Wochen lag er darnieder, meist sogar in einem verdunkelten Raum.

Dann kam die Entlassung, gleichermaßen herbeigesehnt wie auch angstvoll erwartet. Die Zukunft war völlig ungewiss. Er hegte tiefe Zweifel, ob es ihm gelingen würde, im Consulting-Geschäft wieder Fuß zu fassen, und er wusste nicht, wie er seinen Schuldenberg abtragen sollte. Außer den Kleidern, die er am Leibe trug, besaß Merensky nichts. Sein letztes, in Johannesburg zurückgelassenes Geld war in der Zwischenzeit von seinem Anwalt zur Begleichung der „Beratungskosten" aufgebraucht worden. Merensky war mittellos. In der Tasche hatte er 15 Pfund, das war der Gegenwert von 300 Mark – geborgtes Geld. Sein Gläubiger war der Financier Sir George Albu (1857–1935), einer der vielen Freunde aus guter Zeit vor dem Krieg.

Merensky hatte das Gefühl, die besten Jahre seines Lebens hinter sich zu haben. Noch zwei Jahre, und dann würde er das 50. Lebensjahr erreicht haben. Das war ein Alter, in dem man nicht mehr zu Fuß oder zu Pferde tagtäglich im Busch unterwegs sein konnte, ein Alter, in dem man nicht mehr jede Temperatur ertragen mochte. Diese Gedanken belasteten ihn, und so fehlten ihm die Kraft und wohl auch der Mut, sofort nach Johannesburg zu gehen. Stattdessen folgte er einer der vielen Einladungen auf eine Burenfarm. Er war in der Vorkriegszeit auf vielen Farmen zu Gast gewesen, hatte die Eigentümer beraten, und meistens war er als Freund der Farmerfamilie geschieden. Jetzt fand er auf dem Lande Zuflucht. Dort war er zu Hause – er war ja als Kind auf einer Farm aufgewachsen, – dort fühlte er sich wohl, dort suchte er neue Kraft. Es sollte ihm gelingen, aber er brauchte sehr lange Zeit dazu.

Merensky verbrachte viele Monate auf dem Land bei verschiedenen Familien. Ihre einfache bäuerliche und vor allem geradlinige Lebensart war ihm von Jugend an vertraut und dieser Umgang tat ihm gut. Wann immer er konnte, hielt er sich im Freien auf. Irgendwann ritt er dann zum ersten Mal wieder hinaus ins *Veld* und atmete buchstäblich die Luft der Freiheit. Nach und nach gesundete er an Körper und Seele. Und im gleichen Maße, wie er sich erholte, wuchs in ihm die Bereitschaft zum Neuanfang. Er wollte zurück nach Johannesburg. Dort kannte er sich aus und nur dort sah er die Chance, wieder als „Beratender Geologe" Fuß zu fassen. Denn das war das Ziel: Er wollte seine alte Stellung in der Bergbauwelt wieder erringen.

8 Die Kunst, Schulden zu machen

Man schrieb das Jahr 1920. Merensky war zurück in Johannesburg. Der Wiederbeginn erwies sich jedoch als schwierig. Die Stadt war nicht mehr die gleiche wie in der Vorkriegszeit. Damals, bei seiner Ankunft vor 16 Jahren, hatte er eine junge, quirlige Stadt vorgefunden, in der sich junge Menschen aus vieler Herren Länder tummelten und ihr Glück suchten. Wer Ideen hatte, wer tüchtig war und sich nicht scheute zuzupacken, der konnte es zu etwas bringen.

Jetzt war das anders. Die Stimmung war trübe. Wo man auch hinhörte, die Geschäfte gingen schlecht. Die Gründe lagen in der Wirtschaftsstruktur der Stadt, genauer gesagt, in ihrer Abhängigkeit vom Bergbau. Das Geld, das in Johannesburg verdient wurde, kam letztendlich entweder aus dem heimischen Bergbau oder es kam über Banken und Bergbaugesellschaften in Form von Investitionsgeldern aus dem Ausland herein. Das waren seit gut 40 Jahren die beiden großen Geldströme, die das wirtschaftliche Leben bestimmt hatten. Die Landwirtschaft im umliegenden Transvaal hatte im Vergleich dazu, wirtschaftlich gesehen, immer nur eine untergeordnete Rolle gespielt.

Jetzt waren diese beiden Geldströme zwar nicht versiegt, aber doch deutlich geschrumpft. Wieder lagen die Ursachen in anderen Kontinenten und waren von Südafrika aus in keiner Weise zu beeinflussen. Der Krieg war vorbei, und die Metallpreise sanken auf breiter Front. Das war ein weltweites Phänomen. Durch die Kriegswirtschaft waren allenthalben riesige Rohstofflager aufgebaut worden. Jetzt wurden sie aufgelöst und ihr Inhalt wurde nach und nach in den Markt geschleust. Das drückte die Preise. Hinzu kam, dass in den Verliererländern des Krieges – unter denen sich wichtige Abnehmer befanden – die wirtschaftliche Entwicklung auf Jahre hinaus gebremst war. Es brachen also ganze Märkte weg. Die Gewinne der Rohstoffproduzenten schrumpften, und bald schrieben immer mehr Gesellschaften „rote Zahlen". Die großen Bergbaufirmen gerieten deshalb nicht in Panik. Erzbergbau und Metallhandel sind in Bezug auf ihre Wirtschaftlichkeit seit jeher zyklisch gewesen. In Boomzeiten wird gutes Geld verdient, und wenn die Nachfrage nach Rohstoffen nachlässt und die Erlöse die Kosten nicht mehr decken, dann versucht man eben „über die Runden zu kommen". Die Bergbaugesellschaften kannten das und wussten genau, wie sie sich jetzt zu verhalten hatten. „Kosten sparen und rationalisieren" war jetzt die Devise. Und das taten sie.

Für die Stadt und für jeden, der mit dem Bergbau zu tun hatte, also die Geschäftsleute in Johannesburg, die Bergbauzulieferer und auch die „Beratenden Geologen" hieß das aber, dass kaum noch Aufträge an sie vergeben wurden und schon gar keine größeren. Es wurde auch nicht mehr exploriert. Selbst wenn ein ernst zu nehmender Hinweis vorlag, dass an dieser oder jener Stelle eine aussichtsreiche Lagerstätte vorhanden sein könnte, fand sich niemand, der eine genauere Untersuchung finanzieren wollte. Keine Bergbaugesellschaft wollte sich in dieser schwierigen Zeit Erzreserven zulegen, die sie erst in fünf oder zehn Jahren benötigen würde. Um so stärker waren die Gesellschaften auf die Rationalisierung ihrer Gruben bedacht, sowohl hinsichtlich der Abbautechnik als auch bezüglich der Auswahl der Lagerstättenteile, die sie in Abbau nahmen.

Für Merensky bedeutete dies, dass er weder größere Prospektionsaufträge noch Gutachteraufträge hereinholen konnte. Beides waren früher seine Haupteinnahmequellen gewesen. Jetzt blieben als einzige Einnahme die kleinen Beträge, die er gelegentlich von Farmern für die Begutachtung von Erz- oder Gesteinsproben bekam. Das reichte kaum zum Überleben, und zudem waren diese Kleinstaufträge häufig mit einer Unannehmlichkeit verbunden, die ihm weh tat. Wenn nämlich eine dieser Proben ein positives Ergebnis erbracht hatte, d. h. gute Chrom-, Zinn- oder Goldwerte zeigte, dann fragten die Farmer, ob man denn die Fundstelle oder besser noch das gesamte Farmgebiet nicht gründlich untersuchen könne. Und da sie selbst kaum über Bargeld verfügten, baten sie Merensky, Geldgeber zu finden. Merensky oblag dann die undankbare Aufgabe, den Farmern ihre Illusionen zu rauben und ihnen klar zu machen, dass im Moment für Prospektionsarbeiten keinerlei Gelder aufzutreiben seien, selbst dann nicht, wenn die Indikationen vielversprechend waren.

Ein Lichtblick in diesen schweren Zeiten war, dass Merensky mehrfach von großen Bergbaugesellschaften gefragt wurde, ob er bei ihnen als Geologe eintreten wolle. Obwohl einige dieser Angebote in finanzieller Hinsicht recht attraktiv waren, lehnte Merensky jedes Mal ab. So deprimierend seine persönliche Lage auch sein mochte, er wollte seine berufliche Unabhängigkeit auf keinen Fall aufgeben. Das war ein Teil seiner Lebensplanung, die sehr langfristig angelegt war und von der er auch in diesen „schlechten Tagen" nicht abwich. Es war für ihn in diesen düsteren Monaten jedoch ein gewisser Trost zu spüren, dass seine geologischen Erfolge aus der Vorkriegszeit nicht vergessen waren. Nach wie vor hatte er deshalb das Gefühl, immer noch zu der Spitzengruppe der südafrikanischen Geologen gezählt zu werden, auch wenn er im Moment keine Aufträge hatte.

Da die Einnahmen aus den Kleinaufträgen der Farmer kaum ausreichten, seinen Lebensunterhalt zu decken, musste er sich immer wieder Geld borgen. Das waren niemals große Summen – bei Banken hatte er ja schon seit langem keinen Kredit mehr –, sondern Beträge zwischen 5 und 10 Pfund, die er mal von diesem, mal von jenem seiner alten Freunde und Bekannten geliehen bekam. Das Erstaunliche war dabei, dass es ihm überhaupt gelang, immer wieder an Geld heranzukommen. Letztlich war das jedoch ein Zeichen seiner großen Beliebtheit und zugleich auch Ausdruck des Vertrauens, das seine Freunde und Bekannten in ihn hatten. Keiner, der ihm Geld lieh, hatte das Gefühl, dieses Geld verschenkt zu haben und es niemals wieder zu sehen. Im Gegenteil, man lieh ihm Geld und man war fest davon überzeugt, dass er eines Tages den „großen Durchbruch" schaffen und dann alles mit Zins und Zinseszins zurückzahlen würde.

Im Übrigen verlor Merensky, auch wenn er sich ständig Geld leihen musste, nie seinen Humor und seinen angeborenen Sinn für großzügige Gastfreundschaft. Eine von mehreren Seiten gleichlautend berichtete Anekdote erzählt, dass Merensky, kaum dass er sich wieder einmal fünf Pfund hatte borgen können, den verduzten Geldgeber mit großer Geste zum Essen ins Carlton einlud. Und da für ihn zu einem guten Essen auch ein guter Rheinwein gehörte, blieben von den fünf Pfund nur ein paar Schilling übrig.

Angesichts seiner ständigen Geldnöte war es unvermeidlich, dass Merensky seinen persönlicher Lebensstil ändern musste. Wie in der Vorkriegszeit im Rand-Club zu wohnen, war nicht mehr möglich, dazu fehlten ihm die Mittel. Zunächst mietete er sich in einer kleinen Pension ein, die einem österreichischen Ehepaar gehörte. Dort lebten auch einige Repräsentanten großer deutscher Maschinenbaukonzerne. Ähnlich wie Merensky litten auch sie unter der Investitionszurückhaltung der Bergbaukonzerne. Hinzu kam, dass deutsche Industriefirmen es unmittelbar nach dem verlorenen Krieg grundsätzlich schwer hatten, in den englischsprachigen Ländern ins Geschäft zu kommen. Die finanziellen Sorgen dieser deutschen Kaufleute waren also groß, und so gab es innerhalb dieses Kreises viele Gemeinsamkeiten und es bildeten sich auch enge Freundschaften. Da das österreichische Ehepaar nach einiger Zeit selbst in wirtschaftliche Schwierigkeiten geriet, zogen einige aus der deutschen Gruppe schließlich aus und mieteten ein kleines Haus, das gemeinsam bewirtschaftet wurde. Da diesem Junggesellenhaushalt aber die ordnende Hand einer umsichtigen Hausfrau fehlte, war auch das keine Lösung von Dauer. Schließlich zog Merensky in ein kleines Zimmer in der Vorstadt, im Hause eines Fräulein Linhardt, einer pensionierten deutschen Lehrerin. Und obwohl die monatliche Miete bescheiden war, kam bald der Tag, an dem Merensky ihr gestehen musste, dass er die Miete nicht bezahlen könne. Fräulein Linhardt nahm es gelassen, denn auch sie war inzwischen Merenskys liebenswürdigem Charme erlegen. „Das macht doch nichts, lieber Herr Merensky", sagte sie lächelnd, „eines Tages werden sie eine große Goldader entdecken, und dann werden sie alles, was sie mir schulden, bezahlen". Die alte Dame sagte das nicht etwa aus Höflichkeit oder um Trost zu spenden, nein, so erstaunlich es klingen mag, sie glaubte fest daran. Sie war davon überzeugt, dass dieser nette und so liebenswürdige Herr Merensky eines Tages den ganz großen Erfolg haben würde.

Fräulein Linhardt war im Übrigen nicht die einzige, die unerschütterlich an Merenskys Zukunft glaubte und dafür sogar ein finanzielles Risiko einging. Merensky hatte nämlich inzwischen wieder einen ständigen Mitarbeiter eingestellt, einen Österreicher namens Wipplinger, der von Hause aus Kaufmann war. Er erledigte Merenskys Korrespondenz und vertrat ihn, wenn dieser außerhalb von Johannesburg unterwegs war. Wipplinger versorgte seinen Chef dann auch per Brief oder Telegramm mit den neuesten Nachrichten und Gerüchten aus der Bergbauwelt. So schlecht die Geschäfte für Merensky auch gehen mochten, einen solchen ständigen „Aufpasser" in Johannesburg zu haben war unerlässlich, wenn er während seiner Abwesenheit nicht den Anschluss an die Bergbauszene verlieren wollte. Im Übrigen hatte Merensky sich schon sehr frühzeitig angewöhnt, jede Art von Büroarbeit und alle technischen Aufgaben zu delegieren. Das war Teil seines effektvollen Arbeitsstiles. Sich den Kopf für die Lösung geologischer oder bergmännischer Fragen frei zu halten, hatte für ihn immer Vorrang. Das Problem mit seinem einzigen Angestellten war jedoch, dass Merensky ihn nach einiger Zeit nicht mehr bezahlen konnte. Es war ein Glücksfall, dass Wipplinger nicht ganz unvermögend war und deshalb nicht auf einer jeweils pünktlichen Gehaltszahlung bestand. Da er felsenfest an Merenskys zukünftige Erfolge glaubte, blieb er unverdrossen bei ihm und arbeitete viele Monate ohne regelmäßige Entlohnung.

9 Licht am Ende des Tunnels

Jede Baisse findet einmal ihr Ende, so auch die Depression der Nachkriegszeit. Durchaus typisch war dabei, dass man den Tag der Wende, an dem der Tiefpunkt durchlaufen war, nicht exakt benennen konnte, und dass der Wiederanstieg der wirtschaftlichen Aktivitäten zunächst nur langsam vor sich ging. Immerhin, ab 1921 wurden wieder erste Untersuchungsaufträge an Geologen vergeben, und die Tendenz verstärkte sich in den beiden nachfolgenden Jahren. Dabei war es symptomatisch, dass die ersten Aufträge nicht von den großen Bergbaugesellschaften kamen, die immer noch sehr vorsichtig agierten, sondern von privaten Financiers. Sie waren deutlich flexibler und reagierten schon auf die ersten, noch kaum spürbaren Anzeichen einer zukünftigen Belebung der Rohstoffmärkte.

Auch hinsichtlich der Rohstoffe, die im Fokus standen, gab es neue Entwicklungen. In der langen Reihe von Prospektionsberichten, die Merensky hinterlassen hat, erscheinen nämlich zum ersten Mal Berichte über die Untersuchung von kleineren Vorkommen von Bitumen, Asphalt und Ölschiefern. Die meisten von ihnen lagen im heutigen Namibia, im Bereich des *Fish River* und im Gibeon Distrikt. Leider war keines der Vorkommen so ausgedehnt, dass weitergehende Untersuchungen gerechtfertigt gewesen wären.

Merenskys lag mit diesen Bemühungen jedoch durchaus im Trend der Zeit. Die rasch fortschreitende Motorisierung des Landes und die Erfahrungen der Kriegszeit hatten nämlich in Südafrika das Bewusstsein geweckt, dass der Mangel an heimischen Ölvorkommen der Wirtschaft in Krisenzeiten erhebliche Probleme bereiten könne. Merensky ließ es deshalb nicht bei Prospektionsversuchen bewenden, sondern beschäftigte sich zu Beginn der 20er Jahre ausführlich mit den Problemen der Kohleverflüssigung. Er verfasste zu dieser Frage mehrere Berichte und führte eine weitgefächerte Korrespondenz mit einschlägigen deutschen Firmen und Universitätsinstituten. Für Merensky war die Kohleverflüssigung die Lösung des südafrikanischen Energieproblems schlechthin. Wegen der sehr großen Finanzmittel, die dafür notwendig gewesen wären, ließ sich die Projektidee damals nicht verwirklichen. Fakt bleibt jedoch, dass Merensky mit seinen Überlegungen einer der Vordenker für die spätere großartige Entwicklung der SASOL war.

Der zweite Rohstoff, auf den ab den 20er Jahren verstärkt prospektiert wurde, waren Phosphate. Auch daran beteiligte sich Merensky immer wieder, unter anderem auch in Mosambik. Dort genoss er wegen seiner vor dem Krieg durchgeführten Goldprospektion immer noch hohes Ansehen, und so erhielt er einige Zeit später den Auftrag, die dortigen Kohlenvorkommen zu untersuchen. Die ersten Berichte über diese Kohlen stammten schon von Livingstone. Jetzt, rund 65 Jahre später, waren eine ganze Reihe von zutage anstehenden Flözen bekannt. Örtlich fand auch eine bescheidene, mit primitiven Mitteln betriebene Gewinnung statt. Was bis dahin jedoch völlig fehlte, waren eine Gesamtschau und eine Vorstellung darüber, ob und wie die einzelnen Vorkommen untereinander in Verbindung standen. Ihre geologische und bergmännische Untersuchung war nie recht in Gang gekommen, da der lokale Bedarf zu gering war. Im Übrigen fehlte für einen Transport zur Küste die Infrastruktur. Aufgrund seiner intimen Kenntnis der Schichtfolgen des Karroo-Systems in Transvaal und Südrhodesien hatte Merensky keinerlei Schwierigkeiten, die in Mosambik verstreut liegenden Kohlenausbisse in Bezug auf ihr relatives Alter zu klassifizieren und zueinander in Beziehung zu setzen. In einer anschließenden, sehr weiträumig angelegten Prospektionskampagne konnte er die Existenz von zusammenhängenden, sich über weite Strecken hinziehenden, bedeutenden Kohlenlagern nachweisen. Ihr Abbau in größerem Umfang kam allerdings erst 20 Jahre später, nach dem Bau einer Bahnlinie, in Gang.

Interessant war, dass in diesen Jahren auch Südwestafrika die Aufmerksamkeit der Financiers erweckte. Das frühere deutsche Schutzgebiet war vor dem Ersten Weltkrieg geologisch schon recht gut erforscht worden, und hinsichtlich der Bergbautechnik waren die Gruben zu dieser Zeit durchaus auf dem neuesten Stand. Zwei Lagerstätten, nämlich die Kupfer-Blei-Zink-Grube Tsumeb im nördlichen Teil der Kolonie, und die Diamantenlager der Lüderitzbucht waren sogar weltweit bekannt. Daneben existierten aber noch eine ganze Reihe kleinerer Erzgruben, die ebenfalls mit wirtschaftlichem Erfolg abgebaut wurden. Als Südwestafrika dann nach Kriegsende südafrikanisches Mandatsgebiet wurde, änderten sich die Besitzverhältnisse der Gruben und Konzessionen. Diese Umschichtungen war kaum abgeschlossen, da begannen die Investoren zu fragen, ob die Deutschen zu ihrer Zeit auch wirklich alle Lagerstätten optimal untersucht hätten, oder ob man an dieser oder jener Stelle mit verbesserten Methoden und neuerer Technik vielleicht zusätzliche neue Bergbaumöglichkeiten erschließen könne.

So kam es, dass Merensky zu Beginn der 20er Jahre mehrfach zu Prospektionsreisen nach Südwestafrika entsandt wurde, um die dortigen Gold-, Kupfer-, Blei-, Zink- und vor allem Zinnvorkommen zu begutachten. Einer der ersten Auftraggeber war jener Sir George Albu, der ihm 1919 bei der Entlassung aus dem Internierungslager das erste Geld zugesteckt hatte.

Mitte 1923 war Merensky wieder für mehrere Monate in Südwestafrika unterwegs. Begleitet wurde er von einem guten Bekannten, Carl von Roeder. Hauptziel waren die Zinnlagerstätten des Erongo-Massivs im südlichen Damaraland, wenig nördlich der Straße Windhuk-Swakopmund. Um abgelegene Gebiete zu erreichen und um sein umfängliches Material zu transportieren, benützte Merensky inzwischen ein Auto. Bei der Geländearbeit selbst war er dann allerdings häufig zu Pferde oder zu Fuß unterwegs. Das galt ganz besonders auch für das Erongo-Massiv, das ein unwirtliches, schwer begehbares und vor allem sehr trockenes Gebiet ist. Der Namen gebende Erongo, mit über 2.200 m die höchste Erhebung der Region, ist ein alter Vulkan mit einem Durchmesser von fast 40 km. Das umliegende Hochland ist durch Granite gekennzeichnet, die in riesigen Blockfeldern und einzelnen Bergmassiven anstehen, von denen die Spitzkoppe der wohl berühmteste Berg des heutigen Namibia und zugleich eine Art Wahrzeichen des Landes ist. Gebunden an diese Granite treten Pegmatite auf. Das sind grob- bis riesenkörnige magmatische Gesteine, die bei der Erstarrung als letzte aus einer Restschmelze auskristallisieren. Solche Restschmelzen sind im Allgemeinen reich an flüchtigen Bestandteilen. Pegmatite enthalten deshalb häufig Mineralien wie Apatit, Beryll, Zinnstein, Columbit-Tantalit, Granat und allerlei Halbedelsteine. So auch im Erongo-Massiv. Es gab eine Reihe von kleinen Zinngruben, deren Abbaubedingungen allerdings sehr schwierig waren, weil dem Bergbau kaum Wasser zur Verfügung stand.

Neben diesem bescheidenen Bergbau gab es auch zahlreiche eingeborene Zinnsammler, die auf eigene Rechnung arbeiteten. Sie durchstreiften die Felsmassive und versuchten, aus dem Verwitterungsgrus der Pegmatite Zinnstein heraus zu picken. Solche Zinnsteinsammler bei der Arbeit zu beobachten ist hochspannend. Da die freien Sandflächen zumeist längst abgesucht sind, untersuchen sie jede Gesteinspalte, die mit Sand gefüllt ist. Oft schieben sie dabei ihren Arm bis zur Schulter in einen solchen Spalt. Sie haben so viel Gefühl in den Fingern, dass sie ohne Blickkontakt aus dem groben Pegmatitsand die darin liegenden Bröckchen von Zinnstein oder auch andere interessante Mineralien heraussortieren können. Das einzige Problem ist, dass in einer solchen Spalte oder unter einem überhängenden Felsen, unter den sie greifen, durchaus einmal eine Viper liegen kann. Da Schlangen sehr geräuschempfindlich sind und auch auf Vibrationen des Bodens oder des Gesteins sofort reagieren und die Flucht ergreifen, machen sich die Zinnsammler, bevor sie eine solche Gesteinsspalte untersuchen, durch Schlagen mit einem Stock gegen den Felsen bemerkbar und tasten die Spalte auch mit ihrem Stock ab.

Die Pegmatit-Felder des Erongo-Massivs waren also eines der Prospektionsziele dieser Reise. Merensky sollte klären, ob der Abbau der Zinnerze in den verstreut liegenden Gruben in irgendeiner Weise aufeinander abgestimmt und dabei auch rationalisiert werden konnte. Noch wichtiger war aber zu prüfen, ob die Möglichkeit bestand, eine zentrale Aufbereitung zu installieren. Zinnerz ist nämlich, so wie es gefördert wird, zunächst nicht verkäuflich, sondern muss zuvor von beigemengtem Nebengestein getrennt werden. Das geschieht in einer Aufbereitungsanlage, in der das fein gemahlene Fördergut auf nass-chemischem Wege behandelt wird. Dabei werden der gemahlene Zinnstein und ein Schlamm aus Nebengesteinsresten voneinander getrennt. Am Ende dieser Prozedur erhält man ein Zinnsteinkonzentrat, das einen bestimmten Reinheitsgrad hat und dann an eine Hütte verkauft werden kann. Der Abnehmer, die Zinnschmelze, kann dabei durchaus weit entfernt liegen. Das Problem der Zinngruben des Erongo war nun, dass Zinnstein und Nebengestein mangels Wasser nur durch trockenes Sieben und durch Klauben per Hand voneinander getrennt werden konnten. Dabei gingen einerseits viele winzige Zinnstein-Bröckchen verloren und andererseits blieb das so gewonnene Konzentrat letztlich doch sehr unrein. Das „Ausbringen" (wie die Aufbereitungsingenieure es nennen) war also keineswegs optimal. Das wiederum wurde beim Verkauf an die Zinnhütte durch erhebliche Preisabschläge geahndet, und als Folge davon war die Rentabilität der Zinngruben ständig gefährdet.

Leider kam Merensky bei seiner Arbeit bald zu dem Schluss, dass die Voraussetzungen für die Einrichtung einer zentralen Aufbereitung im Erongo nicht gegeben waren. Es mangelte an Wasser, und die gesamte Infrastruktur war so unzureichend, dass der Bau einer neuen Anlage unverhältnismäßig teuer geworden wäre. Merensky, der ja nicht nur Geologe, sondern auch Bergingenieur war – und zwar ein erfahrener – errechnete, dass nach Abschätzung der Gesamtvorräte des Lagerstättenbezirks und des maximal erzielbaren Preises für die Zinnkonzentrate eine solche Anlage niemals rentabel arbeiten würde. Damit war sein Auftrag erfüllt, wenn auch nicht mit dem Ergebnis, welches sein Auftraggeber und auch er selbst sich erhofft hatten.

Merensky war innerlich schon bereit, die Arbeit abzubrechen, wollte aber zuvor noch eine Schlussbegehung durchführen. Vorher mussten er und von Roeder aber noch nach Usakos, einem an der Straße von Windhuk nach Swakopmund gelegenen Örtchen mit einer Bahnstation. Dort wollten sie ihre Proviant- und Frischwasservorräte ergänzen und ihre Postsendungen in Empfang nehmen. Auf Merensky wartete ein ganzer Packen Briefe, und mitten drin steckte ein Schreiben von Wipplinger aus Johannesburg. „Einer der üblichen Lageberichte", dachte Merensky. Das stimmte zwar, aber diese Mitteilung war doch ganz anders als Wipplingers sonstige Briefe. Er berichtete nämlich, dass in Transvaal in der Nähe des *Waterberges* Platin gefunden worden sei. Der Bericht war sogar recht ausführlich. Der Entdecker war Adolphe Erasmus. Das Platin trat in einem brekzienartigen Quarzgang auf, der in einer Störungszone lag, die die Karroo-Formation durchschnitt, also sehr jung war. Die beobachteten Metallgehalte schienen beachtlich zu sein, und man hoffte, dass das Lager eine größere Ausdehnung hätte. Die Nachricht hatte in den Johannesburger Fachkreisen Aufsehen erregt, und verschiedene Geldgeber schienen durchaus geneigt, eine weitere Untersuchung des Vorkommens zu finanzieren. Dieses Interesse der Financiers verstand Merensky nur zu gut. Platin war zu diesem Zeitpunkt ein auf dem Weltmarkt stark nachgefragtes Metall. Händler zahlten dafür das Fünffache des Goldpreises.

„Ich muss dorthin", war der erste Gedanke, der Merensky durch den Kopf ging. Dass die Meldung als solche richtig war, bezweifelte er nicht eine Sekunde. Und wenn das, was dort gefunden worden war, wirklich der erste Zipfel eines größeren Platinvorkommens war, dann würde das für Südafrika eine Wende in der derzeit immer noch flauen Bergbaukonjunktur bedeuten. Und er war sich sicher, dass es dann auch für ihn wieder hervorragende Arbeitsmöglichkeiten geben würde.

Innerhalb von Minuten entschied Merensky, noch am selben Abend Richtung Johannesburg aufzubrechen. Glücklicherweise war es der Tag, an dem der nur einmal wöchentlich verkehrende Zug in Usakos durchkam. Von Roeder hielt das Ganze für nicht so spannend. Schließlich waren in der Vergangenheit in der Union schon vier oder fünf Mal Spuren von Platin beobachtet worden. Jedes Mal hatte es zunächst große Aufregung gegeben, aber danach hatte sich herausgestellt, dass die vorhandenen Platinmengen zu gering waren, um eine weitere Untersuchung lohnend erscheinen zu lassen. Und so sah von Roeder keinen Grund für einen überstürzten Aufbruch, aber er hinderte Merensky auch nicht daran, sofort abzureisen.

Die Bahnfahrt von Windhuk nach Johannesburg war damals noch eine recht mühselige, lange Reise. Als Merensky schließlich am Bestimmungsort ankam, müde, aber zugleich überaus gespannt auf das, was die nächsten Wochen wohl bringen würden, bereitete ihm Wipplinger bereits mit den ersten Sätzen eine herbe Enttäuschung. Auch diesmal hatte sich gezeigt, dass es sich nicht um eine größere Lagerstätte handelte. Für Merensky war das ein echter Schlag. Andererseits war er nicht der Typ, der seine Hoffnungen vorschnell aufgab. Er hatte ja auch seine geologischen Erfahrungen, und die sagten ihm, dass in einem Land, in dem schon an mehreren Stellen kleinere Mengen von Platin gefunden worden waren, irgendwo auch ein größeres Platinvorkommen versteckt sein würde. Man musste es nur finden. Die Zeit war reif dafür – und er wollte dabei sein.

E-6 Die Geschichte des Platins

Platin war in der Antike nicht bekannt. Zwar wurde es gelegentlich in Ägypten gefunden, offenbar hielt man es aber für eine besondere Art von Silber. Bekannt ist jedenfalls eine in Theben, Oberägypten, im Sarkophag der Priesterfürstin Schepenupet gefundene metallene Schatulle, deren Ornamente aus Gold und Platin bestehen. Wahrscheinlich diente sie einmal als Behältnis für Urkunden. Heute ist sie im Louvre zu bewundern. Die Entstehung dieser Büchse wurde auf das 7. Jahrhundert v. Chr. datiert. Da die Ägyptologen über die Herkunft des in Oberägypten verarbeiteten Goldes recht genaue Vorstellungen haben – das Gold stammt aus Flussseifen an den Westhängen des äthiopischen Hochlandes –, achteten die dort arbeitenden Geologen in der Folge auf das eventuelle Auftreten von Platin. Und tatsächlich fand der russische Bergingenieur Kurmakoff um 1925 in der Provinz Oualla-ga, etwa 600 Kilometer westlich von Addis Abeba, ein Platinvorkommen. Er beobachtete nämlich, dass die ortsansässige Bevölkerung, die dort seit alters her Gold wäscht, ihren Goldkonzentraten vor dem Verkauf heimlich schwere, silbrig-graue Metallkörner beifügte. Es waren Platinkörner. Sie traten in den Flusssanden des Birbir zusammen mit Goldflittern auf. Diese Beobachtung führte dazu, dass Äthiopien von da an für mehr als 30 Jahre ein kleiner, wenn auch im Weltmaßstab unbedeutender Platinproduzent wurde.

Solche Vorkommen von Platin in Flüssen gab es offenbar auch in den Andenländern. Dort wurde das Metall schon in präkolumbianischer Zeit von den Indios gewonnen und in Form von Platin-Gold-Legierungen zu Halsschmuck und Nasenringen verarbeitet. Diese Schmuckstücke, deren Entstehung auf 100 v. Chr. datiert wurde, zählen heute zu den wertvollsten Exponaten des *Museum of Indian Art* in New York.

Die wahrscheinlich erste schriftliche Erwähnung des Platins stammt von dem italienischen Arzt und Humanisten Julius Caesar Scaliger (1484–1558). Er beschrieb ein mysteriöses weißes Metall, das allen Schmelzversuchen widerstand.

In das Bewusstsein der Europäer trat Platin aber erst um 1590 oder 1600, und zwar auf die gleiche Art, wie es 325 Jahre später im Tal Bibir in Äthiopien entdeckt wurde. In den spanischen Besitzungen in Südamerika wurde damals an vielen Stellen Gold gewaschen, zum Teil von spanischen Abenteurern, noch häufiger aber von der eingeborenen indianischen Bevölkerung, die ihre Produktion dann an die Spanier verkaufte. So auch in Kolumbien. Dort wuschen die Indianer im Tal des Rio Pinto Gold, das gelegentlich mit Platinkörnern vermengt war. Da sie bei der Ablieferung ihres Goldes nach Gewicht bezahlt wurden, war es verständlich, dass sie immer wieder versuchten, einige der schweren Platinkörner unter ihr Gold zu mischen. Die Spanier schätzten diese Fälschungsversuche überhaupt nicht. Sie verprügelten die Fälscher und verboten kurzerhand, dieses silbrig-graue Metall weiterhin zu gewinnen oder gar zu verkaufen. Bekamen die Behörden etwas davon in die Hände, wurde es ohne weitere Umstände ins Meer geschüttet. Schließlich gewöhnten sich die Goldwäscher daran, Platinkörner, die in ihren Waschpfannen auftauchten, herauszupicken und wegzuwerfen, um jeden Ärger mit den spanischen Herren zu vermeiden.

In dieser Zeit bürgerte sich für das silbrige Metall der Name *„Platina del Pinto"* ein. *„Pinto"* war der Name des Flusses, in dem es gefunden wurde, und „Platina" ist die Verkleinerungsform von *„Plata"*, des spanischen Wortes für Silber. Im Spanischen kann der Gebrauch der Verkleinerungsform zweierlei bedeuten. In manchen Fällen, z. B. bei Kindernamen, ist es eine Verniedlichung, sprich Koseform. „Juan" wird dann zu „Juanito" und „Carmen" zu „Carmencita". In anderen Fällen stellt die Verkleinerungsform aber eine Abwertung dar. *„Plata"*, das Silber, wird zu *„Platina"*, dem „Silberchen", also einem wertlosen Metall. Aus diesem spanischen *„Platina"* leitet sich der heutige Name des Metalls – „Platin" – her. Was für ein Bedeutungswandel des Begriffs in nur 300 Jahren! Aber er entspricht der Änderung der wirtschaftlichen Wertschätzung dieses Metalls, weg von der unerwünschten Beimengung in der Waschpfanne, hin zum gesuchten Schmuckmetall und Industrierohstoff.

Man weiß nicht, wie viele Jahre die spanischen Kolonialbehörden ihre Weigerung, die Existenz dieses silbrig-grauen Metalls zur Kenntnis zu nehmen, durchgehalten haben. Es mögen Jahrzehnte oder auch 100 Jahre gewesen sein, während derer jeder Export von Platin verhindert wurde. Zum ersten Mal wurde über das südamerikanische Platin dann 1735 durch den spanischen Marineoffizier Antonio de Ulloa y García de la Torre berichtet. Er erwähnt in seiner Reisebeschreibung, dass in den Goldsanden, die in kolumbianischen Flüssen auftreten, gelegentlich auch ein silbrig-graues, schweres Metall vorkommt. Sechs Jahre später brachte ein aus Jamaika kommender englischer Prospektor namens Charles Wood eine Platinprobe, die er in Cartagena, in Kolumbien, erstanden hatte, nach England. Dort wurde der Stoff zunächst als „weißes Gold" bezeichnet. Die englischen Metallurgen bemerkten aber bald, dass es sich um ein in vieler Hinsicht besonderes Material handelte, das sich von allen bisher bekannten Metallen unterschied. Vor allem waren sie darüber erstaunt, dass sie dieses Metall, anders als Gold (Schmelzpunkt bei 1068 °C), nicht schmelzen konnten. Kein Wunder, denn der Schmelzpunkt des Platins liegt bei 1769 °C, eine Temperatur, die damals auch unter Einsatz der raffiniertesten Schmelzöfen nicht erreichbar war. Andererseits war dieses Metall gut zu bearbeiten. Es war hochgradig dehnbar, biegsam und ließ sich zu Drähten und kleinen Plättchen auswalzen. Hinzu kam, dass Platin noch unempfindlicher, noch unzerstörbarer als Gold war, selbst konzentrierte Säuren konnten ihm nichts anhaben. Diese Eigenschaft führte dazu, dass Platin in die Nähe der „Edelmetalle" gestellt wurde. Dieser Begriff als solcher kam allerdings erst später auf. Die endgültige Klassifizierung als eigenständiges chemisches Element erfolgte dann 1751 durch den schwedischen Forscher Henrik Theophil Scheffer (1710–1759).

Die Vorsilbe „Edel" steht in der Chemikersprache also für „unangreifbar" („Edelgase", „Edelsteine"). Bei Edelmetallen steigt der Grad der Unangreifbarkeit stetig an, vom Silber über Gold zu Platin und weiter zu den übrigen Platinmetallen. Silber oxydiert zwar nicht, wird aber von Schwefelverbindungen angegriffen (es läuft an) und ist in Salpetersäure und konzentrierter Schwefelsäure löslich. Gold, Platin und das ihm nahestehende Palladium werden nur noch von Königswasser, einer Mischung aus 3 Teilen konzentrierter Salzsäure und einem Teil konzentrierter Salpetersäure angegriffen, während die anderen Platinmetalle, also Osmium, Ruthenium, Rhodium und Iridium, die noch höhere Schmelzpunkte aufweisen, selbst gegen Königswasser unempfindlich sind.

Im letzten Drittel des 18. Jahrhunderts wurde dann bereits versucht, Platin als Schmuckmetall zu lancieren. So stellten Pariser Juweliere 1780 Platingeschmeide für Louis XVI her. In der bürgerlichen Gesellschaft war Platin dagegen noch kaum bekannt.

Das änderte sich im ersten Viertel des 19. Jahrhunderts. Zunächst gelang es dem Engländer William H. Wollaston im Jahr 1803, ein verbessertes Verfahren zu entwickeln, Platin zu schmieden und zu verarbeiten. Gleichzeitig entdeckte er auch die dem Platin eng verwandten Metalle Palladium und Rhodium. Kurz darauf wurden 1819 im Ural die ersten Platinvorkommen entdeckt, denen im Laufe der folgenden 30 Jahre viele weitere folgten. Anfangs handelte es sich ausschließlich um sekundäre Lagerstätten in Flusssanden, später wurden auch primäre Vererzungen in basischen Gesteinen gefunden. Platin verlor damit seinen Seltenheitswert. Eine Zeit lang konnte Russland Platin sogar als Münzmetall einsetzen. Von 1828–1846 waren Platinrubel im Umlauf.

Es war der deutsche Chemiker Wilhelm Carl Heraeus (1824–1904), der Mitte des 19. Jahrhunderts das Problem der Platinschmelze löste. Das wiederum ermöglichte den Juwelieren, Platin nach 1870 in größeren Mengen in der Schmuckindustrie zu verarbeiten. Damals war das Diamantenvorkommen von Kimberley entdeckt worden, und nach und nach avancierten Diamanten in den bürgerlichen Kreisen zum beliebten Schmuckstein, der häufig in Platin gefasst wurde. Nicht geringen Anteil an dieser Entwicklung hatte der Pariser Juwelier Louis Cartier, der es kurz nach 1900 wie kein anderer verstand, die Brillanz der Diamanten durch die Fassung in Platin zu intensivieren. Gleichzeitig fand Platin auch in extravaganten Preziosen Verwendung, so in den weltberühmten Eiern, die der Juwelier des Zaren, Peter Carl Fabergé, zwischen 1880 und 1900 Jahr für Jahr für die Zarenfamilie als Ostergeschenke herstellte.

Zeitgleich erinnerte man sich auch der besonderen physikalischen Eigenschaften des Platins, z. B. seiner faktischen „Unangreifbarkeit". Im Jahre 1875 kam es in Paris zu einem internationalen Vertrag über das metrische System, das die Franzosen schon 1795 während der Französischen Revolution einzuführen versucht hatten. Jetzt wurde ein *Bureau International des Poids et Mesures* mit Sitz im Pariser Vorort Sèvres gegründet. Dort werden im Park von St. Cloud, im *Pavillon de Breteuil*, das als Norm hergestellte „Urmeter" und das „Urkilogramm" aufbewahrt. Beide sind aus einer Platin-Iridium-Legierung hergestellt. Der unvorbereitete Besucher ist dabei erstaunt, wie winzig das Urkilogramm wirkt. Bedingt durch das hohe spezifische Gewicht des Platins (21,45) und des Iridiums (22,48) hat der ein Kilogramm schwere Edelmetallzylinder nur eine Höhe von 3,9 cm und einen Rauminhalt von nur knapp 47 Kubikzentimetern.

Der Weltbedarf an Platin stieg in dieser Gründerzeit nur langsam, wenn auch stetig an. Um 1885 kostete eine Unze Platin (31,1 g) etwa 2 Pfund, also rund 40 Goldmark.

Noch einmal 30 Jahre weiter rückten zu Beginn des ersten Weltkrieges auch die anderen physikalischen und chemischen Eigenschaften des Platins ins Blickfeld der Techniker. Das Metall wurde für die Kriegstechnik interessant. Die Eignung für Zündmagnete, für Kontaktpunkte in Zündsystemen in Flugzeugmotoren, für jede Art von Elektromotoren, für Elektroden und als Katalysator machten es zu einem gesuchten Industriemetall, das es seitdem auch geblieben ist.

Kurz nach dem Ersten Weltkrieg kam es dann zu dramatischen Veränderungen auf dem Welt-Platinmarkt. Im Nachhinein betrachtet ist die damals abgelaufene Entwicklung ein Lehrbeispiel für jedes Fachbuch über die Rohstoffmärkte. Zu dieser Zeit kamen immer noch 90 % der Weltproduktion aus Russland, 7–8 % aus Kolumbien und der kleine Rest aus den USA, Kanada und einigen anderen Ländern. Russland beherrschte den Weltmarkt und nicht nur das, es gab, da die Gruben im Ural nach der Oktoberrevolution verstaatlicht worden waren, praktisch nur einen großen Lieferanten, nämlich das russische Außenhandelsbüro, also einen Monopolisten. Das ist eine Konstellation, die Rohstoffhändler seit eh und je als bedrohlich empfunden haben. Sie fürchten nicht nur die Abhängigkeit hinsichtlich der Preisgestaltung, sondern sie fürchten noch mehr, dass politisch gewollte Knappheitssituationen auftreten könnten. Das war aber keineswegs der Fall. Die russischen Gruben hatten zwar zeitweise Lieferschwierigkeiten, aber diese waren nicht politisch gesteuert, sondern durch die Unruhen der Revolution bedingt. Der Lieferwille der russischen Seite stand nie in Frage, und die Knappheitssituation auf den Märkten war auch weit davon entfernt, eine ernsthafte Bedrohung der wirtschaftlichen Entwicklung der Industrienationen darzustellen.

In dieser leicht angespannten Lage, die auf der Abnehmerseite sicherlich als bedrohlicher empfunden wurde, als sie es tatsächlich war, machte das russische Außenhandelsbüro einen folgenschweren Fehler. Weil man mit dem Verkauf des Platins gern mehr Geld verdient hätte, beauftragte man den in den USA tätigen Verkaufsagenten zu sondieren, ob der Markt eine Anhebung des Platinpreises akzeptieren würde. Unglücklicherweise wurde die Sondierung aber so stümperhaft in die Wege geleitet, dass sich in Windeseile das Gerücht ausbreitete, Russland wolle den Abgabepreis für

Platin in Kürze erhöhen. Und so passierte das, was bei vorzeitig bekannt werdenden Preiserhöhungen immer passiert. Die Händler hielten ihr Platin zurück bzw. verkauften nur noch zu einem höheren Preis, der ihre voraussichtlichen Wiederbeschaffungskosten decken sollte. Sofort verfügbares Platin wurde plötzlich knapp, ohne dass Russland seinen Abgabepreis angehoben hatte. Hätte man den Platinpreis ohne Sondierung und ohne Vorankündigung moderat erhöht, die Sache wäre nach wenigen Tagen vergessen gewesen. So aber lastete eine stete Verunsicherung über dem Markt.

Aber damit nicht genug, denn selbst in einer solchen Situation findet sich jemand, der unvernünftig genug ist, Öl ins Feuer zu schütten. In England zeigten sich verschiedene Industrieunternehmen, die auf eine regelmäßige Belieferung mit Platin angewiesen waren, über die Möglichkeit einer lang andauernden Verknappung des Platinangebots besorgt. Die britische Regierung griff das Problem auf und verfügte 1923 für den Platinhandel ein rigoroses Regierungsmonopol. Der freie Handel mit Platin wurde verboten. Händler, Metallurgen, Juweliere und alle, die sonst noch Platin besaßen, wurden aufgefordert, ihre Platinreserven zum Verkauf zu stellen. Ab sofort sollte der Vertrieb in den Händen von Regierungsagenten liegen. Der Erfolg der Verfügung war durchschlagend. Sie wurde nämlich als regierungsamtliche Bestätigung der Knappheitssituation auf dem Platinmarkt interpretiert. Jeder, der dazu die Möglichkeit hatte, hortete daraufhin Platin. Die Preise für das Edelmetall stiegen rapide und erreichten 25 Pfund pro Unze (31,1 g) – für die damalige Zeit ein exorbitanter Preis. Es war das Fünffache des Goldpreises.

Diese Verzerrung zwischen dem Gold- und Platinpreis hatte aber auch etwas Gutes für sich. Ist ein Rohstoff nämlich derart überteuert, versucht der Markt das Gleichgewicht wiederherzustellen. Das geschieht dadurch, dass neue Produzenten, die von den hohen Preisen profitieren wollen, in den Markt eintreten. Beim Platin war das in diesem Moment noch nicht möglich, weil noch keine anderen Lagerstätten bekannt waren. Aber die Geologen begannen allenthalben darüber nachzudenken, an welchen Stellen der Welt man neue Platinlagerstätten finden könnte. Das Land, in dem die Geologen von vornherein sicher waren, dass ihnen das gelingen würde, war Südafrika. Die führenden Geologen des Landes kannten die russischen Publikationen über das Platin des Urals und sie waren sich einig darüber, dass ihr Land an einigen Stellen ähnliche geologische Formationen aufwies. Und wo die gleichen Formationen vorhanden sind, besteht auch eine gewisse Chance, die gleichen Lagerstätten zu finden. Das ist zwar kein „Muss", aber die Jagd nach Platinlagerstätten in Südafrika war eröffnet, zumindest gedanklich.

Es war dann Hans Merensky, der 1924 im *Bushveld* das erste außerhalb Russlands in einem festen Gestein gelegene Platinvorkommen fand. Aber nicht nur das, es war zugleich die größte Platinlagerstätte der Welt. Sie trägt heute den Namen ihres Entdeckers: Merensky-*Reef*. Derzeit sind im *Bushveld* 10 Platingruben in Betrieb, von denen 8 aus dem Merensky-*Reef* und zwei aus anderen Horizonten fördern.

Nach einigen Jahren mit harten Preiskämpfen wurde Südafrika Weltmarktführer auf dem Platinmarkt. Laut Statistik des *U.S. Geological Survey* vom Januar 2005 entfielen im davorliegenden Jahr 74,8 % (= 163 t) der Welt-Platinproduktion auf Südafrika und 16,5 % (= 36 t) auf Russland. Bei dem von der Industrie ebenfalls stark nachgefragten Palladium lagen die Weltmarktanteile Südafrikas und Russlands bei 41,2 % bzw. knapp 40 %. Überwältigend ist der Vorsprung Südafrikas bei den Weltreserven für die Metalle der Platingruppe. Sie werden auf das 174-fache der Jahresproduktion von 2004 geschätzt. Daran sind das südafrikanische *Bushveld* mit 88,7 % und Russland mit 8,7 % beteiligt.

10 Platin im Bushveld

Nun muss zunächst etwas über die Prospektion auf Platin eingeflochten werden. Ein Laie könnte argumentieren: „Wenn die führenden Geologen Südafrikas zu dieser Zeit weitgehend übereinstimmten, dass die Aussicht, in ihrem Heimatland Platin finden zu können, relativ groß war, warum ging man dann nicht einfach ins Gelände und suchte danach? Die geologischen Formationen, die als Muttergestein für eine Platin-Mineralisation in Frage kamen, waren ja offenbar bekannt."

Dazu ist zu sagen, dass dieser Weg leider nicht gangbar war. Platin, wenn es denn auftritt, ist an magmatische, basische bis ultrabasische Gesteine gebunden. Das wusste man. Solche Gesteine treten in Südafrika auf Flächen von vielen tausend Quadratkilometern auf. Aus den Beschreibungen der Vorkommen im Ural wusste man aber auch, dass die dortigen Platin-Mineralisationen nie den gesamten ultrabasischen Gesteinskomplex betreffen, sondern stets auf kleine, eng begrenzte Bezirke beschränkt sind, und dass der Platingehalt an diesen Stellen jeweils nur zwischen 2,5 und 25 g pro Tonne Gestein beträgt. Das ist nicht viel. Hinzu kommt, dass das Platin in den unterschiedlichsten Bindungsformen vorliegen kann und nur in seltenen Fällen als gediegenes Platin mit bloßem Auge zu beobachten ist. Um eine so ausgebildete Platin-Mineralisation in Südafrika zu finden, wäre es notwendig gewesen, alle Vorkommen von basischen und ultrabasischen Gesteinen Meter für Meter engmaschig zu beproben. Das war nicht möglich.

Was also blieb, war die Hoffnung, dass man Platin in Flusssanden oder einer ähnlichen Situation finden würde, also herausgewittert aus seinem ursprünglichen Muttergestein, und dass es dann vielleicht gelingen könnte, den Weg zur primären Lagerstätte zurückzuverfolgen. Das war aber nur eine vage Hoffnung.

Der entscheidende Moment im Leben des Hans Merensky kam im Mai 1924.

Merensky war aus Südwestafrika zurück und in Johannesburg in den gleichen trüben Alltag eingetaucht wie zuvor. Dann und wann kamen kleinere Aufträge herein, aber nichts größeres. Zwischendurch erhielt er immer wieder Schreiben von Gläubigern, die anfragten, ob er nicht beginnen wolle, seine Schulden zurückzuzahlen. Seine Antwort war stets sehr höflich, aber immer die gleiche: „Zu meinem

Bedauern ist es mir im Moment leider nicht möglich ..., ... die Geschäfte laufen immer noch sehr schlecht, ... wir hoffen aber sehr, dass demnächst ..." usw.

Diese Vertröstung auf eine bessere Zukunft war keine Notlüge. Merensky war tatsächlich davon überzeugt, dass die wirtschaftliche Lage des Bergbaus sich zwangsläufig irgendwann bessern würde und dass dann auf „Beratende Geologen" wie ihn neue Aufgaben zukommen würden.

An jenem Maitage des Jahres 1924 erhielt Merensky mit der morgendlichen Post ein kleines Päckchen. Es kam aus Lydenburg, jener Stadt, in der sein Vater, der Missionar, nach seiner Flucht vor König Sekhukhune die erste Bleibe gefunden hatte. Das war jetzt 59 Jahre her. Absender des Päckchens war ein Rechtsanwalt H. C. Dunne, ein guter Bekannter. Als Merensky es öffnete, rollte ihm ein kleines, durchsichtiges Medizinfläschchen entgegen. Er griff danach und fühlte sofort, dass es schwer – sogar sehr schwer war. Und dann sah er den Inhalt: Ein silbergraues Metall. „Platin!" durchzuckte ihn der Gedanke. Vorsichtig schüttete er den Inhalt auf ein weißes Blatt Papier, schob ihn mit einer Pinzette noch vorsichtiger auseinander und betrachtete ihn unter der Lupe. Es waren silbergraue Metallkörnchen. Es war Platin, dessen war er sicher. Die Probe war allerdings nicht sehr sauber. Da war allerlei Zeug darunter gemischt – typisch für ein Konzentrat, das von jemandem gewaschen worden war, der die Handhabung der Goldgräberpfanne nicht allzu gut beherrschte. Ein geübter Goldwäscher hätte ein solches Konzentrat bis zur absoluten Reinheit gewaschen. Ein wenig geübter Sucher verzichtet darauf, den letzten Schmutz herauszuwaschen, da er Angst hat, beim Reinwaschen etwas von dem Metallkonzentrat zu verlieren. Der Begleitbrief des befreundeten Anwalts war knapp und sachlich: „Könnte das Platin sein? Die Probe stammt aus den *Lulu*-Bergen, aus einem kleinen Wasserriss in *Maandagshoek*, auf dem Gebiet der Lombaard'schen Farm ...".

Merensky atmete durch. Sollte das der Zipfel der Platinlagerstätte sein, an die er so oft gedacht hatte? Wahrscheinlich nicht, solche Lagerstätten werden einem nicht auf dem Präsentierteller serviert. Wie dem auch sein mochte, die Probe musste sofort analysiert werden. Wenig später war Wipplinger mit dem Fläschchen unterwegs zu einem chemischen Speziallabor. Davon gab es in Johannesburg mehrere. Sie arbeiteten zuverlässig, wenn notwendig auch sehr schnell und in besonderen Fällen wie diesem mit großer Diskretion.

Die Ergebnisse kamen am Nachmittag. Das silbrig-graue Metall war, wie erwartet, Platin. Daneben hatten sich Spuren von Rhodium und Iridium nachweisen lassen. Das sind zwei andere seltene Metalle aus der Platingruppe, die gemeinhin zusammen mit Platin auftreten. Die Verunreinigungen der Probe, die Merensky schon beobachtet hatte, waren Eisenoxide.

Noch am selben Nachmittag schrieb Wipplinger an den Rechtsanwalt in Lydenburg und teilte ihm das Resultat der Analyse mit. Auf ausdrückliche Anweisung von Merensky fügte er die eindringliche Mahnung bei, vorsichtig zu sein und um Himmels Willen nichts über den Fund verlauten zu lassen, solange die Fundrechte nicht amtlich bestätigt waren. Aus langjähriger Erfahrung wusste Merensky, dass so manchem Entdecker, der sein Wissen zu früh preisgegeben hatte, die Rechte an seiner Lagerstätte abgejagt worden waren.

Zwei Tage danach stand Rechtsanwalt Dunne in Merenskys Büro. Er bat ihn, nach *Maandagshoek* zu kommen und den Fundort zu besichtigen. Andries Lombaard wollte zusammen mit zwei Vettern seiner Frau die Umgebung genauer untersuchen. Nur wussten sie nicht, wie sie das anfangen sollten. Sie alle hatten schon öfters mit der Goldgräberpfanne gearbeitet, aber weiter reichten ihre Kenntnisse nicht. So baten sie Merensky, sich zu beteiligen und trugen ihm die Leitung der Prospektionsarbeiten an. Das war wieder eine jener vertrackten Situationen, die Merensky in den letzten Jahren schon mehrfach erlebt hatte. Da war eine interessante Indikation, die vielleicht sogar der Schlüssel zu einer echten Lagerstätten-Sensation sein konnte und er sollte die Prospektion organisieren. Das wollte er gern tun. Das bedeutete aber auch, dass er das Geld für die Untersuchung besorgen musste, denn – davon konnte man ausgehen – „Bargeld" war für die Farmer ein Fremdwort. Tatsächlich brauchte man aber eine Menge Geld. Werkzeuge, Transportmittel und die Verpflegung für die Wochen im *Veld* mussten bezahlt werden. Noch wichtiger war es jedoch, genügend Mittel für „die Zeit danach" bereitzustellen. Denn gesetzt den Fall, man würde tatsächlich ein Mineralvorkommen finden, musste man schnell handeln. Ohne jede Verzögerung musste man dann möglichst weite Flächen um den Fundort herum mit Optionen und später auch mit Konzessionen belegen. Dafür galt es liquide zu sein. Hatte sich die Nachricht über einen Mineralfund erst einmal herumgesprochen, blieb dem Entdecker nicht mehr die Zeit, sich nach Geldgebern umzusehen. Dann tauchten Spekulanten auf, die sich blitzschnell die Schürfrechte für alle angrenzenden Landstücke sicherten. Was der Entdecker bis dahin nicht schwarz auf weiß besaß, war für ihn verloren.

Merensky war in einer Zwickmühle gefangen. Er wollte den Auftrag übernehmen – aber wie sollte er das notwendige Geld aufbringen? Er ließ die Liste der potentiellen Geldgeber an seinem geistigen Auge vorbeiziehen. Bei den Banken hatte er keinen Kredit mehr. Dann gab es eine Reihe privater Financiers, die an Bergbauprojekten interessiert waren. In der Regel stiegen sie aber erst dann ein, wenn ein schon bekanntes Mineralvorkommen bergmännisch erschlossen werden sollte. Für eine Prospektion, wie sie jetzt bei Merensky anstand, waren sie im Allgemeinen nicht zu gewinnen. Schön wäre es gewesen, wenn er in seinem deutschen Bekanntenkreis Geldgeber gefunden hätte. Da waren Leute, die er gut kannte, denen er vertraute und die ihm vertrauten. Leider war ein Teil von ihnen ähnlich knapp bei Kasse wie er selbst, und die anderen, denen es schon etwas besser ging, hatten ihr Geld in längerfristigen Projekten gebunden. Dann waren da noch die vielen Bekannten, die er in Bergbaukreisen hatte. Bei ihnen war er sich jedoch ihrer Diskretion nicht so sicher. Die Gefahr, dass sein Projekt, wenn er sich jemanden aus dem Umkreis des Rand-Clubs anvertraute, bald in aller Munde wäre, war einfach zu groß. Blieb noch die Möglichkeit, einen Geldgeber in einem völlig anderen Umfeld zu suchen. Am besten wäre ein Kaufmann oder Händler, der nicht in den Bergbaukreisen verkehrte und der freies Geld zur Verfügung hatte und ein gewisses Risiko nicht scheute. Merensky begann in dieser Richtung zu recherchieren und fand schließlich einen Kaufmann namens Schlimmer. Er war bereit, bis zu 5.000 Pfund in das Projekt zu investieren. Für ihn war das ein reines Geschäftskalkül. Er stellte sich vor, hier problemlos eine gute Rendite erzielen zu können. Glücklicherweise war er gegenüber Dritten aus wohlverstandenem Eigeninteresse absolut verschwiegen.

Insgesamt dauerte es vier Wochen, bis alles so weit war und Merensky sich mit Wipplinger und Schlimmer auf den Weg nach *Maandagshoek* machen konnte. Sie erreichten Lydenburg mit dem Zug. Dann ging es mit einem Mietwagen weiter zur Farm. Das waren 65 holprige Kilometer, ein schwieriger Weg. Vielfach bestand er nur aus tiefen, ursprünglich in einen feuchten Boden eingeschnittenen, nun aber steinhart getrockneten Wagenspuren. Die Gegend wirkte einsam. Jetzt zeigte sich, dass die Tatsache, dass Schlimmer von Bergbau und Prospektion keine Ahnung hatte, kein Vorteil war. Bis Lydenburg war die Stimmung der Reisegesellschaft gut gewesen, nun wurde Schlimmer jedoch schweigsam und in sich gekehrt. Anstatt der freudigen Erwartung, die sich in ihm hätte aufbauen müssen, schien ein Gefühl der Ablehnung in ihm zu wachsen. Merensky fühlte das instinktiv. Offenbar fehlte diesem potentiellen Financier die Phantasie sich vorzustellen, dass man in einer so abgelegenen Gegend einen bedeutenden Fund machen könne.

In *Maandagshoek* wurden sie vom Farmer Lombaard und den Vettern seiner Frau, Schalk und Willem Schoeman, erwartet. Der Fundort lag nahe beim Farmhaus. Wie schon von Rechtsanwalt Dunne berichtet, war die Bodenprobe aus einer fast spaltenartigen Vertiefung am Fuße eines Felsmassivs entnommen worden. Merensky betrachtete die Gegend aufmerksam. Unterhalb der Fundstelle lag ein sehr breites, flaches Tal. Auf der gegenüberliegenden Hangseite sah man in großer Entfernung einige Felsen. Direkt oberhalb der Fundstelle stiegen die Felsen langsam an. Es waren dunkle, basische Gesteine, die zu den sehr alten Formationen des *Bushvelds* gehörten. Zwischen den großen Felsbrocken gab es kaum eine Bodenbildung, sondern eigentlich nur Geröll. Alles in allem war die Lage des Fundortes recht interessant. Es schien nicht ausgeschlossen, dass das ausgewaschene Platin, das Lombaard in dem Wasserriss gefunden hatte, tatsächlich aus dem sich dahinter erhebenden Felsgewirr der *Lulu*-Berge stammte. Wenn sich das bewahrheiten sollte, dann hätte man hier das erste Platinvorkommen in basischen Gesteinen außerhalb Russlands gefunden. Und wenn man an die Masse von basischen Gesteinen dachte, die das *Bushveld* beherbergt, dann würde das wahrscheinlich nicht das einzige Vorkommen bleiben. Für Merensky war es selbstverständlich, dass man hier mit aller Energie nachhaken musste. Und so zögerte er nicht, der versammelten Mannschaft seinen Gesamteindruck mit viel Beredsamkeit zu schildern. Lombaard und die beiden Schoemans, die von Natur aus eher wortkarg waren, nickten dazu. Was Merensky über Russland erzählte, sagte ihnen nicht viel. Wenn er aber meinte, dass das hier „der Zipfel einer großen Lagerstätte" sein könnte, dann sollte es ihnen recht sein. Der Kaufmann Schlimmer war dagegen nicht so leicht zu überzeugen. Er hatte sich vorgestellt, dass man ihm einen Erzkörper zeigen würde, der als solcher gut erkennbar war. Hier jedoch stand für ihn eigentlich nur fest, dass bisher gerade einmal so viel Platin gefunden worden war, um ein Medizinfläschchen halb füllen zu können – mehr nicht. Oberhalb des Fundortes befand sich ein Felsenmassiv, von dem Merensky meinte, dass es „möglicherweise" Platin enthalten könne. Sicher war das aber nicht. Und selbst wenn diese Vermutung sich bestätigen sollte, wer konnte denn vorhersagen, wie lange es dauern würde, die Platin-Lagerstätte zu entwickeln. Von einer sicheren und sich schnell bezahlt machenden Geldanlage sollte man da nicht reden. Hier Geld hineinzustecken sei, so meinte er, „eine Wette auf einen in weiter Ferne liegenden Zahltag" und mehr noch, es sei „ein unkalkulierbares Risiko", und schließlich sein Fazit, er müsse „das Ganze noch einmal in Ruhe durchdenken."

Merensky spürte, dass der Kaufmann Schlimmer nicht bereit war, die Eingangsfinanzierung zu übernehmen. In gedrückter Stimmung entschloss man sich zur Rückkehr nach Johannesburg. Vorher nahm Merensky die beiden Schoemans und Lombaard zur Seite und versprach ihnen, anderweitig Geld zu besorgen. Gleichzeitig instruierte er sie, in welcher Richtung sie in der Zwischenzeit schon einmal Proben nehmen und durchwaschen sollten.

Man war kaum zurück in Johannesburg, als Schlimmer sich telefonisch meldete und die Teilnahme an dem Platin-Projekt unter Wiederholung seiner Äußerungen vom Vortag definitiv absagte. Was für eine Fehleinschätzung, und das sogar in doppelter Hinsicht! Dass er der bloßen Vermutung Merenskys, in einem bestimmten Felsmassiv könnte Platin enthalten sein, kein Vertrauen schenken mochte, war vielleicht noch hinnehmbar. Der zweite Teil seiner Überlegungen, nämlich dass es, selbst wenn man Platin finden würde, vielleicht sehr lange dauern könnte, bis die Entwicklung der Lagerstätte in Gang käme, war aus kaufmännischer Sicht ein kardinaler Denkfehler. Die Zukunft sollte zeigen, dass die Platinfunde, kaum dass sie bekannt geworden waren, ungeheure Kapitalströme in Bewegung setzten.

Die Absage berührte Merensky erstaunlich wenig. Nach der Diskussion am Fundort hatte er mit dieser Entwicklung gerechnet und war deshalb bereits dabei, sich nach anderen Geldgebern umzuschauen. Er tat das sogar mit mehr Elan als beim ersten Mal, denn jetzt hatte er den Fundort gesehen und schätzte die Chancen für eine erfolgreiche Platinprospektion hoch ein.

Die Suche nach Geldgebern war in der Zwischenzeit allerdings um keinen Deut einfacher geworden, denn nach wie vor war es Merenskys erste Priorität, das Wort „Platin" nicht in den Mund zu nehmen. Merensky sprach mit allen und jedem, von dem er hoffte, dass er freies Geld zur Verfügung hätte. Er schrieb sogar an Freunde in Portugiesisch-Ostafrika, wo er seit seiner Kohlenprospektion einen guten Ruf genoss. Vergeblich! Er ging auch zu seiner alten Bank. Dort hatte er zwar hohe Schulden, aber die Direktoren kannten ihn und er wusste, dass sie seinen geologischen Spürsinn hoch einschätzten. Auch das war vergeblich! Angesichts seines Schuldenstandes waren die Banker nicht in der Lage, über ihren Schatten zu springen. Schließlich landete er wieder im Kreis seiner deutschen Freunde. Die waren erstaunt über den hohen Betrag, den er benötigte – mindestens 2.000, möglichst aber 5.000 Pfund. Das war eine enorme Summe. Da sie ihn kannten, wurde ihnen klar, dass er offenbar ein Projekt verfolgte, das völlig anders war als alles, was er in den letzten Jahren unternommen hatte. Und so näherte man sich an. Zwei seiner Freunde, Gustav Becker, der mehrere deutsche Firmen vertrat, und Otto Baerecke, der örtliche Krupp-Vertreter, zeigten sich bereit, jeweils 500 Pfund aufzubringen. Im Gegenzug gab er seine Ideen über das Platin preis. Dann gelang es den beiden, zwei weitere Teilnehmer zu gewinnen, die Herren Elkan und Baerveldt. Alle vier hatten das Gefühl, sich in ein gewagtes Abenteuer einzulassen. Letztendlich erlagen sie aber der Eloquenz, mit der Merensky die Aussichten des Projekts erläuterte.

Schließlich war es so weit, man gründete das erste Syndikat zur Ausbeutung des *Bushveld*-Platins. Was für ein Moment in der Geschichte Südafrikas! Und doch, wie vergänglich sind solche Momente, denn ein Jahr später existierten in Transvaal rund 50 Platin-Syndikate, davon mehrere mit einem Zeichnungskapital von einer halben bis einer Million Pfund.

Die äußeren Umstände der Gründungsversammlung waren bemerkenswert, denn sie hatte etwas von „Geheimbündlerei" an sich. Das neu gegründete Syndikat erhielt den Namen *„L.P.-Syndicat"*, aber gleichzeitig wurde beschlossen, nach außen hin nicht verlauten zu lassen, wofür das „L.P." eigentlich stand – nämlich für „Lydenburg-Platin".

Und dann der Gründungsort! Heute sind bedeutende amerikanische Technologiefirmen stolz darauf, dass die Gesellschaft ihren Ursprung in einer kleinen Garage hat. Woran mag es liegen, dass Firmen von Weltbedeutung diesen Teil ihrer Gründungsgeschichte so in den Vordergrund stellen? Offenbar reicht es nicht, von sich sagen zu können, dass man eine der führenden Firmen seiner Branche ist. Noch wichtiger für das Selbstwertgefühl scheint zu sein, dass man dokumentieren kann, dass man praktisch bei Null begonnen hat. Was den Gründungsort des *L.P.-Syndicats* anging, so konnte man mit dieser Art von Mentalität durchaus konkurrieren. Es war natürlich keine Garage, in der die Gründung stattfand, und auch nicht Merenskys Büro. Nein, es war die mit Spitzendeckchen ausgestattete „gute Stube" im Häuschen von Fräulein Linhardt, in der Vorstadt *Yeoville*. Fräulein Linhardt, das war jene alte Dame, die Merensky die Miete gestundet hatte, weil er ja ein „so liebenswürdiger Herr" war. Eine alte Dame, die von Mineralien und Erzen so gut wie keine Ahnung hatte, die aber trotzdem früher als fast jeder andere fest davon überzeugt war, dass Merenskys Suche nach Edelmetallen eines Tages zu einer ganz großen Entdeckung führen würde. Dass es dann anstatt der großen Goldader „nur" Platin wurde, spielte am Ende keine Rolle mehr.

Anfang August traf Merensky wieder in *Maandagshoek* ein. Zweieinhalb Monate waren vergangen, seit ihm aus dem Päckchen des Rechtsanwalts Dunne das Medizinfläschchen mit der Platinprobe entgegengerollt war. Damals war er interessiert, aber doch skeptisch gewesen. Jetzt ließ sich seine Stimmungslage am besten mit dem Ausdruck „wild entschlossen" beschreiben. Bei Lombaard und den beiden Schoemans war das anders. Sie hatten in der Zwischenzeit entlang der Linien, die Merensky ihnen angegeben hatte, zahlreiche Proben genommen und dann gewaschen. Sie waren sich aber nicht sicher, ob das, was sie taten, die Sache wirklich voranbrachte. Man sah ihnen an, dass sie froh waren, dass Merensky endlich die Leitung übernahm.

Besonders irritiert waren die Farmer darüber, dass die Bodenproben, die sie rings um den ersten Fundort genommen hatten, nicht die geringste Spur von Platin enthielten. Anschließend hatten sie, wie von Merensky empfohlen, die Probenahmen hangabwärts ausgedehnt. Auch da hatten sie zunächst nichts gefunden, bis dann schließlich, fast schon in der Talmitte, bei drei oder vier Proben der Schoenemann-Brüder ganz schwache Platinspuren in der Waschpfanne aufgetaucht waren. Aber auch dieses Platin schien dort völlig isoliert zu liegen, jedenfalls ließ es sich in keiner Richtung weiterverfolgen.

Merensky stand nun vor einer grundsätzlichen Entscheidung. Sollte er im Tal weiter prospektieren? Die dort gefundenen Platinspuren waren schwach und hatten wahrscheinlich nichts mit dem ersten Fundort von Lombaard zu tun. Sich vom Tal aus durch das Waschen von Bodenproben langsam an eine primäre Vererzung in einem festen Gestein heranzutasten, war im Moment die Prospektionsmethode die am ehesten zu einem Erfolg führen würde. Die Alternative wäre gewesen, in das Felsgewirr oberhalb des ersten Fundortes zu steigen und dort Meter für Meter jeden Stein zu beproben. Es gab dann nur ein „Entweder-Oder". Entweder man schlug einen Fels an und fand darin Platin – oder man fand keins und hatte dann auch keinen Hinweis darauf, ob man sich der Platinquelle angenähert hatte oder nicht. Was Merensky zögern ließ, in dem Felsgewirr zu arbeiten, war der ungeheure Arbeitsaufwand, den man sich damit aufhalsen würde. Innerhalb einiger Wochen konnte man vielleicht drei oder auch vier Kilometer untersuchen, aber nicht mehr. Die primäre Quelle des Platins konnte aber noch weiter entfernt liegen, wer wusste das schon.

Nach dieser Überlegung entschloss sich Merensky, zunächst die schwachen Platinspuren in der Talmitte weiterzuverfolgen. Ausgehend vom Fundort der Schoeman-Brüder legten sie Prospektionslinien in alle Himmelsrichtungen fest, nahmen Proben und wuschen sie. – Nichts!

Der Tag und der nächste Tag vergingen und schließlich auch der übernächste. Die drei Hobby-Prospektoren zeigten sich zunehmend verunsichert. Sollten diese Platinspuren vielleicht tatsächlich nichts als isolierte Vorkommen sein, ohne jegliche Fortsetzung? Merensky wiederum überlegte noch einmal, ob er den Ansatz für die Prospektion ändern und doch hinauf in das Felsmassiv gehen sollte. Schließlich hielt ihn das ungute Gefühl, dass die Frustration seiner Mitsucher dort oben noch schneller wachsen würde, davon ab.

Es begann der vierte Tag. Merenskys war nicht verzweifelt, aber seine Stimmung war gedämpft. Er hatte das Gefühl, dass sie sich auf einem langen und mühsamen Wege befanden. Gleichzeitig sorgte er sich, ob seine Mitarbeiter die Nerven hatten, das durchzustehen. – Nichts deutete darauf hin, dass dies der für das Platinprojekt entscheidende Tag werden sollte.

Merensky versuchte es also noch einmal. Er nahm jetzt eine Probe auf der gegenüberliegenden Hangseite, schon in erheblicher Entfernung von der Schoemanschen Indikation. Und siehe da, er hatte schwache Platinspuren in der Goldgräberpfanne! In der nächsten Pfanne ebenfalls. Dreißig Meter weiter war die Spur wieder verschwunden. Trotzdem arbeitete Merensky unverdrossen weiter. Seine Prospektionslinie zielte jetzt auf eine Felsgruppe, die in weiter Entfernung am Hang sichtbar war. Mehrfach verlor er die Spur, aber dann war doch immer wieder eine Probe dabei, die etwas Platin enthielt. Es war schon Abend, als er wenige Meter vor der angezielten Felsrippe ankam. Er war erschöpft. Die ständig gebückte Haltung beim Waschen hatte ihn angestrengt. Er nahm eine letzte Probe und ging zurück zur Talmitte, wo er sie in einer Wasserlache durchwusch. Beim schnell schwindenden Tageslicht konnte er nicht mehr genau erkennen, ob am Boden der Pfanne Platinflitter lagen oder nicht. Auf jeden Fall konnten es nur winzige Körnchen sein. Trotz der Dunkelheit stolperte er noch einmal zurück, ging an den Felsen heran und nahm direkt unterhalb des Felsens eine allerletzte Bodenprobe, die er in ein Leinensäckchen füllte. Beim Aufstehen stützte er sich an dem verwitterten Felsen ab und kratzte dann, ohne viel darüber nachzudenken, etwas von dem Verwitterungsgrus des Felsen ab und steckte ihn zusammen mit einem Bröckchen Fels in die Jackentasche.

Am nächsten Morgen wusch er als erstes die schon in der Dunkelheit genommene Bodenprobe. Auch sie enthielt Platinflitter. Die „Spur“ war also intakt, nichts war verloren, die Tagesarbeit konnte beginnen. Dann spürte er plötzlich, dass er in seiner Jackentasche noch Gesteinsmaterial vom Vorabend mit sich herumschleppte. Er legte es in die Pfanne, es ließ sich leicht zerbröseln. Er wusch das Material, und plötzlich tauchten am Boden Platinkörnchen auf.

„Wow“! Merensky richtete sich auf und atmete durch. Für ihn als Geologen war es ein unglaublicher Moment. Zum ersten Mal war außerhalb Russlands ein basisches Platin-Muttergestein identifiziert worden! Er schaute sich im Tal um. Sollte hier die erste Platinmine Südafrikas entstehen? Er wusste es nicht. Sicher war für ihn nur, dass es von nun an hektisch zugehen würde. Ab sofort mussten er und seine Leute sehr zielorientiert arbeiten.

Durch Rufen und Winken holte er die im Tal verstreuten Mitstreiter zusammen. Den gesamten Tag arbeiteten alle vier um den Felsen herum. Meter für Meter nahmen sie Proben, wuschen sie und versuchten zu klären, was für eine Art Mineralisation das war. Eine Ader? Zunächst kein Hinweis. War es eine flächig ausgedehnte, feine Einsprenkelung von Platinpartikelchen im Gestein? – Nein! Offenbar nicht, denn es gab dicht neben dem Fundort Felsen, die absolut frei von Platin waren. Am Abend hatten sie Klarheit. Sie hatten sich langsam in das Gestein „hineingesehen“. Was zunächst wie eine einheitliche Gesteinsmasse aussah, wies offenbar doch Unterschiede auf. Sie konnten eine mehrere Meter breite Zone identifizieren, die eine Nuance heller aussah als das umgebende Gestein. Diese Zone, die diagonal in den Boden hineinlief, war der Träger der Mineralisation. Einen aufregenderen Tag hatte er noch nie erlebt. Später schrieb er einmal darüber: *„This night I did not sleep!“*

Merensky wusste genau, was jetzt zu tun war. Der Fundort lag nicht mehr im Bereich des Lombaard'schen Besitzes, sondern gehörte zur benachbarten *Mooihoek*-Farm. Früh am nächsten Morgen erschien er beim Bergbau-Kommissar in *Pilgrim's Rest*, um seine Entdeckerrechte anzumelden. Der Kommissar kannte die Farm. „Ja, auf *Mooihoek* gibt es viele kleine Chromit-Vorkommen...“ sagte er und griff zur Feder. Dann fragte er noch einmal: „Chromit?“ – Eigentlich war es keine echte Frage, sondern nur die Bitte um eine nochmalige Bestätigung. Merensky schüttelte den Kopf: „Nein, kein Chromit, Platin“. Das Gesicht des Minenkommissars zeigte ein ungläubiges Staunen und Merensky wiederholte: „Ja, Platin, auf *Mooihoek*“.

Leider waren sie bei diesem Gespräch nicht allein. Einige Mitarbeiter des Kommissars, die sich in dem großen Büro aufhielten, hatten bis dahin nur mit einem halben Ohr zugehört. Ein kleines Chromitvorkommen im *Bushveld* war nichts Ungewöhnliches. Als jedoch das Wort „Platin“ fiel, schreckten sie hoch. Merensky wusste, dass er von dieser Minute an seine Taktik ändern musste. In wenigen Tagen würde sich die Nachricht, dass man auf *Mooihoek* Platin gefunden habe, herumgesprochen haben. Er war in einen Wettlauf mit der Zeit eingetreten.

Zurück in *Maandagshoek* hielt er mit seinen Mitarbeitern einen „Kriegsrat“ ab und schilderte ihnen, was nun auf sie zukommen würde. Nur noch kurze Zeit, und die Gegend würde von Ortsfremden überlaufen sein, die versuchen würden, alle umliegenden Farmen mit Optionen zu belegen. Ab jetzt war zum detaillierten Prospektieren keine Zeit mehr. Jetzt mussten Merensky und seine Freunde ihrerseits versuchen, sich möglichst große Flächen im weiten Umkreis zu sichern. Ob sie tatsächlich platinführende Gesteine enthielten, musste hinterher geklärt werden.

Dann fragte Merensky, ob Lombaard oder die Schoemans irgendwo in der Umgebung jemals ein ähnliches Gestein gesehen hätten wie das am gestrigen Fundort. Willem Schoemans nickte bedächtig: „Ja, das könnte wohl sein“. Es sei ein Hügel, der *Kuwetshwane* genannt werde. Am nächsten Tag kutschierte er hin und holte Proben. Am Abend wussten sie, dass das Gestein platinhaltig war. *Mooihoek* war also kein isoliertes Vorkommen!

Merensky dachte bereits an die nächsten Schritte. Sie hatten zwei Platinvorkommen gefunden. Weitere würden folgen, dessen war er sich sicher. Jetzt musste das Unternehmen auf eine breitere Basis gestellt werden! Dafür brauchten sie mehr Kapital! Das ließ sich beschaffen, das wusste er, denn die Situation war jetzt völlig anders, als einige Wochen zuvor. Trotzdem – wenn man neues Kapital hereinholen wollte, musste man größere Anreize bieten. Was für Anreize? Die Platinvorkommen waren da, aber um Investoren anzuziehen, mussten die Funde besser dokumentiert werden. Was man jetzt unbedingt brauchte, waren exakte Analysenergebnisse!

Merensky beprobte die Fundorte noch einmal sorgsam, dann brach er nach Johannesburg auf. Vor seiner Abfahrt wies er seine Mitstreiter noch einmal ein. Jedes eine Nuance hellere basische Gestein musste eingehend untersucht werden. Mit anderen Gesteinen sollte man keine Zeit verlieren. Im Übrigen sollten sie in Höhe des ersten Fundortes von Lombaard und der beiden jetzt gefundenen Vorkommen, jeweils hangparallel, noch einmal Proben nehmen.

Zurück in Johannesburg ließ Merensky die mitgebrachten Gesteinsproben von Wipplinger zerkleinern. Dann wurden sie ohne Herkunftsangabe, nur mit Buchstaben und Nummern versehen, zwecks Analyse zum chemischen Labor gebracht. Die Resultate waren besser als erwartet. Am besten waren die Durchschnittswerte des Vorkommens auf *Mooihoek*, nämlich 6,53 bis 7,77 g/t, das war für Platin ein interessanter Wert.

Inzwischen hatte Merensky die Teilnehmer des Syndikats zusammengerufen und legte seinen Freunden die finanziellen Notwendigkeiten dar, die sich aus den Funden ergaben. Die beiden bekannten Indikationen mussten weiterverfolgt werden. Ziel war es jetzt, eine zusammenhängende Lagerstätte nachzuweisen, die bergmännisch abgebaut werden konnte. Das war nur mit einem deutlich erhöhten Kapital möglich. Man einigte sich, das Kapital zu vervierfachen, und tatsächlich schafften es die Mitglieder des Syndikats, weitere 6.000 Pfund aufzubringen.

In der weiteren Diskussion stimmte man überein, dass es nun keinen Grund mehr gab, die Ziele des Syndikats geheim zu halten. Im Gegenteil, man musste für mögliche weitere Geldgeber interessant werden. Die Platinprospektion hatte aufgehört, eine Geheimaktion zu sein. Fortan firmierte man als *Lydenburg Platinum Ltd.*

Als Merensky wieder in *Maandagshoek* eintraf, war es bereits September. Lombaard und die beiden Schoemans hatten die Tage genutzt und erfolgreich weitergearbeitet. Gerade hatte Andries Lombaard auf seinem eigenen Farmgelände ein weiteres Platinvorkommen identifiziert. Es war ein Gesteinsband von 12 m Länge. Gefunden hatte er es, indem er vom ursprünglichen, ersten Fundort aus in gleicher Höhe am Hang entlang arbeitete. Die gesammelte Mannschaft eilte hin, und Merensky stieß einen erstaunten Ruf aus. Das war ein völlig anderes Gestein, als sie in *Mooihoek* und in *Kuwetshwane* gesehen hatten. Hier war das Gestein dunkel und enthielt eingesprenkelt allerlei Sulfidminerale, also Magnetkies, Kupferkies, Schwefelkies und Eisennickelkies. Merensky hielt das Gestein für einen Pyroxenit. Später sollte sich das bei der mikroskopischen Untersuchung bestätigen. Das Auffälligste war jedoch, dass dieses Gestein eine Art Schichtung erkennen ließ, die man entlang des Hanges weiterverfolgen konnte. Die Gruppe machte sich unverzüglich an die Arbeit. Und tatsächlich, das Gesteinsband ließ sich mit nur wenigen Unterbrechungen über das Farmgelände hinaus, nach Norden, in das Gebiet der Nachbarfarm verfolgen und dann weiter über mehrere Farmen hinweg. Merensky schwindelte es. Sie hatten eine durchlaufende platinführende Schicht gefunden, die fast überall frei zugänglich anstand und mit einer leichten Neigung in den Berg eintauchte. Das war die „zusammenhängende Lagerstätte", von der er in der Sitzung des Syndikats gesprochen hatte! Und langsam schwante ihm, dass dieses Gesteinsband die eigentliche große Platinlagerstätte war und dass die Vorkommen vom Mooihoek und Kuwetshwane in ihrer schlauch- oder aderförmigen Ausbildung die Ausnahmen bildeten.

Die Zukunft sollte zeigen, dass diese Annahme richtig war. Die Prospektoren hatten eine riesige Platinlagerstätte entdeckt. Aber sie ahnten in diesem Moment noch nicht, dass noch viel mehr dazukommen sollte. Und noch etwas sollte sich später herausstellen, nämlich dass Merensky und seine Freunde großes Glück gehabt hatten. Denn tatsächlich tritt dieser platinführende Horizont an anderen Stellen des *Bushvelds* nicht so deutlich zutage. Er ist überwuchert oder von Geröll oder Torf überdeckt und wäre, hätte man dort prospektiert, wahrscheinlich übersehen worden. Auch die angedeutete Schichtung des Horizontes, die ihnen die rasche Weiterverfolgung ermöglicht hatte, erwies sich als ein lokales Phänomen, das in anderen Teilen des *Bushvelds* deutlich schwächer ausgebildet ist.

All das kümmerte Merensky im Moment nicht. Er dachte längst weiter. Was in Richtung Norden möglich war, könnte ja auch in Richtung Süden möglich sein. Da lag der *Steelport*-Fluss als eine natürliche Grenze. Und so schickte er Willem und Schalk Schoeman in das Gebiet jenseits des Flusses um zu prüfen, ob der platinführende Horizont auch dort vorhanden war.

Dann kam ein Rückschlag. Es trat das ein, was Merensky schon seit längerem erwartet hatte. Die Konkurrenz wurde aktiv, genauer gesagt, *free riders* (Trittbrettfahrer) erschienen auf der Szene. Lombaard hatte sich erinnert, auf einer Nachbarfarm namens „*Onverwacht*" irgendwann ähnliche Gesteine wie in *Mooihoek* gesehen zu haben. Er ritt hinüber, um mit dem Besitzer über eine Option zu sprechen und musste feststellen, dass die „*Transvaal Land and Exploration Company*" das Farmgebiet bereits mit einer Option belegt hatte. Für Merensky war das ein herber Schlag. Dass es auch ein finanzieller Verlust war, sollte sich später zeigen, denn *Onverwacht* entwickelte sich in der Folgezeit zu einer besonders reichen Platinlagerstätte.

Es kam aber noch ein zweites, viel schlimmeres Unglück hinzu. Merensky erlitt einen schweren Unfall. Nur seiner unglaublichen Zähigkeit war es zu danken, dass das Platinprojekt in diesem Moment nicht scheiterte. Die Ursache für den Unfall war banal. Merensky war mit einem Maultiergespann unterwegs und transportierte Gesteinsproben. Irgendwie verkeilte sich ein Wagenrad in einer tiefen Rinne. Der Wagen geriet in eine Schieflage, stürzte um und Merensky wurde hinaus geschleudert. Als er sich aufrappelte, fühlte er einen stechenden Schmerz in der Brust, der ihn kaum atmen ließ. Die Maultiere hatten sich erschreckt losgerissen und waren davongeprescht. Trotz seiner Schmerzen gelang es ihm, das Gespann unter Mühen wieder einzufangen. Dann fuhr er direkt zu einem Arzt, von dem er wusste, dass er auf einer benachbarten Farm zu erreichen war. Der Doktor konstatierte zwei gebrochene und eine angebrochene Rippe sowie eine Reihe von schmerzhaften Prellungen. Er bandagierte die Brust und verordnete eine strikte, mehrtägige Bettruhe. Dieser Anweisung Folge zu leisten, war für Merensky indiskutabel. Er arbeitete unverdrossen weiter, allerdings unter kaum erträglichen Schmerzen. Seine Mitarbeiter ahnten zunächst nichts. Sie erfuhren erst von dem Unfall, als der Doktor bei den Lombaards vorbeischaute, um sich nach dem Befinden des Patienten zu erkundigen. Der aber war unterwegs im *Veld*. Merenskys Überlegungen waren einfach: Die Konkurrenz war bereits auf dem Sprunge. Er und seine Mitstreiter mussten deshalb jede freie Minute nutzen, um weiter zu prospektieren und gleichzeitig versuchen, sich möglichst viele Optionsgebiete zu sichern. Wenn er jetzt schlapp machte, riskierte er, dass die besten Teile der Lagerstätte von anderen belegt wurden. Seine Farmerfreunde und die Freunde im Syndikat hatten ihm die Leitung der Prospektion anvertraut. Er durfte sie jetzt nicht im Stich lassen.

Gleichzeitig sorgte er sich um die Schoeman-Brüder. Seit Tagen waren sie südlich des *Steelport*-Flusses unterwegs und hatten nichts von sich hören lassen. Endlich kam Nachricht von ihnen. Sie hatten lange gebraucht, die „Platinspur" jenseits des Flusses wieder zu finden. Fast wären sie verzweifelt, doch jetzt hatten sie in ihren Goldgräberpfannen wieder Platinpartikelchen. Ungeachtet seiner Schmerzen eilte Merensky auf die andere Flussseite. Kein Zweifel, das war der gleiche platinführende Horizont wie der, den sie nördlich der Lombaard-Farm identifiziert hatten. Und wieder konnten sie den Horizont zügig durch mehrere Farmgebiete hindurch verfolgen. Dann endete der Horizont, wie es schien, definitiv. Merensky mochte jedoch nicht aufgeben. Sie arbeiteten sich entlang der Hügelketten immer weiter vor. Und siehe da, nach einer Lücke von 32 km tauchte der platinführende Horizont wieder auf und ließ sich noch einmal kilometerweit identifizieren. Es war ein riesiges Vorkommen, das sie entdeckt hatten. Insgesamt erstreckte sich der Horizont von seinem nördlichsten bis zu seinem südlichsten Ausläufer über fast 160 Kilometer!

Merensky war es zufrieden. Aber nun wurde es höchste Zeit, sich in ärztliche Hände zu begeben. Er fuhr nach Johannesburg, wo die Ärzte entsetzt waren, als sie merkten, wie lange er sich einer Behandlung entzogen hatte. Und sie machten ernst. Er wurde für vier Wochen ruhiggestellt und durfte sich kaum bewegen. Das Kapitel „Platinprospektion" war für ihn definitiv zu Ende – so schien es jedenfalls.

11 Platin, Platin und kein Ende

Es war schon spät im Jahr, als die Ärzte Merensky wieder „freigaben". Die Freunde in Maandagshoek begrüßten ihn überschwänglich. Am ersten Abend saß man in geselliger Runde zusammen und tauschte Nachrichten aus: Was sagte man in Johannesburg über die Zukunft der Platinvorkommen? Was hatte sich an der Börse ereignet? Wie waren die letzten Analysenwerte? Was hörte man von den anderen Syndikaten? Es war zu später Stunde an diesem Abend, als das Gespräch darauf kam, dass es eigentlich an der Zeit wäre, dem Platinvorkommen einen Namen zu geben. So etwas ist bei Bergleuten und Prospektoren üblich. Jeder kennt bei uns die Namen, die gottesfürchtige Bergleute im Mittelalter ihren Gruben gaben, „Barbara-Stollen" (nach der Schutzpatronin der Bergleute), „Marien-Stollen" usw. Hier in Südafrika wurden Vorkommen eher nach ihren Entdeckern benannt. Merensky hielt deshalb die Bezeichnung „Lombaard-*Reef*" (*reef* = Erzgang, Ader, Klippe) für angebracht. Seine Mitstreiter waren jedoch anderer Ansicht. Lombaard hatte zwar sowohl die ersten Platinspuren als auch später den platinführenden Horizont gefunden, der dann zur Hauptlagerstätte wurde. Das war unbestritten. Genauso unstrittig war für die Freunde aber auch, dass sie ohne Merensky nicht gewusst hätten, wo sie überhaupt prospektieren sollten. Wahrscheinlich wäre Lombaard sein zweiter Fund auch nie gelungen, hätte Merensky sie in den Wochen zuvor nicht so rigoros angetrieben und ihnen gleichzeitig immer wieder Mut zugesprochen. Ohne Merensky hätten sie den Horizont auch nicht weiter verfolgen können, und ohne das Geld, das er aufgetrieben hatte – und die Farmer wussten, wie schwierig das gewesen war – wäre die Arbeit in kürzester Zeit zum Erliegen gekommen. Also beschlossen die Mitstreiter, den platinführenden Horizont ab sofort „Merensky-*Reef*" zu nennen. Merensky wehrte sich dagegen, aber seine Einwände wurden weggewischt. Er wurde überstimmt, und so blieb es bei diesem Namen.

Merensky hat in seinem Leben (und auch posthum) viele Ehrungen erfahren: Ehrenmitgliedschaften und Medaillen wissenschaftlicher Akademien, mehrfach die Ehrendoktorwürde, Widmungen berühmter Fachbuchautoren und nach ihm benannte Symposien. Die Benennung des Merensky-*Reefs* durch diese Farmer, die mit ihm in sengender Sonne bis zur Erschöpfung gearbeitet hatten und die am Ende des Tages ihn neidlos und dankbar als denjenigen anerkannten, ohne den nichts zustande gekommen wäre, war aber wahrscheinlich die schönste Ehrung. Zumindest ist sie die bekannteste und sicherlich auch diejenige, die am längsten in Erinnerung bleiben wird. Seit mehr als 80 Jahren gibt es kein Lehrbuch der Mineralogie oder Lagerstättenkunde, egal in welcher Sprache dieser Welt, in dem das „Merensky-*Reef*" nicht erwähnt und beschrieben wird. Seine Kenntnis gehört zum Grundwissen jedes Mineralogen. Und alles spricht dafür, dass das in 100 Jahren auch noch so sein wird.

Im Übrigen hatte sich die Situation in der Zeit seiner Abwesenheit grundlegend verändert. Die Phase der Groberkundung neigte sich dem Ende zu. Lage und Ausdehnung des Platinhorizonts bei Lydenburg waren in groben Zügen bekannt. Jetzt begann man damit, den Horizont systematisch auf seine Metallgehalte hin zu beproben.

Zudem hatte der vorhergesagte Ansturm von Platinschürfern eingesetzt. Die Regierung hatte eine Anzahl von Farmen für die Prospektion geöffnet, und die Gegend war von einem gewaltigen Strom von Suchern überflutet worden. Sie kamen zu Fuß oder zu Pferde, mit Kutschen oder Automobilen. In Lydenburg gab es keine freie Unterkunft mehr, und die Zufahrtswege zu den Farmen waren verstopft. Unter den Suchern gab es einige erfahrene Prospektoren, aber noch mehr „Möchtegern-Schürfer", die weder wussten, wie Platin aussah, noch wie man danach sucht. Überall schlugen sie ihre Pflöcke ein, ungeachtet der Tatsache, dass die meisten Landstücke schon vergeben waren. Insgesamt hatten sich zu dieser Zeit bereits 50 Syndikate gebildet. Einige hatten eine sehr geringe Kapitalausstattung, andere, die größer waren, hatten bereits Anteilscheine herausgebracht, die an der Börse gehandelt wurden. Zwar wusste niemand Genaueres über die Größe und Ausdehnung der jeweiligen Lagerstätte, dennoch griff das Publikum jedes Mal gierig zu, wenn neue Platinpapiere aufgelegt wurden.

Merenskys persönliche Umstände hatten sich ebenfalls geändert. Er war plötzlich wieder ein überaus gefragter Mann, sogar mehr noch als in der Vorkriegszeit. Bergbaufirmen, für die er früher gearbeitet hatte, erinnerten sich seiner, und Financiers erbaten seinen Rat. Noch größer war die Zahl der Leute, die er vorher nie gesehen hatte und die nun von ihm wissen wollten, wo und wie sie in das Platingeschäft einsteigen könnten. Es war geradezu lächerlich. Fünf Monate zuvor hatte er darum gekämpft, 5.000 Pfund aufzutreiben, um mit der Platinsuche beginnen zu können. Jetzt traf er tagtäglich Menschen, die wie zufällig 10.000 oder 20.000 Pfund übrig hatten und dieses Geld dringend in ein Platingeschäft investieren wollten.

Trotz dieses Trubels behielt Merensky einen klaren Kopf und nahm sich die Zeit, den Stand der Prospektion noch einmal zu durchdenken. Und dann bereitete er seinen nächsten Coup vor, der gewaltig werden sollte. Bis jetzt hatte er ja nur einen Teil seiner Fähigkeiten zum Einsatz gebracht. Das waren sein unglaubliches geologisches Gespür, seine Hartnäckigkeit bei der Suche, seine Fähigkeit, Mitarbeiter aufzumuntern und selbst dann bei der Stange zu halten, wenn die Prospektion schlecht lief, und als letztes die wichtige Gabe, Freunde zu überzeugen und Geld aufzutreiben. Bis dahin noch nicht gefordert worden waren seine Landeskenntnis und seine Kenntnis der Geologie des *Bushvelds*. Immerhin hatte er ja – die Kriegsjahre abgezogen – 15 Jahre lang Transvaal kreuz und quer prospektierend durchstreift.

Nun muss etwas über den geologischen Bau des *Bushvelds* eingeschoben werden. Das *Bushveld* hat eine Ost-West-Erstreckung von etwa 480 km und eine Nord-Süd-Erstreckung von rund 120 km. Basische Gesteine spielen in ihm eine wichtige Rolle. Sie sind in zahlreichen Ergüssen, unterbrochen von längeren Pausen, übereinander abgelagert worden. Die chemische Zusammensetzung der einzelnen Lagen änderte sich dabei nach und nach. Heute kann man diese Ablagerungsfolge mit einem großen Stapel französischer Crêpes vergleichen. Das klingt vielleicht nicht wissenschaftlich, aber ein solcher Stapel von Crêpes hat zwei Eigenschaften, die auch auf die basischen Gesteinslagen des *Bushvelds* zutreffen. Erstens: Crêpes sind im Allgemeinen hauchdünn. Das trifft auch auf die Gesteinslagen des *Bushvelds* zu. Die einzelnen Ergüsse sind nur gering mächtig, häufig unter 10 m und manchmal auch nur 1 m. Zweitens: Hat man einen solchen Stapel von Crêpes vor sich, dann kann man von den unteren Lagen nur die Ränder erkennen. Auch das trifft für das *Bushveld* zu. Der Platinhorizont liegt im unteren Teil der *Bushveld*-Abfolge und das, was Merensky und seine Freunde bei Lydenburg gefunden hatten und was von nun an als „Merensky-*Reef*" bezeichnet wurde, war der östliche Rand einer solchen, relativ gering mächtigen Gesteinslage. Überall, wo Merensky den Horizont identifiziert hatte, zeigte er eine leichte Neigung (die Geologen sprechen dann vom „Einfallen") nach Westen oder Nordwesten, so dass der Horizont unter die darüber liegende *Bushveld*-Abfolge abtauchte.

Damals, vor mehr als 80 Jahren, war das *Bushveld* noch nicht so detailliert erforscht wie heute. Es gab auch noch keine größeren Bohrungen, denn das Bohren in den sehr harten, alten Gesteinsserien war damals noch extrem schwierig. Nichtsdestoweniger wusste Merensky um die Tellerform der einzelnen Gesteinslagen. Und so lag es nahe zu prüfen, ob dieses Merensky-*Reef* nicht auch an anderen Stellen am Rande des *Bushvelds* unter dem darüber lagernden Stapel von basischen Gesteinen hervorlugen könnte. Mit anderen Worten, er musste das gesamte *Bushveld* umreiten.

Während Merensky noch überlegte, wie er das bewerkstelligen sollte, wies ihm der Zufall den Weg. Eines Morgens, er hatte sein Büro kaum betreten, berichtete

Wipplinger, dass Gustav Troye ihn am Vorabend habe sprechen wollen. Troye war ein alter Bekannter, ein Prospektor, der in der Umgegend von Potgietersrust eine Farm besaß und der je nach Lage der Dinge, mal als Farmer, mal als Prospektor arbeitete. Merensky schätzte ihn und ließ ihn sofort holen. Die beiden hatten sich kaum begrüßt, da beklagte sich Troye vorwurfsvoll, dass Merensky ihn nicht in das Platingeschäft mit hereingenommen habe. Merensky nahm's gelassen und sagte: „Ach, lieber Troye, ich habe damals so sehr nach Partnern gesucht. Wären Sie mir über den Weg gelaufen, Sie können sicher sein, Sie wären mir nicht entkommen! Ich hätte Sie in das Geschäft hereingenommen, aber ich hätte aus ihnen auch den letzten Penny herausgepresst. Aber Schwamm drüber – jetzt gibt es Wichtigeres zu tun!" Er weihte Troye in den Stand der Dinge ein, und dieser reiste am nächsten Morgen nach Potgietersrust, um in dem ihm wohlbekannten Gebiet nach dem *Reef* zu suchen. Es dauerte eine knappe Woche, dann meldete Troye, dass er mit Merenskys geologischen Hinweisen nicht zurecht käme. Die Abfolge der Gesteinslagen wäre anders, als Merensky sie beschrieben habe und Hinweise auf ein platinführendes *Reef* wären auch nicht vorhanden.

Merensky machte sich sofort auf den Weg. Er reiste unauffällig. Zunächst fuhr er mit der Bahn nach Norden, dann ein Stück mit einem Mietwagen, und schließlich mietete er sich in Potgietersrust ein Pferd. In Johannesburg fiel sein plötzliches Verschwinden sofort auf, denn fast täglich verlangten potentielle Investoren ihn zu sprechen. Niemand ahnte, wo er sich aufhielt, und Wipplinger schwieg eisern.

Merensky schleppte keine Goldgräberpfanne mit sich herum, und sein Geologenhammer war in seiner Reisetasche versteckt. Nach dem Zweck seiner Reise befragt, gab er an, dass er auf dieser und jener Farm einen Besuch machen wolle, was er dann auch tat und was auch kein Problem darstellte, denn er kannte ja viele Farmer.

Potgietersrust liegt am Nordrand des *Bushvelds*, etwa 180 km von Lydenburg entfernt. Den platinführenden Horizont dort zu finden, konnte angesichts seines Kenntnisstandes – so meinte er – nicht allzu schwierig sein. Theoretisch brauchte er nur senkrecht zum Verlauf der Schichten ein Profil abzureiten. Wenn der Platinhorizont dort vorhanden war, musste er ihn irgendwann überqueren. Bald merkte er jedoch, dass das nicht so einfach war. In dem teils felsigen, teils von Geröllmassen bedeckten Gebiet musste er viele Umwege reiten und häufig auch absitzen. Unzählige Male schlug er Gesteinsbrocken mit dem Hammer auf, um sie unter der Lupe zu prüfen. Dann erkannte er, dass in diesem Gebiet die Schichtfolge tatsächlich etwas anders aussah als bei Lydenburg. Vor allem waren die Chromithorizonte, die bei Lydenburg unterhalb des platinführenden *Reefs* lagen und stets als Orientierungspunkte gedient hatten, bei Potgietersrust nicht entwickelt. Kein Wunder, dass Troye nicht zurechtgekommen war. Trotzdem suchte Merensky weiter, und

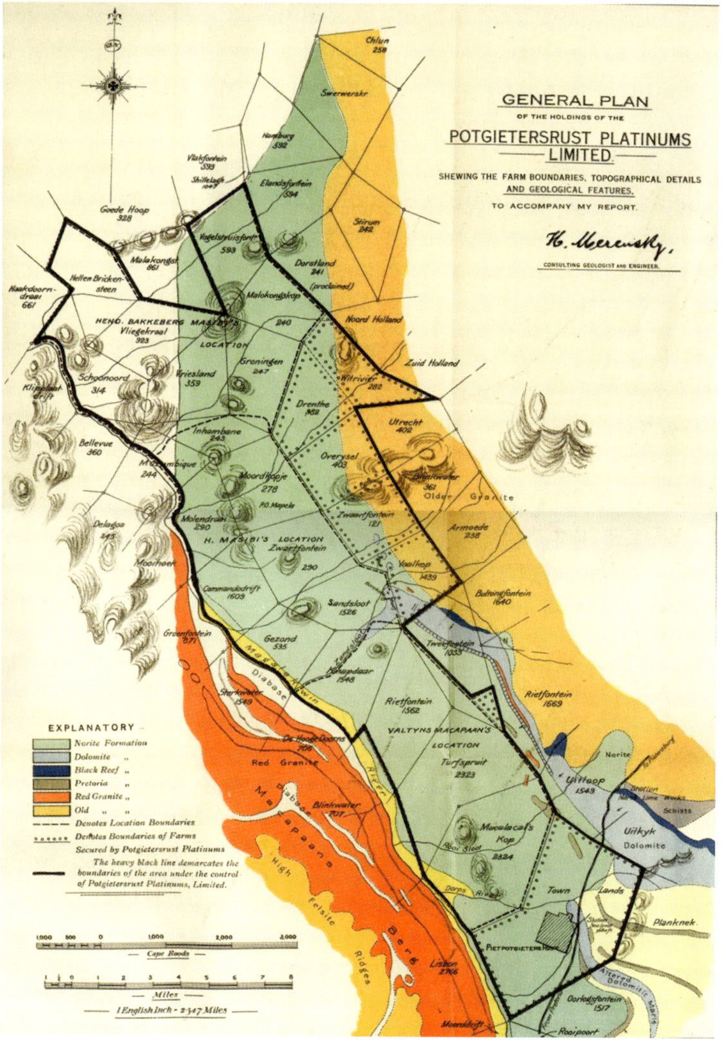

Abb. 11. Merenskys erste gedruckte Geolologische Karte der Platin-Konzessionen im Gebiet von Potgietersrust, November 1925.

nach mehreren Tagen fand er den Platinhorizont, der allerdings keine so deutliche Schichtung wie bei Lydenburg aufwies. Am nächsten Tag ritt er in einem Abstand von mehr als 15 Kilometern ein weiteres Profil ab und konnte auch da den Platinhorizont identifizieren. Da er ziemlich sicher war, dass zwischen den beiden Punkten eine Verbindung bestand, war für ihn erwiesen, dass das Merensky-*Reef* sich in der Umgebung von Potgietersrust, ähnlich wie bei Lydenburg, über größere Strecken verfolgen ließ. Das genügte ihm vorerst. Inzwischen hatte er zwei ihm vertraute Fachleute, den Prospektor Busschau und den Geologen Dr. Celliers, in die geologische Situation eingewiesen und überließ ihnen nun die Detailprospektion. Dann verließ er das Gebiet und eilte ohne zu zögern in das rund 300 km entfernt liegende Rustenburg, an der Westspitze des *Bushvelds*.

Hier waren die Geländeverhältnisse jedoch noch schwieriger. Merensky merkte sehr schnell, dass es ihm nicht gelingen würde, innerhalb von zwei oder drei Tagen die genaue Lage des Platin-*Reefs* zu lokalisieren. Zwar ahnte er ungefähr den Bereich, in dem er suchen musste, weiter kam er in der Eile aber nicht. Das eigentliche Problem war nämlich, dass sich in Rustenburg bereits Optionsjäger versammelten. Sie hatten zwar kaum Ahnung, wie eine Platinmineralisation aussehen mochte und wussten auch nichts von der Tellerstruktur des *Bushvelds*, aber sie waren fest entschlossen, hier im Westen auf gut Glück Optionen zu belegen. Das war eine Gefahr, und so musste Merensky schnell handeln.

In aller Eile kehrte er nach Johannesburg zurück. Seine Gefühle waren zwiespältig. Einerseits war er wegen der Funde bei Potgietersrust gut gelaunt. Andererseits fühlte er eine enorme Spannung. Wieder einmal konnte ein halber Tag, den man zu spät kam, entscheidend sein. Er musste jetzt in der Umgebung von Rustenburg so viele Optionsrechte wie irgend möglich belegen. Das musste rasch geschehen und musste durch eine Vertrauensperson unauffällig in die Wege geleitet werden. Er selbst kam nicht in Frage, dazu war er zu bekannt. Seine Wahl fiel auf einen guten Bekannten, Hans von Gernet, der dann einen seiner Freunde, Schreiner Cooper, mitbrachte. Der Auftrag lautete, in dem von Merensky angegebenen Bereich überall, wo Optionsrechte zu haben waren, sofort zuzugreifen. Für eine langwierige Untersuchung des Geländes blieb keine Zeit. Man musste schneller sein als andere Optionsjäger.

Die Optionsjagd in Rustenburg wurde dann zu einer abenteuerlichen Geschichte. Es gab echte Wettfahrten zu der einen oder anderen Farm. Auch Täuschungsmanöver zur Ablenkung von Konkurrenten gehörten zu den fast täglichen Übungen. Wollte man z.B. zu einer Farm, die nördlich von Rustenburg lag, dann bestellte man am Vorabend telefonisch vom Hotel aus ein Taxi, das einen am nächsten Morgen nach Süden bringen sollte. Das Gespräch wurde vom einzigen Apparat des Hauses geführt, und zwar so, dass Lauscher, die immer da waren, den angeblichen Zielort auch mitbekamen. Am nächsten Tag fuhr man zunächst nach Süden aus der Stadt heraus, bog dann ab, umfuhr die Ortschaft und strebte nach Norden, seinem tatsächlichen Ziel entgegen.

Die Jagd nach Optionen wurde auch dadurch erschwert, dass große Teile des Gebietes Reservatsflächen für Eingeborene waren. Diese Bereiche standen unter dem Schutz des „Ministeriums für Eingeborenen-Angelegenheiten", das jede Art von Verhandlungen mit den Reservatsbewohnern argwöhnisch beäugte und die ausgehandelten Optionsverträge genehmigen musste. Zudem war der Umgang mit den jeweiligen Häuptlingen und Notabeln äußerst mühselig. Es waren echte *Palaver*, die da abgehalten wurden. Manchmal dauerte es Stunden, bis ein Optionsvertrag mit drei Kreuzen unterschrieben war. Von Gernet und Cooper verhandelten jedoch mit viel Geschick und konnten sich riesige Gebiete sichern. Das Geld für diese Optionskäufe wurde von Merenskys Freund Becker und seinem Geschäftspartner Olthaver vorgeschossen.

Gleichzeitig boomte die Börse in Johannesburg, denn der Interessentenkreis für Platin-Aktien wurde ständig breiter, und dementsprechend wuchs auch der Geldzufluss für die Börse. Kurz vor dem Jahresende 1924 – etwa ein halbes Jahr nach dem ersten Platinfund – betrug der Gesamtwert der in Johannesburg gehandelten Platinpapiere bereits 13 Mio. Pfund, das wären in der Vorkriegswährung 260 Mio. Mark gewesen. Das war bemerkenswert, denn die bergmännische Untersuchung der Platinvorkommen hatte zu diesem Zeitpunkt noch nicht einmal begonnen. Es gab zwar Analysen von punktuell entnommenen Proben, dagegen fehlten systematische Untersuchungen. Es gab weder ein Netz von Schürfgräben noch Stollen oder Schächte, mit denen man den Platinhorizont in den Berg hinein verfolgt hätte. All das störte die Börse nicht. Wie immer eilte sie der tatsächlichen wirtschaftlichen Entwicklung weit voraus.

Die größten Profite wurden in diesem Moment aber nicht an der Börse, sondern durch Gesellschaften gemacht, die riesige Ländereien besaßen. Davon gab es eine ganze Reihe: *African and European, South African Townships, Mining and Finance Corporation* und die schon erwähnte *Transvaal Land and Exploration Company.* Ihnen gehörten weite Landstriche, die in Farmen aufgeteilt waren, die verpachtet wurden. (Tatsächlich lebten von den über 4.000 Farmern, die es damals in Transvaal gab, nur ein Teil auf eigenem Grund und Boden. Die anderen waren Pächter.) Und da das Platin-*Reef* quer durch das Land lief, wurden die Farmgebiete vieler Gesellschaften davon berührt. Ohne selbst prospektiert zu haben, fielen ihnen die Früchte des Platin-Booms in den Schoß, denn viele Landstücke erfuhren eine außerordentliche Wertsteigerung. Gelegentlich war es sogar Merensky selbst, der den Gesellschaftern im Gelände zeigte, wo auf ihrem Besitz das Merensky-*Reef* zutage anstand.

Zu denjenigen, die in diesen Monaten geschäftlich besonders erfolgreich agierten, gehörten Merenskys Freund Becker und sein Geschäftspartner Olthaver. Bei der Gründung der *Lydenburg Platinum Ltd.* hatte Becker noch Mühe gehabt, seinen Kapitalanteil aufzubringen, weil seine Mittel anderweitig gebunden waren. Inzwischen hatten er und sein Partner die Zeichen der Zeit erkannt und ihre Aktivitäten umgruppiert, sodass sie jetzt liquide waren. So konnte das Kapital der *Lydenburg Platinum Ltd.* noch einmal kräftig aufgestockt werden. Im Übrigen engagierten sich die beiden sehr stark in der Umgebung von Potgietersrust, wo sie anfingen, Optionen aufzukaufen.

Es kam das Jahr 1925. Die Platinszene war nun in ständiger Bewegung. Einerseits kam draußen im *Veld* die Groberkundung zum Abschluss. Der Verlauf des Platin-*Reefs* war jetzt bekannt. Andererseits machten sich im Kreis der Platingesellschaften erste Anzeichen einer Konsolidierung bemerkbar. Mehrere kleine Syndikate, denen es nicht gelungen war, sich interessante Optionsgebiete zu sichern, gaben auf. Andere, deren Optionsbesitz vielversprechend erschien, akzeptierten die Angebote größerer Syndikate und gingen in diesen auf. Die Zahl der im *Bushveld* tätigen Gesellschaften ging deshalb zurück. Im Gleichschritt damit wurden die verbleibenden Gesellschaften immer finanzkräftiger, und sie zögerten auch nicht, neue, zahlungskräftige Partner aufzunehmen.

Die Börse war in dieser Zeit äußerst schwankungsanfällig. Immer wieder gab es positive Kursschübe. Einige wurden durch reichlich kursierenden Gerüchte ausgelöst. Andere hatten einen realen Hintergrund, sei es eine Neubewertung eines bestimmten Abschnittes des *Reefs*, sei es eine Änderung in der Unternehmenspolitik einer großen Gesellschaft. So führte z.B. die Ankündigung, dass *Anglo-American*, die größte südafrikanische Goldbergbaugesellschaft, in die Platingewinnung einsteigen wolle, zu einem ruckartigen Kursanstieg aller Platinaktien. Das Gleiche passierte noch einmal, als *Johannesburg Consolidated Investments* die Absicht bekundete, sich im Platingeschäft betätigen zu wollen. Dazwischen gab es immer wieder Rückschläge an der Börse.

Zunächst war der Platinboom auf die Johannesburger Börse beschränkt. An der *London Stock Exchange* blieb man dagegen lange Zeit skeptisch. Die Finanzmagnaten hielten das Ganze für ein lokales, südafrikanisches Phänomen, das den Weltmarkt nicht tangieren würde. Die Wende kam, als der britische Kommissar Mr. Farquharson das Platinrevier besuchte und positiv nach London berichtete. Die britische Presse nahm den Regierungsbericht auf, und bald konnte man in allen Zeitungen lesen, dass Südafrika auf dem Weg war, zum weltgrößten Platinproduzenten aufzusteigen. Der Bann war gebrochen. Von nun an interessierte sich auch die internationale Welt für das südafrikanische Platin.

Andererseits konnte die Platinspekulation nicht unentwegt so weitergehen. Gerade hatten die Londoner Börsenmakler begonnen, sich für das südafrikanische Platin zu erwärmen, da kam es im Juni 1925 in Johannesburg zu einem *crash*. Die Platinpapiere verloren schnell ein Drittel ihres Wertes. Das löste eine Konsolidierung auf breiter Front aus. Viele Syndikate, deren Finanzausstattung unzureichend war, brachen zusammen. Von nun an übernahmen die großen Firmen das Ruder.

Abb. 12. Eine der modernen Aufbereitungsanlagen der Impala Platinum Corporation bei Rustenburg.

Im ersten Halbjahr 1925 waren die Detailuntersuchungen des Platin-*Reefs* allenthalben vorangetrieben worden. Dabei hatte sich Erstaunliches ergeben: Bei Potgietersrust stand das *Reef* nicht als schmales Band zutage an, sondern hatte stellenweise eine erhebliche Breite. Zugleich stellte man fest, dass das Platin dort nicht allein an die Pyroxenite gebunden war (und zwar als gediegenes Platin mit Beimengungen der übrigen Platinmetalle), sondern auch an feinverteilte Sulfide, die in nahebei liegenden Noritbändern auftraten (Norite sind ebenso wie die Pyroxenite basische Tiefengesteine). Und nicht nur das – die Analysenwerte waren hervorragend. Es war abzusehen, dass die Umgebung von Potgietersrust zum reichsten Platinlager der Welt avancieren würde. Merensky hatte das so nicht erwartet, war aber auch nicht wirklich erstaunt, denn es war seine langjährige Erfahrung, dass man mit dem ersten Mineralfund nie im Zentrum einer Lagerstätte liegt. Aus diesem Grunde hatte er auch vom ersten Moment an darauf gedrungen, dass seine Mitarbeiter versuchen sollten, möglichst weiträumig Optionen zu belegen.

Becker und Olthaver gehörten zu den großen Gewinnern dieser Entwicklung. Sie hatten fast die gesamte Prospektion im Gebiet von Potgietersrust finanziert und es zudem in der ersten Jahreshälfte 1925 geschafft, sich Optionen für einen Geländestreifen von 48 km zu sichern, der sich über mehrere Farmen erstreckte. Als nun die wirklich großen Gesellschaften die Szene betraten, war das Becker und Olthaver durchaus recht, denn sie hatten nie im Sinn gehabt, selbstständige Betreiber einer Platingrube zu werden. Im Juli 1925 wurde eines der ganz großen Syndikate gebildet, die *Potgietersrust Platinum Mines Ltd.* Es hatte drei große Partner: Becker und Olthaver, *South African Townships* und *Anglo American*. Das Kapital betrug 500.000 Pfund. Einige Monate später kam ein weiterer, noch mächtigerer Partner hinzu, die Barnato-Gruppe, eine der alten Diamantendynastien. Sie trat mit 700.000 Pfund in die Gesellschaft ein und übernahm die Führung.

Das war aber noch nicht das Ende der Überraschungen. Im Rustenburg-Distrikt hatte Merensky in der Zwischenzeit den Platinhorizont lokalisieren können. Er lag unter einer dicken Torfschicht versteckt. Gemeinsam mit einigen Mitarbeitern konnte er ihn über weite Strecken hin verfolgen. Gegen Ende des Jahres stellte sich dann heraus, dass die Platinvorkommen im Gebiet von Rustenburg noch ergiebiger waren als die von Potgietersrust. Es waren die Optionsfelder, die Hans von Gernet und Cooper an Land gezogen hatten, die die besten Analysenwerte aufwiesen. Sie wurden tatsächlich zum reichsten Platinrevier der Welt.

Die Prospektionsphase war damit abgeschlossen. Es waren etwas mehr als eineinhalb Jahr vergangen, seit Merensky das kleine Arzneifläschchen in den Händen gehalten hatte. Jetzt war Platin rings um das *Bushveld* auf einer Fläche von fast 2.000 km^2 bekannt. Im Osten und Südosten, dort wo die ersten Funde gemacht worden waren, lag ein schmaler Gürtel von ca. 160 km Länge, im Norden bei Potgietersrust ein deutlich breiterer Gürtel von über etwa 75 km Länge, und im Westen, bei Rustenburg, hatte man das *Reef* fast 300 km weit verfolgen können. Merenskys Arbeit als prospektierender Geologe war getan. Nun ging die Initiative an die Bergleute über. Die bergmännische Erschließung konnte beginnen.

Parallel zum Abschluss der Erkundungsphase und dem Entstehen funktionstüchtiger Bergbaugesellschaften lief als weiterer Entwicklungsstrang die wissenschaftliche Erforschung des *Bushveld*-Platins. Sie erreichte ihren ersten glanzvollen Höhepunkt 1929.

Dass die Entdeckung einer Lagerstätte dieses Ranges Wissenschaftler aus aller Welt auf den Plan rief, war nur zu verständlich. Jahr für Jahr zog eine große Zahl von Forschern nach Transvaal. Naturgemäß war der Anteil anglophoner Wissenschaftler hoch, aber auch andere Nationen waren vertreten. Unter den deutschen Lagerstättenforschern ragte Hans Schneiderhöhn hervor, der bereits 1929 über das *Bushveld* publizierte. Er hat sich mit diesem Thema sein Leben lang beschäftigt und hat als hochgeehrter Nestor seines Faches in seinem Alterswerk, den „Erzlager-

Abb. 13. Percy A. Wagner, Geologe von Rang und bester Kenner des Bushveld-Platins, Freund und Bewunderer Merenskys.

stätten der Erde“, 1958 noch einmal eine Zusammenfassung seiner Kenntnisse des *Bushvelds* veröffentlicht.

Den Startschuss für die große Reihe von wissenschaftlichen Arbeiten, die nun folgte, gab jedoch Hans Merensky selbst. Bereits 1925 stellte er die Platinlagerstätten des Lydenburg- und des Potgietersrust-Distrikts durch Vorträge und Publikationen im „*South African Mining and Engineering Journal*“ der wissenschaftlichen Welt vor.

Der für die Erforschung des Platins wichtigste Wissenschaftler wurde dann aber der Südafrikaner Percy A. Wagner. Es ist hier nicht der Ort, um die Geschichte der Erforschung des *Bushveld*-Platins aufzublättern. Wagners Arbeiten müssen aber erwähnt werden, weil sie die Beurteilung Merenskys durch seine Zeitgenossen dokumentieren.

Zu der Zeit, als sich die Meldungen über die Platinfunde bei Lydenburg im Land verbreiteten, war der damals 40-jährige Percy A. Wagner *Senior Geologist* im südafrikanischen *Geological Survey* und galt als einer der führenden Lagerstättenkundler des Landes. Da in der Hauptstadt niemand wusste, wieviel Substanz die Meldungen haben mochten, entsandte die Regierung Percy Wagner ins *Bushveld.* Schon bei seinen ersten Geländebegehungen erkannte er, dass diese Platinvorkommen für Südafrika etwas völlig Neues darstellten und in wirtschaftlicher Hinsicht möglicherweise hochinteressant sein konnten. Er sah aber auch, dass sich angesichts der riesigen Ausdehnung des Platin-*Reefs* unter den Erzsuchern ein enormer Druck nach Teilhabe am Platinboom aufbauen würde. Um die mit einen *rush* einhergehenden, ungeregelten Zustände zu vermeiden, veranlasste er, dass die Regierung diejenigen Farmen im Lydenburg-Distrikt, die sich im Staatsbesitz befanden, für die Prospektion und die Vergabe von Optionen öffnete.

In der Folgezeit blieb Percy Wagner im *Bushveld* und begleitete die Entwicklung der Prospektion zunächst im Regierungsauftrag und später für große Gesellschaften. Zwischen ihm, dem eminenten Wissenschaftler, und Merensky, dem „Feldgeologen" mit der phänomenalen Beobachtungsgabe, kam es zu einem regen Gedankenaustausch, der sich über Jahre hinzog. In dieser Zeit führten die beiden im *Bushveld* ungezählte gemeinsame Geländebegehungen durch. Diese enge Zusammenarbeit wurde zur Grundlage einer tiefen Freundschaft.

Percy Wagner besuchte im Laufe der Jahre jeden neuen Aufschluss, jeden kleinen Schacht und jeden Stollen, der im *Bushveld* angelegt wurde. Er wurde zum besten Kenner der Platinvorkommen und führte viele ausländische Forscher bei ihren Besuchen. Ab 1925 publizierte er über das *Bushveld*, und er war es auch, der die Bezeichnung „Merensky-*Reef*" in die wissenschaftliche Literatur einführte. 1929 veröffentlichte er eine zusammenfassende Darstellung in Buchform: „*The Platinum Deposits and Mines of South Africa*". Hans Schneiderhöhn steuerte zu dem Buch das Kapitel über die Erzmikroskopie bei. Es war ein gewaltiges Werk und bildete den vorläufigen Abschluss der Erforschung des südafrikanischen Platins. Auf 326 Seiten, begleitet von zahlreichen Karten, Profilen und Fotos legt es alles dar, was man über das *Bushveld*-Platin wusste – auch heute noch ein überaus instruktives Fachbuch. Leider verstarb dieser großartige Forscher, erst 44 Jahre alt, unmittelbar nach Erscheinen seines Buches.

Für Percy Wagner war es selbstverständlich, dass er seinem Werk eine Widmung für Hans Merensky voranstellte:

> „*To Dr. Hans Merensky*
> *Mining Geologist, Super-Prospector*
> *and best of Friends*
> *I dedicate this book.*"

Die Herzlichkeit, die aus dieser Widmung spricht, lässt erahnen, wie Merensky auf Freunde und Kollegen wirkte.

Percy Wagner ließ es damit aber nicht bewenden. Schlägt man das Buch auf, dann findet sich auf den ersten Seiten noch einmal eine Würdigung der Leistungen

Merenskys. Das verwundert zunächst, denn unter den Lesern dieses Fachbuchs war sicherlich niemand, der nicht wusste, dass Merensky der Entdecker des *Bushveld*-Platins war. Und es verwundert noch mehr, wenn man bedenkt, dass Merensky zu dieser Zeit längst zu einer südafrikanischen Legende geworden war, denn zweieinhalb Jahre nach der Entdeckung des Platins fand er die phantastisch reichen Diamantenlager des Namaqualandes. Danach gab es in Südafrika niemanden, dem Merensky kein Begriff gewesen wäre. Das ging soweit, dass die Farmerkinder zu dieser Zeit nicht mehr Spiele vom Typ „Räuber und Gendarm", sondern „Merensky" spielten. Wenn Percy Wagner trotzdem noch einmal Merenskys Verdienste herausstrich, dann zeigt das, wie sehr dieser bedeutende Geologe nicht nur von den menschlichen Eigenschaften, sondern auch von der fachlichen Leistung Merenskys beeindruckt war. Nachfolgend seine Ausführungen:

„Transvaal, diese wunderbare Fundgrube für mineralische Bodenschätze, hat sich in den letzten Jahren zu einem bedeutenden Produzenten für Metalle der Platingruppe entwickelt. Da die dort gelegenen Vorkommen die weltgrößten primären Lagerstätten dieser Metalle sind, wird das Land in Zukunft zum führenden Hersteller dieser Metalle werden.

Über den Ablauf der Ereignisse, die zu der Entdeckung dieser Lagerstätten führten, ist bereits an anderer Stelle berichtet worden. Es genügt deshalb, hier ins Gedächtnis zu rufen, dass die Entdeckung des bemerkenswerten, platinführenden Quarzganges im Waterberg-Distrikt durch Adolphe Erasmus im Jahre 1923 der Suche nach Platin in Südafrika einen enormen Auftrieb gab. Ihr folgte im September 1924 die Entdeckung der Vorkommen im Bushveld, deren Ausmaße und Bedeutung alles übersteigen, was man sich bis dahin in Bezug auf primäre Platinlagerstätten erträumt hatte.

Die Geschichte der Erschließung dieser Lagerstätten ist oft erzählt worden. Der Autor hat jedoch das Gefühl, dass die Rolle, die Dr. Hans Merensky in diesem Epos der Prospektion auf mineralische Bodenschätze gespielt hat, niemals ausreichend gewürdigt worden ist. Er war es, der bei Lydenburg beides, sowohl die Lagerstätten in den Duniten als auch das Merensky-Reef, entdeckte. Er war es, der die sehr bedeutenden Platinlager in der Umgebung von Potgietersrust lokalisierte. Und es war noch einmal er, der, als man jegliche Hoffnung, das Merensky-Reef im Rustenburg-Distrikt zu finden, aufgegeben hatte, den Horizont schließlich nicht nur lokalisierte, sondern ihn danach, assistiert von den Herren D. McKerrell, D. S. Mare, J. Ellis und M. Weber, über Dutzende von Meilen hindurch verfolgte."

12 Ins Adlon nach Berlin und zurück nach Transvaal

In Johannesburg hatten sich die Verhältnisse für Merensky grundlegend geändert. Jetzt, da die Zeitungen ständig über das Geschehen im *Bushveld* berichteten, kannte ihn in Johannesburg jedermann. Sein Bild und seine Lebensgeschichte waren mehrfach in der Presse abgedruckt worden, und was immer er zu Bergbau- oder Rohstofffragen von sich gab, war den Journalisten ausführliche Kommentare wert.

Auch seine finanzielle Situation war eine völlig andere geworden. Die lange Durststrecke war überwunden. Er verfügte nun über Geld und konnte sich von seinen Schulden befreien. Ganze 14 Jahre hatten sie auf ihm gelastet. Oft genug hatte er daran gezweifelt, ob es ihm je gelingen könnte, genügend Geld zu verdienen, um alle seine Gläubiger zufrieden zu stellen. Jetzt hatte er die Möglichkeit dazu.

Seine Hauptgläubiger waren die Banken. Bei ihnen ging die Bereinigung der Schulden zügig voran, denn die Institute wussten auf den Penny genau, was er ihnen mit Zins und Zinseszins schuldete. Sie präsentierten ihm ihre Abrechnungen, die er alsbald beglich. Einige andere Großgläubiger konnte er ebenfalls problemlos auszahlen. Danach machte er eine erste Überschlagsrechnung über seine derzeitige Vermögenslage und musste feststellen, dass das, was er nach Begleichung der Hauptschulden noch besaß, gar nicht so viel war. Es waren rund 80.000 Pfund. Das war zwar ein Batzen Geld, aber letztlich war er doch weit davon entfernt, zu den wirklich Reichen im Lande zu gehören.

Merenskys Problem bei der Schuldentilgung war ja, dass er, wenn er größere Beträge benötigte, jeweils einige seiner Platinaktien verkaufen musste. Gezwungenermaßen tat er das relativ frühzeitig, das heißt, bevor die Papiere ihren Höchstkurs erreicht hatten. Seinen Freunden und Mitgründern des Syndikats ging es da besser. Sie hatten keine Schulden zu tilgen und waren zudem liquide genug, ihre Anteile so lange zu halten, bis sie ins Geld gewachsen waren. Einigen der Freunde gelang es dadurch in vergleichsweise kurzer Zeit, beachtliche Vermögen aufzubauen.

Andererseits war Merenskys finanzielle Situation keineswegs schlecht, denn kaum waren die Platinfunde bekannt geworden, brach eine Flut von Anfragen über ihn herein, ob er diesen oder jenen Beratungsauftrag übernehmen wolle. Selbst aus Sumatra übersandte man ihm Prospektionsunterlagen zu einem dort vermuteten Platinvorkommen mit der Bitte um Begutachtung. Andere Briefwechsel, die er führte, betrafen Goldvorkommen in der Sierra de Minas in Argentinien oder Bohrungen auf Solequellen in der Nähe von Dar-es-Salaam. Er war wieder voll im Geschäft und hatte laufende Einnahmen. Es war fast so wie in der Vorkriegszeit. Aber da waren noch andere Schulden. Er musste Rückstellungen für einige Gläubiger machen, die in Deutschland saßen. Das waren Leute, die ihm vor dem Krieg Geld zur Anlage anvertraut hatten, Geld, das dann bei seinen Börsenspekulationen verloren gegangen war. Auch diese Verluste wollte er jetzt ersetzen. Und natürlich legte er auch Geld beiseite, um den Anteil seiner Geschwister an der von ihm verkauften elterlichen Farm zu begleichen. Schließlich waren da noch die unzähligen kleinen Beträge zwischen 10 und 50 Pfund, die er sich im Laufe der Jahre geliehen hatte. Er war entsetzt, wie viele Gläubiger, die er längst vergessen hatte, sich bei ihm meldeten. Aber er tat sein Bestes, um alles in Ordnung zu bringen.

Manches Problem löste sich auch von alleine. Einige seiner Gläubiger konnte er befriedigen, indem er sie bei ihren Platinspekulationen beriet, z. B. wenn neue Anteilsscheine auf den Markt kamen. Niemand konnte so gut wie er beurteilen, was die einzelnen Papiere tatsächlich wert waren. Er kannte ja die Fundorte und die Metallgehalte und konnte abschätzen, welche Papiere Kurssteigerungen erwarten ließen und welche nicht.

Sein Bürochef Wipplinger und seine Vermieterin Fräulein Linhardt kauften ebenfalls Platin-Aktien. Merensky beriet sie dabei und achtete hinterher darauf, dass sie ihre Gewinne rechtzeitig sicherstellten. Beide haben auf diese Weise ein Mehrfaches dessen verdient, was Merensky ihnen schuldete. Für Wipplinger war das keine Überraschung, denn er hatte Merenskys Spürsinn für Lagerstätten aus nächster Nähe erlebt. Er hatte immer auf Merensky vertraut, und das machte sich jetzt im wörtlichen Sinne bezahlt. Für Fräulein Linhardt sah die Argumentation etwas anders aus. Platin und Gold waren für sie so ziemlich dasselbe und dass Merensky, dieser „so feine und liebenswürdige Herr“, einmal eine große Goldader finden würde, davon war sie von Anfang überzeugt gewesen. Wenn er ihr nun sagte, dass sie ihr Geld unbesorgt in bestimmten Papieren anlegen könne, dann tat sie das mit dem gleichen unbeirrbaren Vertrauen, das sie immer in ihn gehabt hatte.

Die Tatsache, dass Merensky nun wieder über Geld verfügte, hatte aber auch eine Kehrseite. Jetzt kamen nämlich Leute, die ihm vor Jahren Geld geborgt hatten und die nun ihrerseits etwas von ihm geliehen haben wollten. Die Summen, die er schuldete, waren klein und er konnte sie schnell begleichen. Dagegen waren die

Beträge, die diese „alten Freunde“ darüber hinaus geliehen haben wollten, meist sehr hoch. In der Regel handelte es sich um Summen von einigen 1.000 Pfund und gelegentlich ging man ihn sogar wegen eines Darlehens von 20.000 Pfund an. Und jedes dieser Projekte wurde ihm als „todsicher“ geschildert. Fast nie gelang es ihm, sich zuvor die entsprechenden Referenzen, Unterlagen und Kalkulationen zeigen zu lassen. Irgendwie hatte er im Unterbewusstsein die Furcht, man könnte hinter seinem Rücken sagen, „jetzt, wo er reich geworden ist, sind ihm seine alten Freunde egal“. Es fiel ihm ungeheuer schwer, solche Ansinnen abzuweisen. Da die meisten dieser Unternehmungen sich bald danach als Fehlschläge entpuppten, verlor er erhebliche Beträge.

Überhaupt erwies es sich jetzt sehr deutlich, dass er mit Geld nicht umgehen konnte. Er verborgte zu viel Geld, er lud zu viele Leute ein und er war zu vertrauensselig. Praktisch hatte er in keinem Moment eine klare Übersicht über seine Finanzen. Nur einen Fehler beging er nicht: Er spekulierte nicht wie früher an der Börse. Insoweit war er durchaus „lernfähig“. Ausnahme waren die Anlagen im Platingeschäft, das er ja besser kannte als jeder andere und wo – so lange der Boom andauerte – keine Misserfolge zu erwarten waren. Seine deutschen Freunde, die mit ihm gemeinsam die schlechten Zeiten durchgestanden hatten und denen es jetzt gut ging, machten ihm wegen seiner Unvorsichtigkeit beim Geldverleih Vorwürfe. Besonders sein Freund Becker sparte nicht mit deutlichen Worten. Merensky sah sein Unvermögen auch ein, konnte es aber aus sich heraus nicht ändern. Irgendwie deprimierte ihn die Situation jedoch. Die „Freiheit“ in seinem Handeln, die er in den ersten Monaten nach den Platinfunden gespürt hatte, war jedenfalls wieder dahin. Jetzt, nur 1½ Jahre nach dem ersten Platinfund in *Maandagshoek* und nachdem riesige Summen durch seine Hände gelaufen waren, war sein neu gewonnenes Vermögen schon fast wieder aufgebraucht. Er war zwar nicht „verarmt“, konnte aber nicht mehr aus dem Vollen schöpfen.

In dieser etwas eingetrübten Stimmung entschloss er sich, endlich einmal nach Deutschland zu reisen. Es war der Januar 1926. Nach der Hektik der letzten eineinhalb Jahre fühlte er sich ausgelaugt und erschöpft. Zusätzlich plagten ihn zu dieser Zeit (und für sein restliches Leben) bereits Gehörprobleme. Ursache war wahrscheinlich eine schlecht ausgeheilte Mittelohrentzündung, die er sich irgendwann bei seiner Arbeit draußen im *Veld* eingehandelt hatte. Auch sein Unfall mit dem Maultierkarren wirkte noch nach. Die Rippenbrüche waren zwar dank der rigorosen Ruhigstellung, die die Ärzte ihm auferlegt hatten, gut verheilt, aber er hatte bis dahin ihre dringenden Empfehlungen ignoriert, einen Genesungsurlaub zu nehmen. Jetzt merkte er, dass seine Spannkraft deutlich nachgelassen hatte, und so wollte er sich in Deutschland erholen. Er hatte ja seither keinen Europaurlaub gemacht und seine Familie zuletzt vor 22 Jahre gesehen.

Andererseits – so war er eben – fürchtete er, es in Europa ganz ohne Arbeit nicht aushalten zu können, und so erklärte er sich bereit, in Deutschland für verschiedene Bergbaufirmen Sondierungsgespräche zu führen. Leider wurde daraus ein volles Programm. Im *Bushveld* war nämlich inzwischen die Frage der rationellen Gewinnung des Platins und insbesondere die Optimierung der Aufbereitung in den Vordergrund getreten. Die Metallgehalte der Platinerze lagen grob gerechnet zwischen 5 und 15 g Platin pro Tonne Gestein. Um eine so geringe Menge eines Edelmetalls aus dem zu einem Gesteinsbrei fein gemahlenen Erz herauszuholen, bedarf es vieler hochkomplizierter Extraktionsgänge. Dabei gibt es kein Standardverfahren. Für jedes Erz wird ein spezielles Verfahren entwickelt, das den besonderen Eigenschaften des Gesteins und insbesondere dem Vorhandensein zahlreicher anderer Mineralien Rechnung trägt. Dabei ist es so, dass man das Metall, auf das man abzielt, nie vollständig aus dem Gesteinsbrei extrahieren kann. Jedem Laien leuchtet aber ein, dass mit jedem Gramm Platin pro Tonne, welches man mehr herausholt, die Gewinnmarge steigt. Und genau das war das Ziel. Denn obwohl die Lagerstätten gut waren, musste der südafrikanische Platinbergbau in den ersten Jahren hart um seine Existenz ringen. Der Grund war einfach. Russland, das bis dahin unangefochtener Weltmarktführer war, versuchte seine Vormachtstellung auf dem Platinmarkt mit allen Mitteln zu verteidigen. Es tat das mit einem geradezu aberwitzigen Preisdumping. Zwei oder drei Jahre zuvor hatte das russische Außenhandelsbüros noch verlauten lassen, dass der Verkaufspreis aufgrund gestiegener Gewinnungskosten angehoben werden müsse. Plötzlich, nachdem Südafrika ein ernst zu nehmender Konkurrent zu werden drohte, warf Russland sein Platin zu Schleuderpreisen auf den Markt. Man wollte den Platinbergbau in Transvaal erst gar nicht in Gang kommen lassen. Die südafrikanischen Unternehmen, die bisher noch keine Gewinne gemacht, geschweige denn Reserven gebildet hatten, sollten entmutigt und zur Aufgabe getrieben werden. Als Staatsmonopolist war es für Russland kein Problem, sein Platin weit unter den Gestehungskosten anzubieten. Die südafrikanischen Gruben, die privatwirtschaftlich geführt wurden, waren demgegenüber gezwungen, auf längere Frist hin Profite zu erwirtschaften. Man schaute sich also nach Möglichkeiten um, das Aufbereitungsverfahren zu optimieren. Merensky übernahm es, mit einigen der damals weltweit anerkannten deutschen Aufbereitungsfirmen die Probleme zu diskutieren. Und so reiste er im Januar 1926 mit einem ungewöhnlichen Reisegepäck, nämlich mehreren Tonnen Platinerz, nach Deutschland. Die Ankunft dieser Erze im Hamburger Hafen Anfang Februar und die anschließende Verteilung an die Humboldt AG in Köln-Kalk, an das Krupp-Gruson-Werk in Magdeburg und an die Erz- und Kohle-Flotation in Bochum wurde von den deutschen Wirtschaftszeitungen aufmerksam registriert. Der an die drei Unternehmen gerichtete Auftrag lautete, „das wirtschaftlichste und technisch einfachste Gewinnungsverfahren, sowohl in nass-mechanischer als auch flotationstechnischer Hinsicht zu ermitteln." Ziel war es, eine Aufbereitungsmethode zu entwickeln, die im Vergleich zum Laugungsverfahren, das im Ural eingesetzt wurde, kostengünstiger war.

Bei seiner Ankunft in Deutschland war Merensky überrascht, welches Aufheben von seiner Person gemacht wurde. In Berlin wohnte er im Adlon. Obwohl die großen Zeitungen bereits alle über ihn und seine Entdeckungen berichtet hatten – „der Platinkönig" war dabei noch das bescheidenste Attribut, das man ihm anhängte – erhielt er ständig Anfragen nach Terminen für Interviews. Laufend wurde er zu Vorträgen eingeladen. Keine deutsche Bergbaugesellschaft ließ es sich nehmen, für ihn einen Empfang zu veranstalten. Merensky war nie ungesellig gewesen und folgte den Einladungen gerne, denn sie gaben ihm Gelegenheit, ehemalige Studienkollegen zu treffen, von denen einige inzwischen in interessanten Positionen waren. Außerdem konnte er Kontakte mit deutschen Bergbauzulieferern knüpfen. Einige seiner damaligen Vorträge über das Platin des *Bushveld* kann man in deutschen Bergbauzeitschriften nachlesen, so in „Metall und Erz", Jahrgang 1926. Desgleichen wurde sein Vortrag vor der Deutschen Geologischen Gesellschaft in Berlin in den Fachzeitschriften sorgfältig rezensiert. Und natürlich gab es auch Ehrungen. Besonders erfreut war er darüber, dass seine ehemalige Hochschule, die TH Berlin, sein Wirken würdigte und ihm den Ehrendoktor (Dr. e.h.) verlieh. Es blieb nicht die einzige Anerkennung von deutscher Seite. 1938 wurde ihm auf Vorschlag des berühmten deutschen Geologen Hans Stille „für besondere Verdienste um die Naturwissenschaften" von der Preußischen Akademie der Wissenschaften die Leibniz-Medaille in Silber überreicht. Obwohl Merensky sonst auf Titel und Äußerlichkeiten keinen allzu großen Wert legte, war das eine Ehrung, die er wegen ihrer Bedeutung sehr schätzte. Immerhin befand er sich als Leibniz-Preisträger in der illustren Gesellschaft einiger sehr interessanter Forscher und Entdecker, wie z. B. dem Chemiker und Erfinder der industriellen Sodaherstellung Ernest Solvay, dem Afrikaforscher Georg Schweinfurth, dem Luftschiffbauer Hugo Eckener und der Atomphysikerin Lise Meitner.

Dann suchte er seine deutschen Gläubiger aus der Vorkriegszeit auf und zahlte ihnen ihr Geld zurück. Zwei der damaligen Geldgeber waren schon tot, so dass die Erben an ihre Stelle traten. Die meisten dieser Gläubiger hatten ihr Geld längst abgeschrieben und nicht damit gerechnet, noch jemals etwas davon zu sehen. Entsprechend groß war ihre Überraschung. Das erstaunte Merensky ein wenig, denn für ihn war es nur zu natürlich, jetzt, wo er dazu in der Lage war, seine Schulden zu begleichen.

Selbstverständlich traf er auch seine Familie. Vieles hatte sich in der Zeit, die er in der Fremde verbracht hatte, verändert. Die Eltern lebten nicht mehr. Der Vater war während des letzten Kriegsjahres und die Mutter ein knappes Jahr später gestorben. Die Geschwister hatten jeweils ihren eigenen Lebenskreis gefunden. Ein Bruder war Jurist, einer Pastor. Der dritte Bruder, der als Major unter von Lettow-Vorbeck gedient hatte, hatte das Kriegsende nur um fünf Jahre überlebt. Zwei Schwestern waren verheiratet, die dritte war ledig und arbeitete in einem künstlerischen Beruf. Die Verheirateten hatten alle Kinder, es waren große Familien. Wenn er mit ihnen zusammentraf, waren diejenigen, mit denen er gemeinsame Jugenderinnerungen hatte – seine Geschwister – in der Minderzahl. Die anderen musste er erst kennenlernen, was nicht ganz einfach war, denn sie und er kamen buchstäblich aus verschiedenen Welten. Für die junge Generation war er der weitgereiste Onkel, der in Afrika wilde Abenteuer erlebt hatte. Aber gerade davon sprach er wenig, und die Geschwister fragten auch nicht so sehr danach, denn da war ja noch die Geschichte mit der elterlichen Farm, die er ohne Zustimmung des Vater verkauft hatte. Als Missionar und als Ernährer einer großen Kinderschar – wobei drei Söhne studiert hatten – hatte der Vater keine Reichtümer ansammeln können. Um so stolzer war er auf diese Farm gewesen, die ihm nach dem Burenkrieg von Ohm Krüger für seine Verdienste als Arzt geschenkt worden war. Er hatte diese Farm als Vermächtnis für seine Kinder hinterlassen wollen.

Nun war alles ganz anders gekommen, und es zeigte sich, dass das Verhältnis zur Familie leicht unterkühlt war. Man machte ihm keinen Vorwurf, aber er spürte, dass das Thema bewusst umgangen wurde. Man wollte darüber nicht diskutieren. Das bedeutete aber, dass ihm nicht die Gelegenheit zur Aussprache und zur Aufarbeitung der Angelegenheit gegeben wurde. Und so kam er auch nicht dazu, von den schwierigen Jahren unmittelbar vor dem Krieg zu erzählen und von der für ihn so schrecklichen Zeit im Internierungslager und den nicht minder beschwerlichen Umständen der Nachkriegszeit. Das war schade, denn Merensky hatte Verständnis dafür, dass bei den Geschwistern ein Missbehagen über den Verkauf bestand. Er zahlte also den Geschwistern ihre Anteile aus und versuchte, soweit es in seiner Macht stand, alles gutzumachen. Dennoch, ein unausgesprochener Vorwurf seitens der Geschwister blieb bestehen.

Auch sonst fühlte er sich in Deutschland nicht mehr heimisch. Das Leben hier war ihm zu hektisch und die Städte beengten ihn. Ihm fehlte der weite Raum, ihm fehlten die klare Luft und der freie Blick über die Buschsavanne. Er vermisste die herrlichen Sonnenaufgänge.

Während der Überfahrt war er voller Spannung gewesen, was ihn in Deutschland erwarten mochte. Dabei war ihm auch der Gedanke durch den Kopf gegangen, vielleicht für immer in Europa zu bleiben. Das war ein Gedankenspiel, weit davon entfernt, ein Entschluss zu sein, eben ein spielerisches Durchdenken der sich bietenden Möglichkeiten. Ein Mann mit seinem Renommee, so war seine Überlegung, könnte auch von Deutschland aus überall in der Welt arbeiten. Er könnte dann die interessantesten Lagerstätten in Südamerika oder vielleicht auch in Australien besuchen. Er hatte diese Idee jedoch nicht weiter gesponnen. Jetzt wurde ihm klar, dass das für ihn ein falscher Lösungsansatz wäre. Europa konnte nicht der Standort sein, an den er immer wieder zurückkehren wollte. Er brauchte die weiträumige Landschaft Afrikas zum Atmen und zum Leben und er würde sie ganz besonders dann benötigen, wenn er nach harten Arbeitsmonaten ausgelaugt war und eine schöpferische Pause einlegen wollte. Er war, das wurde ihm jetzt klar, in seinem Lebensgefühl Südafrikaner geworden. Und so reifte in ihm der Entschluss, sich nach seiner für das Jahresende geplanten Rückkehr nach Johannesburg definitiv in Südafrika niederzulassen und das Land zu seiner endgültigen Heimat zu machen. Seine Verbindungen zu Europa sollten darunter aber nicht leiden. Er hatte ja in Deutschland Familie und im Übrigen wollte er gelegentliche Europareisen dazu nützen, sich über neue Entwicklungen im technischen Bereich zu informieren.

Ansonsten nutzte er seinen Deutschlandaufenthalt zu vielerlei geschäftlichen Kontakten. Da waren die Gespräche und Recherchen, die er im Auftrag südafrikanischer Bergbaufirmen mit deutschen Maschinenbauern und Aufbereitungsspezialisten führen musste. Er hatte aber auch Unterredungen im eigenen Interesse mit verschiedenen Financiers. Sei es, dass seine Gesprächspartner einen speziellen geologischen Rat benötigten, sei es, dass sie sich über die allgemeine Lage des südafrikanischen Bergbaus informieren wollten. Merensky pflegte solche Kontakte stets sorgsam und nahm sich Zeit dafür, da er nämlich die Meinung vertrat, dass das Vertrauen zwischen einem Geldgeber und dem Beratenden Geologen aus sich heraus wachsen müsse und eigentlich schon etabliert sein sollte, lange bevor ein spezielles Projekt zur Sprache kam.

Einer dieser Kontakte führte ihn nach London, wo er Ignatius Dessau traf. Das war ein hochinteressanter Mann. Er war vor Jahren aus Ungarn eingewandert und lebte nun sehr vornehm in Picadilly. Er führte ein großes Haus, fast hätte man meinen können, er wäre ein ungarischer Magnat, den es ins Exil verschlagen habe. Dem war aber nicht so. Ursprünglich war er studierter Ingenieur, hatte sich jedoch inzwischen zu einem äußerst erfolgreichen Financier gemausert. Er war sowohl an der Londoner Börse als auch in mancherlei Bergbauprojekten engagiert. Für letztere hatte er ein ausgesprochenes Faible. Besonders gern beteiligte er sich an gerade anlaufenden Unternehmungen in wenig erschlossenen Gebieten. Merensky kannte ihn schon längere Zeit und hatte 1925 im *Bushveld* eng mit ihm zusammengearbeitet. Damals war die von Merensky und seinen Freunden gegründete *Lydenburg Platinum Ltd.* durch Aufnahme neuer Kapitalgeber in die *Lydenburg Platinum Areas* umgegründet worden. Das war eine Transaktion, die Fingerspitzengefühl verlangte. Einerseits galt es, die Interessen derjenigen Aktionäre, die kein weiteres Kapital einschießen konnten, zu berücksichtigen, andererseits durfte man das große Ziel, nämlich eine kapitalkräftige, handlungsfähige Gesellschaft zu konstruieren, nicht aus dem Auge verlieren. Ignatius Dessau, ein seriöser, gewandter und zugleich zielorientiert arbeitender Finanzmann, hatte am Gelingen dieser Umfirmierung und Kapitalerhöhung entscheidenden Anteil. Er war der Typ von Financier, mit dem Merensky gern zusammenarbeitete.

Dessau war in diesem Moment drauf und dran, hohe Beträge in die Blei-Zink-Grube Straschimir in Bulgarien zu investieren. Nach den vorliegenden Berichten hatte das Fördererz dieser Grube Metallgehalte von 20 % Blei, 30 % Zink und 350 bis 400 g Silber pro Tonne. Das waren außergewöhnlich gute Metallgehalte. Trotzdem hätte Dessau, der stets sehr überlegt vorging, bei dieser Unternehmung gern den besten Geologen, den er kannte, eben Merensky, an seiner Seite gehabt. Dies umso mehr, weil Merensky mit Blei-Zink-Lagerstätten große Erfahrungen hatte. Merensky wiederum war durchaus geneigt, diesem Angebot zu folgen, denn das war die Art von Gutachtertätigkeit außerhalb Südafrikas, über die er während der Schiffsreise ansatzweise nachgedacht hatte.

Die beiden Herren speisten im Club und diskutierten das Bulgariengeschäft. Zwischendurch sagte Dessau ganz *en passant* und ohne zu ahnen, welche Lawine er lostreten würde: „Ich war heute morgen kurz in der Börse, und da hat mir jemand erzählt, in Namaqualand wären Diamanten gefunden worden. Das war aber ein wenig verschwommen. Wissen Sie etwas darüber? Sie hatten doch eine besondere Theorie über die Diamanten von Südwestafrika."

Merensky schoss in die Höhe, als hätte er einen Skorpion im Stiefel. „Namaqualand – Diamanten – Südwestafrika" – darauf hatte er gewartet, seit Jahren gewartet, genauer gesagt, seit 1908. Damals hatte er die Diamantenvorkommen der Kolmanskuppe oberhalb der Lüderitzbucht studiert und über die Fortsetzung dieser Lagerstätte nach Süden nachgedacht. Dort liegt jenseits des Oranje-Flusses, der die Südgrenze Südwestafrikas bildet, das Namaqualand.

„Diamanten in Namaqualand", für Merensky bedeutete dies, dass es für die Diamanten der Kolmanskuppe tatsächlich eine Fortsetzung nach Süden gab! Wenn zwischen den Diamantenvorkommen der Kolmanskuppe und denen des Namaqualandes ein Zusammenhang bestand, dann hieß das, dass der gesamte Dünenstreifen zwischen diesen beiden Gebieten Diamanten enthalten konnte. Ihm schwindelte fast, als er an die Länge dieses Dünenzuges dachte: 280 Kilometer!

Merensky war erregt wie ein Spürhund, der Witterung aufgenommen hat. Er mochte kaum zu Ende essen. Sein Gespräch wurde fahrig. Eben war er noch an Bulgarien interessiert gewesen, jetzt aber war er unfähig, sich auf die Ausführungen seines Gegenüber zu konzentrieren. Sobald er sich verabschieden konnte, ohne unhöflich zu wirken, tat er das und hastete in sein Hotel. Dort telegraphierte er an

Wipplinger und bat um detaillierte Nachrichten per Adresse Adlon. Am selben Abend verließ er London in Richtung Berlin.

Er hatte das Adlon kaum betreten, als der Empfangschef ihm mit vielen Entschuldigungen ein Telegramm überreichte, das bereits seit sechs Tagen auf ihn wartete. Das für seinen Service berühmte Adlon hatte in drei oder vier Londoner Hotels versucht, ihn zu erreichen, und die Geschäftsführung zeigte sich äußerst unglücklich darüber, dass ihr das nicht gelungen war. Merensky öffnete das Telegramm und las: „Prospektor namens Carstens findet in Namaqualand Diamanten, Details folgen."

Merensky stand noch mit dem Telegramm in der Hand in der Hotelhalle, da kam ein alter Bekannter aus Südwestafrika, Friedrich Knacke, auf ihn zu. Knacke war ein Geschäftsmann, der sowohl in Südwestafrika Bergbauinteressen verfolgte als auch jenseits der Grenze, in der Südafrikanischen Union. Dort hatte er die *Namaqualand Diamond Company* gegründet, die in der Diamantensuche zwar noch nicht aktiv geworden war, aber doch einige Optionsgebiete besaß. Daneben betrieb er noch vielerlei andere Geschäfte. Unter anderem war er auch Vertreter der *Lydenburg Platinum Areas* in London.

Friedrich Knacke wusste schon Bescheid, hielt aber vorläufig nicht viel von diesen Funden. Vereinzelte Diamanten waren auch schon früher einmal in Namaqualand aufgetaucht und für ihn Anlass gewesen, dort eine Firma zu gründen. Größere Ansammlungen von Diamanten hatte man bisher aber nicht lokalisieren können. Und solange das nicht der Fall war, bestand für Knacke keinerlei Handlungsbedarf. Wegen vereinzelter Diamanten könne man nicht das gesamte Land „umpflügen", wie er sich ausdrückte.

Merensky hatte da völlig andere Vorstellungen. Wo ein Diamant war, da waren auch andere. Es musste eine Lagerstätte geben, aus der diese vereinzelten Diamanten stammten. Dass es ein diamantenführender Pipe war (also eine primäre Lagerstätte) hielt er für eher unwahrscheinlich, obwohl man es nicht vollständig ausschließen konnte. Wahrscheinlicher schien ihm, dass diese vereinzelten Diamanten aus einer sekundären Ansammlung von Diamanten stammten. Und im Unterschied zu Knacke und vielen anderen hatte er eine Theorie, wie solche sekundären Ansammlungen von Diamanten entstanden sein mochten und wo man sie suchen sollte. Deshalb war er innerlich auch so erregt – und das nun schon seit zwei Tagen, seit seinem Essen mit Dessau.

Merensky war jetzt fest entschlossen, sofort nach Südafrika zu reisen. Er telegraphierte an Wipplinger und bat diesen, Dr. Celliers und den Prospektor Busschau für eine Kampagne im Namaqualand anzuheuern. Mit dem Geologen Celliers hatte er in Potgietersrust zusammengearbeitet und Busschau, mit dem er sehr vertraut war, hatte er schon seit Jahren immer wieder zu Prospektionsarbeiten herangezogen. Ein zweites Telegramm ging nach London, an Ignatius Dessau. Es enthielt seine definitive Absage für die Teilnahme am Bulgarienprojekt. Stattdessen deutete er an, dass er, wenn sich seine Pläne hinsichtlich des Namaqualandes konkretisierten, Dessau gern in diese Unternehmung einbinden würde.

Dann bereitete er seine Abreise vor. Allerdings hatte er zuvor noch Termine bei deutschen Firmen wahrzunehmen, geschäftliche Verpflichtungen, die er in Johannesburg vor seiner Abreise eingegangen war und die er unbedingt erfüllen wollte, auch wenn es ihn zum Aufbruch drängte.

Dann ereignete sich etwas, was sein Leben hätte verändern können, wenn es ihm in einem anderen Moment begegnet wäre: Just in dem Augenblick, als er nur noch an die Diamanten im Namaqualand dachte, erhielt er mit der Morgenpost einen dicken Umschlag mit fremd aussehenden Briefmarken – es war ein Angebot aus der Sowjetunion. In tadellosem Deutsch, adressiert an seine augenblickliche Adresse im Hotel Adlon, bat ihn ein Ministerium mit langem Namen, das aber wohl das Bergbauministerium sein musste, um ein Gutachten über die Platinlagerstätten des Ural. Man sicherte ihm jede erdenkliche Hilfestellung zu. Die Reise einschließlich Verpflegung und Unterkunft sollte bezahlt werden. Wagen, Chauffeur und Dolmetscher hätten ebenfalls zur Verfügung gestanden. Dazu bot man ihm ein geradezu fabulöses Entgelt für sein Gutachten an, eine Summe, von der er noch nie gehört hatte, dass sie für eine gutachterliche Tätigkeit gezahlt worden war.

Es war klar, was die Sowjets beabsichtigten. Die russischen Gruben führten einen Abwehrkampf gegen das aufkommende südafrikanische Platin. Sie befürchteten, dass die Lagerstätten des Urals auf Dauer in die zweite Liga verwiesen würden. In dieser prekären Situation wollte die russische Seite nicht nur Merenskys geologische Fähigkeiten nutzen, sondern sie wollte auch von seinem Namen als Platinspezialist profitieren.

Was soll man dazu sagen? Man schrieb den Spätsommer 1926. Merensky war im Geiste schon auf dem Wege nach Namaqualand. Da gab es kein Zurück. Wäre das Ganze drei Jahre zuvor, also 1923, auf ihn zugekommen, wahrscheinlich hätte er nicht eine Sekunde gezögert, sich auf dieses Abenteuer einzulassen. Nur, damals, 1923, gab es niemanden in Russland, der den Namen Merensky schon einmal gehört hatte.

Es war einfach ein Angebot im falschen Moment! Deshalb ist es auch müßig, darüber nachzudenken, wie Merenskys Leben verlaufen wäre, wenn er ein solches Angebot zwei oder drei Jahre zuvor erhalten hätte und ihm gefolgt wäre. Er war sicherlich nicht der Mann, der sich je in Russland hätte heimisch fühlen können. Andererseits sollte man nicht verkennen, dass er in Russland ein weitgehend „unbeackertes" Feld für geologische Forschungen und Entdeckungen vorgefunden hätte, ein Feld, dessen Lagerstättenpotential in mancher Hinsicht dem Südafrikas ebenbürtig ist. Nur mit dem Unterschied, dass ihm in Russland wahrscheinlich Gelder für die Prospektion in Größenordnungen zur Verfügung gestanden hätten, von denen man in Südafrika nicht einmal zu träumen wagte. Wie dem auch sei, Merensky sagte ab und hat diesem verpassten Auftrag später nie nachgetrauert.

Drei Wochen danach schiffte sich Merensky nach Südafrika ein. Vom Schiff aus telegraphierte er an Dessau und unterbreitete ihm ein detailliertes Angebot zur Zusammenarbeit. Dessau sollte die Arbeiten im Namaqualand finanzieren, er, Merensky, würde die Prospektion nicht nur planen, sondern selbst im Gelände leiten. Die Antwort kam prompt. Dessau überwies postwendend 1.000 Pfund für den Beginn der Arbeit und sicherte weitere 4.000 Pfund zu, sobald erste vielversprechende Berichte vorlagen.

Bezeichnend war, wie Merensky das Projekt anging. Inzwischen waren Diamantensucher aus allen Teilen Südafrikas auf dem Weg ins Namaqualand. Das störte ihn jedoch nicht. Er reiste nicht etwa direkt ins Namaqualand, sondern zunächst nach Johannesburg, um weitere Finanzquellen zu erschließen und um die Arbeitsgruppe zusammenzustellen, die er aus seiner Sicht benötigte. Das war ähnlich wie damals bei der Platinprospektion. Erst die Geldbeschaffung, dann die schlagkräftige Mannschaft, und erst danach konnte es losgehen. Über allem stand aber sein fester Entschluss, im Namaqualand die Richtigkeit seiner Theorie über die Entstehung der Diamantenlager an der Atlantikküste zu beweisen.

E-7 Die Geschichte der Diamanten

Diamanten sind bereits seit dem Altertum bekannt. Der Name leitet sich aus dem Griechischen ab (*adamas* = unbezwingbar). Da man die Steine wegen ihrer großen Härte damals nicht zu bearbeiten vermochte, galten sie als Kuriosität. Gelegentlich sprach man ihnen auch magische Kräfte zu. Als Schmuckstein spielten sie jedoch keine Rolle. Herkunftsland der Diamanten war Indien, wo die Steine vermutlich in Flusssanden gefunden wurden. Die genaue Lage der Fundorte blieb jedoch unbekannt. Der größte Teil der gefundenen Steine verschwand in den Schatzkammern indischer Fürsten, und wahrscheinlich wurden auch nur größere Steine geborgen. Um kleinere Diamanten, die im unbearbeiteten Zustand im Allgemeinen recht unansehnlich wirken, systematisch zu sammeln, gab es keinen Anlass.

Auch die römischen Kaiser kannten Diamanten. Aber auch damals galten sie mehr als Kuriosum denn als Schmuckstein. Das änderte sich auch im frühen Mittelalter nicht, jedenfalls spielten sie für die Kirchenschätze der frühen Kathedralen keine Rolle. Auch in dieser Zeit waren es stets nur einzelne Steine, die den Weg nach Europa fanden, vorzugsweise über den venezianischen Levantehandel.

Mit der Öffnung des Seeweges nach Indien vergrößerte sich das Angebot an Diamanten auf dem europäischen Markt. Zunächst waren es portugiesische Kaufleute, die Steine mitbrachten, und für kurze Zeit wurde Lissabon Umschlagplatz des Diamantenhandels. Bald darauf übernahmen die Holländer den Handel mit Indien, und die Handelszentren wanderten in die Niederlande ab. Wahrscheinlich war es in Brügge, wo bedeutende Fortschritte in der Bearbeitung der Diamanten gemacht wurden. Man lernte, die Steine zu polieren und später auch zu spalten. Der Hauptimporteur wurde schließlich die holländische „Ostindische Kompanie". Besonders auffällige Steine wurden für gewöhnlich an europäische Fürstenhäuser verkauft. So z. B. der „Orloff", mit 199 Karat ein sehr großer Stein. (Ein Karat ist 0,2 g. Die Maßeinheit stammt aus dem Orient und entspricht dem Gewicht des getrockneten Samens des Johannisbrotbaums.) Er wurde 1755 in Amsterdam als Geschenk für Katharina die Große erworben und schmückte fortan das Zarenzepter. In manchen Fällen wurden exorbitante Preise gezahlt, so z. B. für den „Grünen Diamanten" (heute in Dresden, im Neuen Grünen Gewölbe), der wegen seiner Färbung ein absolutes Unikum darstellt. Kurfürst Friedrich August II. erwarb ihn 1741 für 400.000 Taler. Das war das Eineinhalbfache der Baukosten der damals gerade in der Entstehung begriffenen Frauenkirche!

1730 wurden in Brasilien Diamanten entdeckt. Die Vorkommen lagen in Flusssanden und Schottern. Es waren also sekundäre Lagerstätten. Die Gewinnung war äußerst primitiv. Abbildungen in alten Reisebeschreibungen zeigen Sklaven, die mit unzulänglichem Werkzeug in den Schottern wühlen und von Aufsehern mit langen Peitschen bewacht werden. Für die Erforschung der Herkunft der Diamanten kamen aus Brasilien keinerlei Impulse. Das Land wurde jedoch bald zum führenden Lieferanten jener Zeit. Zunächst waren es 20.000 bis 30.000 Karat, die jährlich nach Europa kamen, um 1850 aber bereits 130.000 bis 300.000 Karat. Das entsprach 99 % der damaligen Weltproduktion. Damals wurden Diamanten bereits in wohlhabenden Bürgerkreisen als wertbeständige Geldanlage gekauft, mit der gleichzeitig Reichtum und Macht demonstriert werden konnte.

Der alles verändernde Umschwung im Diamantengeschäft vollzog sich 1870/72 in Südafrika. Im Jahr 1869 hatte ein Farmerjunge in der Nähe von Kimberley beim Hüten der Kühe im Licht der schräg stehenden Abendsonne einen lose herumliegenden Stein blinken gesehen und ihn deshalb seiner kleinen Schwester zum Spielen mitgebracht. Einige Wochen später sah ein Nachbar den Stein, bemerkte seine Härte und veranlasste seine Untersuchung. Sobald bekannt wurde, dass ein Diamant gefunden worden war, strömten Glücksritter aus allen Teilen Südafrikas in die Umgebung von Kimberley. Der erste *run* auf ein Diamantenfeld in Südafrika hatte begonnen. Ihm sollten noch viele weitere folgen.

Wie sich bald zeigte, war das Vorkommen der Steine auf eine relativ kleine Fläche beschränkt. Die Steine lagen auf und in einem lehmig-sandigen Boden, der von den Suchern als *„yellow ground"* bezeichnet wurde. Der *claim*, den jeder Sucher abstecken durfte, war kleiner als 10 Quadratmeter. Das hatte zur Folge, dass die Sucher sehr bald tiefer gruben. Dabei veränderte sich die Farbe des Untergrundes. Er hatte nun einen Stich ins Bläulich-graue oder auch Schwärzlich-grüne und wurde als *„blue ground"* bezeichnet. Auch in ihm wurden immer wieder vereinzelte Diamanten gefunden. Plötzlich erkannte man, dass es sich dabei nicht mehr um eine zusammengeschwemmte Bodenformation, sondern um ein zwar verwittertes, aber anstehendes, primäres Gestein handelte, das sich in die Tiefe hinein fortsetzte.

Die Sensation war perfekt. Zum ersten Mal auf der Welt hatte man das Muttergestein der Diamanten identifiziert. Die weitere Erforschung der Herkunft der Diamanten vollzog sich nun rasch.

Es wurde klar, dass das diamantenführende Gestein die Füllung eines Explosionsschlotes war, der in große Tiefen hinabreichte. Solche Schlote werden in Südafrika als *pipes* bezeichnet. Der Querschnitt einer solchen Durchschlagsröhre ist rund bis oval, und der Durchmesser kann zwischen 30 und 900 m liegen. In seinem allerobersten Teil erweitert sich der Schlot häufig trichterförmig, während er in der Tiefe sich verengend in eine Spalte übergeht. Die Füllung der *pipes* besteht aus einer „Eruptionsbreccie", d.h. einem verfestigten Trümmergestein, das aus eckig-kantigen Bruchstücken zusammengewachsen ist (der Ausdruck „Breccie" stammt aus dem Italienischen und wurde schon von Goethe benützt). Hier, in Kimberley, setzte sich die Breccie aus ultrabasischen, aus der Tiefe stammenden Gesteinsbrocken sowie aus Bruchstücken von Gesteinen zusammen, die aus den Schlotwänden herausgerissen worden sind. Diese Art von Eruptionsbreccie wird seitdem als „Kimberlit" bezeichnet. Die Diamanten liegen in den ultrabasischen Gesteinen und sind schon in der Tiefe unter hohem Druck und bei hoher Temperatur auskristallisiert. Der Gehalt an Diamanten in den Kimberliten ist gering – weniger als ein Karat pro Tonne Gestein.

In der Folgezeit wurden sehr bald weitere mit Kimberlit gefüllte *pipes* gefunden, von denen einige ebenfalls Diamanten führten. Entsprechend stieg die Diamantenproduktion Südafrikas rasch an. Bereits 1872 erreichte sie eine Million Karat. Damit wurde der eigentliche Umschwung im Diaman-

Abb. 14. Diamantengewinnung (Frühphase) in einem Kimberlitschlot. Die ursprünglichen claims waren sehr klein. Da jeder claim einen eigenen Seilzug (linke Bildseite) besaß, war die Gewinnung kostspielig und schwierig. Das erzwang die Zusammenfassung der claims in größeren Gesellschaften („Konsolidierung"). So entstand u.a. die „De Beers Consolidated Mines". Holzstich, 1887.

tengeschäft eingeleitet. Da die Diamanten keinerlei Verschleiß unterliegen und niemand auf die Idee käme, einen Diamanten wegzuwerfen, wachsen die weltweit vorhandenen Diamantenlager seitdem unaufhörlich und kumulieren sich seit 140 Jahren zu immer größeren Beständen.

Gleichzeitig wurden die vielen kleinen *claims*, sowohl in Kimberley als auch in benachbarten *pipes*, in technischer Hinsicht zu einem Problem. Da die Schürfer immer tiefer gruben, dabei aber nicht im Gleichschritt blieben, kam es zu Überschwemmungen und Rutschungen von Erdmassen von einem *claim* in den anderen. Zudem wurden die hygienischen Zustände in den Tagebauen unerträglich. Eine Zusammenlegung der *claims* und Schaffung von Gesellschaften, die größer waren und wirtschaftlicher arbeiten konnten, wurde unumgänglich.

Es war der junge Cecil Rhodes, der dabei eine führende Rolle spielte. Er verdiente sein erstes Vermögen mit einer für den Diamantenbergbau extrem wichtigen Serviceleistung, nämlich dem Herauspumpen von Wasser aus den Tagebauen. Dann fing er an, zusammen mit einem Partner *claims* aufzukaufen und gründete 1880 dafür die *De Beers Mining Company*. Sieben Jahre später wurde er Mehrheitsaktionär der Gesellschaft. Zu dieser Zeit kam er in enge Geschäftbeziehungen zu Lord Rothschild und konnte von da an europäisches Kapital für weitere Erwerbungen einsetzen. 1888 gelang es ihm, die Kontrolle von Kimberley und bald darauf auch die der Minen von *Dutoitspan* und *Bultfontein* zu übernehmen. Er fasste die Gruben in der neugegründeten *De Beers Consolidated Mines* zusammen, die zu diesem Zeitpunkt 90 % der Weltförderung an Diamanten kontrollierte.

Nach den gängigen volkswirtschaftlichen Theorien hätten Diamanten damals – als eine Ware, die nicht knapp war und deren Angebot sich ständig vergrößerte – sukzessive billiger werden müssen. Das war aber nicht der Fall, damals nicht und auch heute nicht. Als weltweit unangefochtener Monopolist diktierte *De Beers* nämlich sowohl das Angebot und als auch die Preise für Diamanten. Dabei wurde der Konzern von den Händlern, Diamantenschleifern und Juwelieren unterstützt. Wie *De Beers* waren sie nämlich der Meinung, dass die Preise für die Endkonsumenten niemals sinken sollten. Sinkende Preise wären ein Signal gewesen, dass Diamanten nicht mehr knapp wären und dass ihr Besitz nicht mehr als Statussymbol zu werten sei. Gleichzeitig hätten sinkende Preise wahrscheinlich auch eine Kaufzurückhaltung ausgelöst. Man befürchtete, dass potentielle Käufer ihre Kaufentscheidung aufschieben könnten, wenn sie die Hoffnung hätten, dass die Steine später billiger zu haben wären. All das musste verhindert werden. Um den Anschein der Knappheit aufrecht zu erhalten, wurden also, wenn sich ein Überangebot andeutete, Diamanten aus dem Markt genommen. *De Beers* kaufte dann Steine auf und legte sie auf Lager. Diese Geschäftspolitik hielt der Konzern über Jahrzehnte hin durch, wenn auch unter Schwierigkeiten. Als es dann im Zusammenhang mit dem Ersten Weltkrieg und der großen Weltwirtschaftskrise zu Phasen einer wirtschaftlich bedingten Kaufzurückhaltung kam, verstärkten sich die Schwierigkeiten. Gerade in dieser Zeit musste der Konzern nämlich ungeheure Mengen von hochwertigen Steinen aufkaufen, um den Absturz der Diamantenpreise zu verhindern. Nicht zuletzt waren es Merenskys Funde in der Alexanderbucht, die zu dieser Situation geführt hatten. Der Diamant als Schmuckstein hatte zu diesem Zeitpunkt seinen Seltenheitswert definitiv verloren. Das war die Lage, als Sir Ernest Oppenheimer gegen Ende der zwanziger Jahre des vorigen Jahrhunderts zur bestimmenden Persönlichkeit der südafrikanischen Diamantenindustrie aufstieg. Damit begann eine völlig neue Geschichte, es ist die Geschichte des Diamantenkartells.

13 Diamanten im Namaqualand

Die innere Erregung, die Merensky nach dem Tischgespräch im distinguierten Londoner Herrenclub nicht mehr losließ, hatte eine weit zurückliegende Ursache. Im Jahre 1908 waren in Deutsch-Südwestafrika, in den Dünen der Kolmanskuppe, oberhalb der Lüderitzbucht, Diamanten gefunden worden. Der Fund als solcher, aber auch die Art der Fundstelle, hatten Aufsehen erregt. Die Diamanten lagen nämlich lose verstreut in den Dünensanden, so dass man sich ihre Herkunft nicht so recht erklären konnte. Ein primäres Gestein, aus dem sie herausgewittert sein konnten, war weit und breit nicht zu sehen, und irgendwelche Flüsse, die diese Steine herantransportiert haben konnten, gab es in diesem ariden Gebiet auch nicht. Man musste also annehmen, dass die Steine vom Meer angespült worden waren. Man stellte sich vor, dass die Diamanten vor sehr langer Zeit (im Miozän) aus dem Inneren des Kontinents zunächst zum Meer und danach durch küstenparallele Strömungen nach Norden, Richtung Lüderitzbucht, transportiert und dann an der Küste abgelagert worden seien. Man bezeichnete das als die „Flusstheorie". Die Frage, wie die Diamanten in die Dünensande der Kolmanskuppe gekommen waren, blieb dabei jedoch unbeantwortet.

Merensky fand die Antwort und entwickelte dabei eine ganz eigene Vorstellung über den Ablauf der Geschehnisse. Er glaubte, dass die primären Lagerstätten im Atlantik gelegen hätten und dass die Steine durch Meeresströmungen, die aber anders verliefen als die heutigen, in den Küstenbereich verfrachtet und dann durch Sturmfluten an Land geworfen worden seien. Da die Kolmanskuppe hoch über dem heutigen Meeresspiegel liegt, musste sich das Ganze vor 10 Mio. Jahren ereignet haben, zu einer Zeit, als der Kontinent noch nicht so stark herausgehoben war wie heute.

Merensky hatte die Fundstellen auf der Kolmanskuppe sehr genau untersucht. Er war tagelang auf den Knien durch die Dünen gerutscht, hatte Hunderte von Sandproben unter der Lupe geprüft und dabei beobachtet, dass sich dort, wo Diamanten gelegen hatten, im Sand winzige Splitterchen von Austernschalen befanden. Das waren Bruchstücke der *Ostrea prismatica*, einer in warmen Gewässern lebenden Austernart. Sie ist heute noch bei Durban an der Küste des Indischen Ozeans zu finden, nicht aber an der südafrikanischen Atlantikküste. Dort wird die Temperatur des Meeres nämlich durch den von Süden kommenden kalten Benguelastrom bestimmt. Merensky entwickelte also die Theorie, dass die Diamanten – zu einer Zeit, als die Konfiguration des Kontinents noch anders war als die heutige – von einer warmen Meeresströmung herangetragen und zusammen mit Austernschalen an die Küste geworfen worden waren, wo sie „Muschelbänke" oder „Strandwälle" bildeten. Später wurden die Strände herausgehoben und von wandernden Dünen verschüttet. Dabei wurden die nicht sehr widerstandsfähigen Austernschalen durch die sich bewegenden Sandkörner allmählich zerrieben. Übrig blieben die harten Diamanten und winzige Austernbruchstücke. Das Wichtigste war aber Merenskys Schlussfolgerung. Er war überzeugt, dass unter den Dünen, die sich von der Lüderitzbucht 280 km weit bis zum Oranje-Fluss und darüber hinaus nach Namaqualand erstreckten, noch an vielen Stellen intakte Muschelwälle mit Austernschalen und Diamanten erhalten sein mussten. Sie zu finden war jedoch schwierig, denn sie lagen unter riesigen Sandmassen tief vergraben. Merensky hatte für diese Zusammenspülung von Diamanten und Austern den Begriff Austernlinie („*Oyster Line*") geprägt. Im Januar 1909 publizierte er seine Ideen in den *Transactions of the Geological Society of South Africa*. Danach hat er immer wieder versucht, diese Theorie in persönlichen Gesprächen und in Vorträgen bekannt zu machen, doch bisher hatte das niemand ernst genommen.

Merensky traf Anfang November 1926 in Johannesburg ein und begann sofort mit der Vorbereitung seiner Prospektionskampagne. Wie sich herausstellte, waren zu diesem Zeitpunkt schon an die tausend Sucher ins Namaqualand geströmt bzw. befanden sich auf dem Weg dorthin. Das bedeutete, dass es kaum mehr möglich sein würde, entlang der Küste einen Flecken Land zu finden, der noch nicht mit einer Option belegt war. Das brachte Merensky jedoch in keiner Weise aus der Ruhe, denn das „Zielgebiet" für seine Prospektion unterschied sich deutlich von dem aller anderen Diamantensucher, die im Namaqualand unterwegs waren. Er war sich ziemlich sicher, dass alle bisher abgesteckten *claims* in der Nähe des Meeresufers lagen und dass niemand auf die Idee gekommen war, Optionen auf den von Dünen verhüllten Hochterrassen zu belegen. Und sollte zufällig doch ein *claim* in den Dünengebieten liegen, dann würde es kein Problem sein, ihn seinem Besitzer abzukaufen. Aus Erfahrung wusste er, dass zu Beginn eines solchen *rushs* Optionsfelder zwar schnell abgesteckt, aber auch genauso rasch weitergegeben werden. Solange noch kein Diamant gefunden worden war, gaben die Besitzer ihren *claim* im Allgemeinen bereitwillig ab, sobald man ihnen das Vier-, Fünf- oder auch Zehnfache ihres ursprünglichen Einsatzes anbot.

Die Kosten für eine Schürflizenz waren 1926 übrigens bescheiden. Für nur zwei *Shilling Sixpence* konnte man einen *claim* mit einem Radius von 500 *yards* (=

457 m) abstecken und dann einen Monat lang untersuchen. Das war eine Fläche von 0,65 km^2. Funde mussten gemeldet werden. Das gab dem Schürfer dann das Recht, innerhalb der ursprünglichen Lizenzfläche 20 *claims* à 30 × 30 *yards* abzustecken, die er längerfristig ausbeuten konnte.

Unangenehmer war für Merensky die nächste Nachricht. Busschau stand nicht zur Verfügung. Merensky hätte ihn gern dabeigehabt, weil er ein guter Prospektor war, organisieren konnte und stets die Übersicht behielt. Wirklich lästig und gar nicht in Merenskys Konzept passend war aber der Umstand, dass er von verschiedenen Platinfirmen zu längeren Gesprächen und zur Berichterstattung über seine Sondierungen bei deutschen Maschinenbauern und Aufbereitungsfirmen gebeten wurde. Er hatte da Verpflichtungen, denen er nicht ausweichen konnte. Obwohl es ihm auf den Nägeln brannte, war er für mehrere Wochen unabkömmlich.

Merensky entschloss sich deshalb, einige Mitarbeiter als „Vorhut" ins Namaqualand zu entsenden, mit genauen Anweisungen, wie sie vorzugehen hätten und um welche Art Optionen sie sich bemühen sollten. Er fand auch den passenden Leiter für diese Gruppe. Es war Dr. E. Reuning, ein Geologe der Universität Gießen, mit dem er bei der Platinsuche in Potgietersrust zusammengearbeitet hatte. Reuning kannte sich in der Diamantenprospektion aus, denn er war 1908 einer der maßgebenden Geologen bei der Erschließung der Diamanten oberhalb der Lüderitzbucht gewesen. Im Jahr danach hatte er im Auftrag der „Deutschen Kolonialgesellschaft" den gesamten wüstenhaften Küstenstreifen von der Lüderitzbucht bis hinunter an die Mündung des Oranje auf dem Kamel abgeritten und dabei zahlreiche Schürfschächte angelegt, ohne jedoch ein Diamantenvorkommen identifizieren zu können. Jetzt war er auf dem Wege nach Europa, wo er Weihnachten bei seiner Familie verbringen wollte. Merensky gelang es jedoch, Dr. Reuning zu überreden, zunächst einmal ins Namaqualand zu gehen. Von der Diamantentheorie Merenskys war Reuning allerdings nicht überzeugt, denn er war einer der Hauptvertreter der „Flusstheorie". Für ihn stand fest, dass man unten, in der Nähe der Wasserlinie, prospektieren müsse. Trotzdem nahm er an der Kampagne teil, da er sich davon neue Erkenntnisse über den geologischen Bau des Namaqualandes versprach. Was die Organisation der Unternehmung anging, hatte Merensky mit ihm eine gute Wahl getroffen, denn Dr. Reuning hatte Führungsqualitäten. Andererseits war aufgrund ihrer unterschiedlichen Auffassungen über die Herkunft der Diamanten an der Atlantikküste ein Dissens zwischen den beiden Geologen vorprogrammiert. Dies sollte die gemeinsame Arbeit später in einem bestimmten Moment belasten.

Anfang Dezember 1926 war die Gruppe in Johannesburg zum Aufbruch bereit. Sie bestand aus dem Leiter Dr. Reuning, dem Geologen Dr. Celliers, einem erfahrenen Erzsucher namens D. S. Mare und General Manie Maritz. Dieser war im Burenkrieg aufgrund seiner Schneidigkeit mit 24 Jahren General geworden und war ein Volksheld. Da er im Namaqualand jeden Farmer kannte, sollte seine Aufgabe darin bestehen, Kontakte zu vermitteln und so den Erwerb von Optionen zu erleichtern.

Das Namaqualand ist eine wüstenhafte, felsige und letztlich trostlose Gegend. Weite Strecken sind frei von jeglicher Pflanzendecke. Nur gelegentlich trifft man auf verkrüppelte Büsche und einzeln stehende, dicke Grasbüschel. Nachts bilden sich über der Uferlinie dicke Nebelbänke, die ins Land treiben und dem Küstenstreifen etwas Feuchtigkeit bringen. Ansonsten dürstet das Land unter einer sengenden Sonne und kennt kaum Regen. Das gilt jedoch nicht für das ganze Jahr. Wenn es ausnahmsweise einmal geregnet hat, gibt es einen kurzen Frühling. Dann wird die Wüste grün und zeigt für zwei oder drei Wochen eine erstaunlich vielfäl-

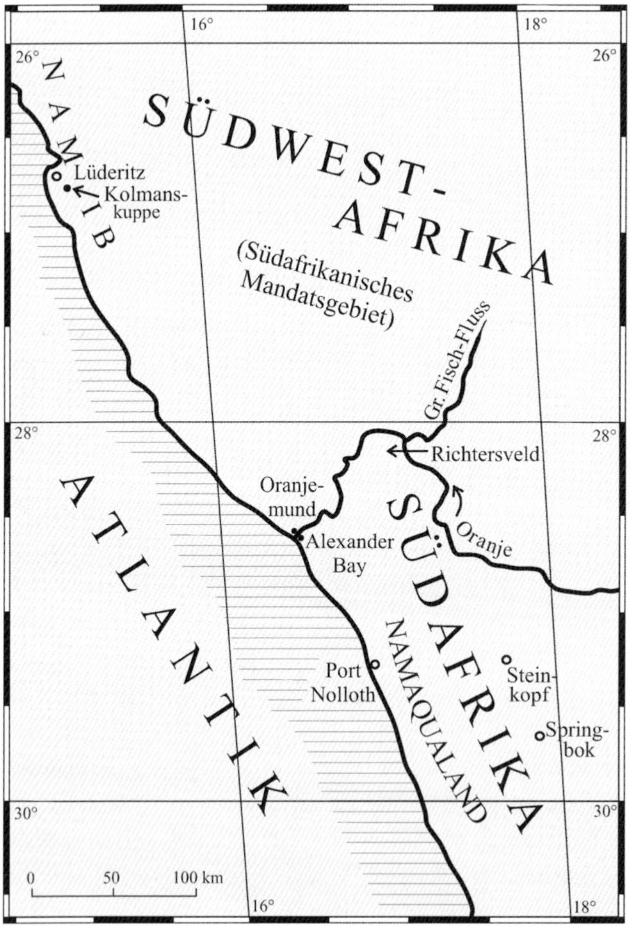

Abb. 15. Karte der Atlantikküste.

tige Blumenpracht, um bald darauf wieder auszutrocknen und in die alte Kargheit zurückzusinken.

Die wirtschaftliche Tätigkeit im Namaqualand war damals minimal. Einige Farmer betrieben eine extensive Viehzucht und kämpften ums Überleben. Im Hinterland lagen einige alte Kupfergruben. Diese Erzvorkommen waren schon seit Ende des 17. Jahrhunderts bekannt. Damals wurde das Kupfer von nomadisierenden Hottentotten ans Kap gebracht. Ein echter Abbau entwickelte sich aber erst im letzten Viertel des 19. Jahrhunderts. Er brachte der Gegend vorübergehend einen bescheidenen Wohlstand. Dann kam der Erste Weltkrieg, in dem die Gruben erheblich an Bedeutung gewannen. Umso schlimmer war der wirtschaftliche Absturz nach dem Krieg, als die Nachfrage auf den Rohstoffmärkten zurückging. Mit Beginn der 20er Jahre versank das Namaqualand in hoffnungslose Armut.

Eine der wenigen kleinen Siedlungen des Namaqualandes ist *Port Nolloth*, etwa 50 km südlich der Mündung des Oranje-Flusses gelegen. Dort lebte Captain Jack Carstens, der lange Jahre in Indien bei der Armee gedient hatte. Nun war er endgültig zurück und begann in seiner Freizeit zu prospektieren. Zusammen mit einem Vetter steckte er ca. 10 km südlich von Port Nolloth ein Gelände ab und suchte nach Diamanten, zunächst nur als Wochenendbeschäftigung, später aber mit immer größerer Intensität. Beide hatten nur eine vage Vorstellung davon, wie man auf Diamanten prospektiert und welche Art von Gelände und geologischer Umgebung aussichtsreich sein mochten. Ihre einzige Wissensquelle war „*The Prospectors Handbook*", das sie mit sich führten, das ihnen aber für die speziellen Probleme, die sich ihnen stellten, keine Auskunft gab. Ungeachtet dessen siebten sie große Mengen von Geröll und Sand durch, an Stellen, die sie, aus welchen Phantasiegründen auch immer, für aussichtsreich hielten. Und siehe da, im Juni 1926 entdeckten sie einen Diamanten und später noch einige weitere Steine. Es waren kleine Steine, nichts Sensationelles und weit davon entfernt, einen Reichtum darzustellen. Dass sie aber überhaupt einige Diamanten gefunden hatten, war Sensation genug, und unerfahren wie sie waren, behielten sie die Neuigkeit nicht für sich. Es dauerte deshalb nur wenige Tage, bis der Fund überall bekannt war.

Die Nachricht hatte sich kaum herumgesprochen, da setzte aus allen Teilen Südafrikas ein Zustrom von Suchern ein. Das hatte seinen Grund. So unwirtlich das Namaqualand auch sein mochte, Jack Carstens war nicht der erste, der die Aufmerksamkeit auf diesen Landstrich lenkte. Schon Jahre zuvor hatte Fred C. Cornell, der wohl legendärste aller südafrikanischen Prospektoren, dort gearbeitet. Sein 1920 erschienenes Buch „*The Glamour of Prospecting. Wanderings of a South African Prospector in Search of Copper, Gold, Emeralds and Diamonds*" gehört zu den Inkunabeln der Südafrika-Literatur. Zunächst nur in einer Auflage von 1.000 Stück erschienen, ist es heute glücklicherweise in einer Faksimileausgabe erhältlich. Cornell hatte seit Beginn des Jahrhunderts das Namaqualand, die Namib und die Kalahari durchstreift und war nach 1910 mehrfach in der Alexanderbucht gewesen. Er hatte dort monatelang allein, mit einem kleinen Zelt und bescheidener Feldausrüstung, direkt an der Oranje-Mündung kampiert und das Gelände untersucht. Niemand weiß, was er gesehen hat, aber das Gerücht, er habe schon damals Diamanten gefunden, hielt sich permanent. Zwar hatte keiner von den Suchern, die jetzt in das Land strömten, das Buch von Cornell gelesen. Sein Name war aber ein Begriff, und als jetzt Diamanten gefunden wurden, wurde das als Bestätigung seiner Ideen gewertet, die jedoch in Wirklichkeit niemand kannte.

Fred C. Cornell ist übrigens nie in den Genuss seiner Entdeckungen gekommen. Im Jahr 1921 ging er nach England, um dort, wie gesagt wurde, Geldgeber für eine große Prospektionskampagne oder zur Gründung einer Diamantengesellschaft zu finden. Kurz nach seiner Ankunft wurde dieser Entdecker, der auf seinen Streifzügen durch die Wüstengebiete des südlichen Afrika mehr als einmal dem Tode durch Verdursten nur knapp entronnen war, in London überfahren. Er hat sein Geheimnis mit in den Tod genommen. Sein Name ist in Südafrika bis heute unvergessen geblieben. Im *Richtersveld* erinnern der Cornellsberg und der *Cornellskop* an ihn.

Jetzt kamen also Sucher aus allen Teilen Südafrikas ins Namaqualand. Viele von ihnen erschraken, als sie das Wüstenhafte dieses Landstriches erkannten. Da gab es weder Wasser noch sonstige Ressourcen, die das Überleben in dieser Halbwüste ermöglicht hätten. Zudem hatten sie weder die Ausrüstung noch die Vorräte, die notwendig gewesen wären, und sie spürten auch, dass ihnen die Erfahrung fehlte, in einem solchen Gebiet zu arbeiten. Viele resignierten schon recht früh, aber sie kehrten nicht um, sondern blieben in *Port Nolloth* und anderen kleinen Ortschaften, die alsbald hoffnungslos überfüllt waren.

Es gab unter den Neuankömmlingen aber auch einige erfahrene Diamantensucher, die mit den Bedingungen der Wüste vertraut waren. Unter ihnen war der Prospektor Kennedy, der zusammen mit zwei Freunden das Gebiet nördlich von *Port Nolloth* durchkämmte. Sie hatten ein Automobil, Schürfgerät und ausreichende Verpflegung und konnten so längere Zeit draußen verweilen. Sie arbeiteten an verschiedenen Stellen und konzentrierten sich schließlich auf ein etwa 25 km nördlich von *Port Nolloth* gelegenes, steil zum Meer abstürzendes Kliff, an dessen Fuß, direkt an der Wasserlinie, Kies- und Sandschichten anstanden. An dieser ausgefallenen Stelle fand Kennedy in seinem Sieb innerhalb einer Woche 14 Steine. Allerdings waren sie klein, im Durchschnitt nur ½ Karat schwer.

Diese Funde erregten die Gemüter in *Port Nolloth*, und nun wurde überall an der Wasserlinie in den Kiesen gegraben und gesiebt. Tatsächlich wurden auch noch weitere Diamanten gefunden, aber es waren immer wieder nur kleine, vereinzelt auftretende Steine, nichts, was auf eine zusammenhängende größere Lagerstätte hingewiesen hätte. Und Kennedy, der durchaus ein harter Bursche war, machte sich seine Gedanken. Er sah ein, dass das, was er gefunden hatte, zwar interessant, aber letztlich doch zu wenig war. Drei Leute, auf sich allein gestellt und nur mit Schaufel und Sieb ausgerüstet, konnten unter diesen Bedingungen keine Reichtümer sammeln. Da mussten Bergbaufirmen mit ihrer ganzen Technik ran. Und so zog er die Konsequenzen. Einige Monaten später verkaufte er seinen *claim* an die Friedrich Knacke gehörende *Namaqualand Diamond Company*.

Andere ließen sich nicht entmutigen und suchten weiter, jeweils an Stellen, die ihnen aus irgendwelchen Gründen interessant vorkamen. Keine der Entscheidungen, hier oder dort zu schürfen, hätte der Analyse eines Fachmanns standgehalten. Es waren Entscheidungen, die aus dem Bauch heraus getroffen wurden, denn niemand hatte eine klare Vorstellung davon, wo diese vereinzelten Diamanten herkommen mochten. Trotzdem wurden neue Funde gemacht und immer wieder lagen sie an Stellen, an die vorher niemand gedacht hatte. Einer dieser glücklichen Entdecker war ein Ladenbesitzer namens Rabinowitz, der aus Steinkopf kam, einer kleinen Ansiedlung 84 km landeinwärts von Port Nolloth, an der großen Nordsüdstraße Windhuk-Kapstadt gelegen. Er hatte am Buchuberg, acht Kilometer südlich der Alexanderbucht, einen Schürfgraben angelegt und sehr tief gegraben und schließlich 334 Diamanten mit zusammen 74,5 Karat aus diesem Graben herausgeholt. Das waren zwar viele, aber doch sehr kleine Steine mit einem Durchschnittsgewicht von nur 0,22 Karat, weniger als ein zwanzigstel Gramm. Trotzdem beflügelte auch dieser Fund die Sucher, und nun wurden auch weiter landeinwärts Optionen belegt.

Ein anderes Syndikat, das sich in Port Nolloth zusammentat und zielorientiert an die Arbeit ging, bestand aus den beiden Brüderpaaren Caplan und Gordon. Die einen waren Ladenbesitzer, die anderen Rechtsanwälte. Sie gingen zusammen mit den Suchern Coetzee, Laubscher und Louw zur Alexanderbucht, wo sie entlang des Ufersaums *claims* belegten. In Kiesen und Grobsanden fanden sie mehrere Diamanten und steckten daraufhin am Ufer der Oranje-Mündung weitere Berechtigungsgebiete ab.

Das war in etwa die Situation, als die Merensky'sche Vorhut unter Leitung von Dr. Reuning Anfang Dezember 1926 im Namaqualand eintraf. Alles Land, das irgendwie interessant erschien, war inzwischen mit Optionen belegt. Einige Ländereien hatten ihren Besitzer schon mehrfach gewechselt. Dr. Reuning musste sich also umschauen, wo vielversprechende Gebiete lagen und dann versuchen, die jeweiligen Optionsrechte ihren Besitzern abzukaufen oder sich in einem Syndikat als Teilhaber zu engagieren. Er besuchte deshalb reihum die verschiedenen Schürfstellen. Besonders angetan war er von einem Team, das bei *Grootemist* geologische Schichten untersuchte, die ihn an die Pomona-Formation in Südwestafrika erinnerten. Diese Formation hatte sich im Küstenbereich südlich der Lüderitzbucht als diamantenhaltig erwiesen. Dr. Reuning sprach mit den Mitgliedern des Syndikats, und diese zeigten sich bereit, mit Merensky über eine Optionsvergabe zu verhandeln. Ähnlich verliefen Unterredungen mit Kennedy und Rabinowitz. Beide ließen erkennen, dass sie eine eventuelle Partnerschaft mit Merensky begrüßen würden.

Da Dr. Reuning zu weitergehenden Vertragsverhandlungen nicht bevollmächtigt war, telegraphierte er an Merensky und bat ihn, möglichst schnell zu kommen. Dieser traf 10 Tage vor Weihnachten im Namaqualand ein und begann alsbald die von Dr. Reuning favorisierten Syndikate zu besuchen. Bei dieser Gelegenheit kam es dann zu deutlichen Differenzen zwischen den beiden. Von der Lokalität bei *Grootemist* zeigte sich Merensky wenig erbaut. Auch Reunings Hinweis auf die Ähnlichkeit der anstehenden Schichten mit denen der Pomona-Formation in Südwestafrika konnte Merensky nicht begeistern. Er war nicht auf der Suche nach dieser Formation und alles, was in der Nähe des Ufersaums lag, interessierte ihn nicht, auch wenn dort einige Diamanten gefunden worden waren. Das machte er Reuning mit unmissverständlicher Klarheit deutlich und ließ sich auf keine weitere Diskussion ein. Was er suchte, war die Austernlinie, nichts anderes. Als sich dann noch herausstellte, dass das Syndikat ihnen nur eine zeitlich begrenzte Option gewähren und dafür 3.000 Pfund haben wollte, wurde Merensky richtiggehend ärgerlich. Für ihn, diesen von Natur aus liebenswürdigen Menschen, war das ein ungewöhnliches Verhalten. Er zeigte seinen Unmut. Die geforderte Summe war exorbitant, zumal in diesem *claim* noch kein einziger Diamant gefunden worden war. Merensky empfand dieses Angebot als völlig deplaciert und überteuert, was er auch deutlich sagte und es dann schroff ablehnte, das Gespräch mit den Syndikatsmitgliedern weiterzuführen.

Völlig anders verlief dagegen der Besuch bei Rabinowitz. Dieser quirlige, gesprächige Mann erzählte ihm gern und ausführlich alles, was mit seinem Diamantenfund zu tun hatte. Merensky ließ ihn gewähren und war dann plötzlich überrascht und sofort hellwach, als Rabinowitz Austernschalen erwähnte, die er in seinen Schürfgräben beobachtet hatte. Merensky ließ sich nichts anmerken, bestand aber darauf, dass Rabinowitz mit ihm in die Gräben hinabstieg und ihm auf den Zentimeter genau die Stellen zeigte, an denen er die Diamanten gefunden hatte. Es war eine Schicht aus groben Geröllen und zerbrochenen Austernschalen, die direkt dem harten Fels auflag, der den Boden der Gräben bildete. Merensky fand noch viele von diesen Austernschalen – es waren Schalen der *Ostrea prismatica*!

In solchen Situationen war Merensky extrem beherrscht und ließ keinerlei Emotionen erkennen. Weder Rabinowitz noch Merenskys Mitarbeiter bemerkten, dass dies eine entscheidende Minute der Prospektionskampagne war. Und doch war es so! In dem Moment, als Merensky im Schürfgraben kniete und Rabinowitz mit dem Finger auf die aus der Seitenwand herausragenden Austernschalen zeigte und sagte: „Hier, zwischen solchen Schalen haben die Diamanten gesteckt, ist das nicht merkwürdig?", wusste Merensky zweierlei: Erstens, dass es tatsächlich Zusammenschwemmungen von Austernschalen und Diamanten gab und dass seine Diamantentheorie damit bewiesen war und zweitens, dass er im Namaqualand Diamanten finden würde!

Ob der Fundort von Rabinowitz der ideale Ausgangspunkt für eine vertiefte Prospektion war, konnte er im Moment nicht abschätzen. Möglicherweise waren die Aussichten, einen längeren, intakten Streifen einer Austernlinie zu finden, an anderen Stellen größer. Er dachte da vor allem an hochgelegene Dünengebiete, die näher am Meer lagen, z. B. an die Alexanderbucht. Und so wurde diese sein nächstes Besuchsziel.

Dort hatten Caplan und seine Crew inzwischen nahe am Ufer erfolgreich geschürft. Als Merensky dem Syndikat einen Besuch abstattete, zeigte man ihm einen gelben Diamanten, den man gerade gefunden hatte. Er wog vier Karat. Merensky war davon jedoch kaum beeindruckt.

Das Team arbeitete unten an der Wasserlinie, besaß aber auch Optionen für Areale, die sich von der Uferlinie aus flussaufwärts hinzogen und die man noch nicht bearbeitet hatte. Merensky erbat die Erlaubnis, sich im Gelände umschauen zu dürfen und inspizierte die Parzellen dann gründlich, insbesondere die landeinwärts und höher über dem Meeresspiegel liegenden *claims*. Immer wieder nahm er Bodenproben und untersuchte sie unter der Lupe. Mehrfach beobachtete er in den Sanden winzige Spuren von zerriebenen Austernschalen. An einigen Stellen grub er deshalb mit dem Handspaten etwas tiefer und stellte mit Befriedigung fest, dass auch da die Sande mit Austernschalen durchsetzt waren. Ihr Auftreten war also kein an die Oberfläche gebundenes Phänomen. Die Gesamtsituation erschien ihm günstig und so entschloss er sich, die Arbeiten in diesem Gebiet zu beginnen.

Sie unterbreiteten den Caplan-Brüdern ein Angebot, sich an ihrem Syndikat zu beteiligen. Die Caplans zeigten sich dazu bereit und man entschied, die Verträge in einigen Tagen zu unterschreiben. Nachdem das geklärt war, wollte Merensky möglichst viele Landstücke, auf denen er Austernbruchstücke beobachtet hatte, an sich bringen. Er fuhr zurück nach *Port Nolloth* und erkundete den augenblicklichen Stand der Vergabe von Optionen in der Alexanderbucht. Am Neujahrsmorgen 1927 war er wieder zurück und steckte zusammen mit Reuning alle Flächen ab, die noch nicht belegt waren. Die nächsten beiden Tage verbrachte Merensky mit einer sehr gründlichen Untersuchung dieser Areale. Dabei wuchs seine Zuversicht, dass er hier fündig werden könnte.

Am 4. Januar setzten Merensky und Reuning sich dann mit dem Caplan'schen Syndikat zusammen, um den verabredeten Beteiligungsvertrag zu unterzeichnen. Dazu kam es aber nicht, denn das Syndikat stellte jetzt für Merensky völlig unerwartet neue Forderungen. Sie betrafen nicht die finanzielle Seite, sondern den Arbeitsplan. Das tagelange Herumlaufen von Merensky auf den landeinwärts gelegenen Parzellen und sein ständiges Betrachten von Bodenproben unter der Lupe hatte die Mitarbeiter von Caplan genervt. Die Syndikatsmitglieder hatten nämlich dezidierte Vorstellungen, weshalb sie die Merensky-Gruppe beteiligen wollten und wie das zu geschehen hätte. Einerseits war das Syndikat finanziell schwach und brauchte Geld für kleine Maschinen und mechanische Siebe. Auch hätte man gern einen Fachmann mit dem Können und Wissen Merenskys bei sich gewusst. Andererseits wollte man in keinem Fall vom bisherigen Arbeitsstil abgehen und vor allem wollte man wie bisher ausschließlich unten am Ufersaum arbeiten.

Für Merensky war das völlig inakzeptabel. Immer wieder wies er darauf hin, dass die landeinwärts gelegenen Landstücke seiner Meinung nach aussichtsreicher wären. Das Vertrauen der Caplan'schen Mannschaft in Merenskys Können ging jedoch nicht so weit, sich umstimmen zu lassen. Als deutlich wurde, dass die Verhandlungen in eine Sackgasse geraten waren, bat Dr. Reunning, der sich als gewandter Verhandler erwies, um eine Unterbrechung. Beide Seiten sollten die Situation noch einmal in Ruhe überdenken. Merensky und Dr. Reuning marschierten ein Stück am Ufer entlang und besprachen sich. Ein Eingehen auf den Arbeitsplan des Syndikats kam für Merensky in keinem Fall infrage, selbst dann nicht, wenn das Syndikat sich bereit erklären würde, ihm etwas mehr Freiheit zu lassen. Ein definitiver Abbruch der Verhandlungen und die Suche nach anderen Lokalitäten erschien ihm dann besser. Bevor man es soweit kommen ließ, wollte man aber doch noch versuchen, ob man das Syndikat nicht insgesamt aufkaufen konnte. Wie schon erwähnt, ist so etwas im Frühstadium der Prospektion letztlich nur eine Frage des Preises. Hier kam noch hinzu, dass die Syndikatsmitglieder offenbar bereits gemerkt hatten, dass ihre bescheidene finanzielle Ausstattung ein Handicap war. Dr. Reuning und Merensky beschlossen also, mit getrennten Rollen zu agieren. Reuning sollte die Gesprächsführung übernehmen. Merensky, der von sich einmal gesagt hat, „die Fähigkeit zu feilschen, geht mir völlig ab", sollte sich zunächst zurückhalten, um dann in einem günstigen Moment überraschend ein Übernahmeangebot zu unterbreiten.

So geschah es. Das Gespräch wurde wieder aufgenommen, und Reuning spielte seinen Part überaus geschickt. Er machte von Anfang an klar, dass für Merensky eine Teilnahme an den Arbeiten an der jetzigen Lokalität nicht infrage kam. Es lief also auf einen Gesprächsabbruch zu. Reuning ließ es aber nicht so weit kommen, sondern räumte rechtzeitig ein, dass er viel Verständnis dafür habe, dass die Syndikatsmitglieder dort weiterarbeiten wollten, wo sie ja schon Diamanten gefunden hätten – nur würden sie dazu eben mehr Geld benötigen sowie eine bessere technische Ausrüstung. Das Gespräch ging weiter und drehte sich im Kreise. Als alles mehrfach gesagt worden war und die ersten Ermüdungserscheinungen sichtbar wurden, schaltete Merensky sich ein. Mit leiser Stimme, so als ob er selbst nicht daran glauben würde, was er da von sich gab, sagte er: „Also, wie ich das sehe, wäre es wahrscheinlich das Beste, wenn wir Ihnen ein Angebot zur Übernahme des gesamten Syndikats machen und Sie auszahlen würden.“ Dabei machte er eine vage Handbewegung, als ob er das, was er eben gesagt hatte, sofort wieder zurücknehmen wolle, weil es so unsinnig war. Dr. Reuning zeigte sich völlig überrascht und schien nicht zu wissen, was er sagen sollte. Noch überraschter waren aber Caplan und seine Leute. Damit hatten sie nicht gerechnet. Und da sie so perplex waren, legte Merensky nach und sagte mit der gleichen zweifelnden Stimme: „Man müsste dann alle Rechte übernehmen, auch die noch nicht verkauften Diamanten und auch die vorhandenen Siebe und das sonstige Material. Dann könnten Sie ihren ursprünglichen Einsatz mit dem Verkaufspreis vergleichen und entscheiden, ob das für Sie interessant ist.“ Und dann kam wieder diese vage, selbstzweiflerische Handbewegung, die das eben Gesagte wegwischen wollte.

Nun war es an Caplan, eine Auszeit zu verlangen. Dr. Reuning und Merensky gingen nach draußen und ließen das Syndikat beraten. Als die beiden zurückkamen, war die Entscheidung bereits gefallen. Caplan und seine Kollegen erklärten sich bereit, das Syndikat für 20.000 Pfund zu übereignen. Es folgte ein kurzer Handel. Dr. Reuning bot 15.000 Pfund, erneute Diskussion unter den Syndikatsmitgliedern und dann Einigung auf 17.500 Pfund für alle Optionen, sowohl für die am Ufersaum als auch für die flussaufwärts am Oranje-Fluss gelegenen Flächen. Das alles ging erstaunlich schnell und viel einfacher als Merensky und Dr. Reuning gedacht hatten. Man hatte das Gefühl, dass die Syndikatsmitglieder plötzlich froh waren, die Ungewissheiten von sich abschütteln und mit einem letztlich nicht unbeträchtlichen Gewinn nach Hause gehen zu können.

Der Vertrag wurde schnell aufgesetzt und sofort unterschrieben. Er betraf insgesamt 22 Optionsflächen. Als alles fertig war, bemerkte man, dass man ein Gebiet auf einer Flussterrasse vergessen hatte. Ursprünglich war dieses Areal von einem Sucher namens van Wyk abgesteckt worden. Dieser hatte für die Option eine halbe Krone gezahlt, das Geländestück aber noch am gleichen Tage für 15 Pfund an Caplan weitergegeben. Caple Caplan, der nach Abschluss der Transaktion richtiggehend gelöst war, überließ Merensky den Claim gratis – „als Weihnachtsgeschenk“ wie er sagte. Wenige Wochen später wurde dieser Geländestreifen unter den Händen von Merensky zu einem der reichsten Diamantenclaims, die man in Afrika je gesehen hatte.

Als Merensky die Unterschrift leistete, war ihm ein wenig schwummrig zu Mute. Der Kaufpreis von 17.500 Pfund stellte eine riesige Summe dar, die er nicht besaß. Er hatte zwar eine Zahlungsfrist von einem Monat, aber im Moment wusste er nicht, wo er das Geld herholen sollte. Die 1.000 Pfund, die er von Ignatius Dessau bekommen hatte, waren bereits angebrochen, um den Leihwagen, das Benzin und die Prospektionsgeräte zu bezahlen und um Dr. Reuning und die Mitarbeiter zu entlohnen. Weitere 4.000 Pfund hatte Dessau zwar angekündigt, noch größere Beträge wollte er aber erst dann bewilligen, „wenn erste vielversprechende Resultate vorlagen". Merensky bezweifelte, dass er Dessau im derzeitigen Stadium weitere Beträge entlocken könnte und so war klar, dass er eiligst nach Johannesburg zurückkehren musste, um neue Geldgeber aufzutreiben. Andererseits kann man nicht sagen, dass Merensky in diesem Moment ein „Vabanquespiel" betrieb. Seit der Besichtigung der Schürfgräben von Rabinowitz war für ihn mit absoluter Sicherheit erwiesen, dass die „Austernlinie" tatsächlich existierte. Er besaß damit gegenüber allen anderen Suchern einen riesigen Wissensvorsprung, den er nutzen konnte. Aus seiner Sicht war das Risiko begrenzt.

Bevor Merensky nach Johannesburg aufbrach, musste er noch die Arbeit für Dr. Reuning und die Mitstreiter organisieren. Es folgten zwei harte Arbeitstage. Wie sich später zeigen sollte, waren sie für den Ausgang der Diamantenkampagne entscheidend; aber nicht nur das, sie entschieden auch über das zukünftige Leben Merenskys und waren zudem für ganz Südafrika bedeutungsvoll. Merensky steckte zunächst eine Linie ab, die die Zone kennzeichnete, in der die meisten Austernbruchstücke lagen. Dann prüfte er, auf den Knien rutschend, zwei Tage lang Meter für Meter die gesamte Zone. Immer wieder nahm er Boden- oder Sandproben in die Hand und studierte sie unter der Lupe. Schließlich kennzeichnete er die Stellen, an denen quer zu der Zone Schürfgräben angelegt werden sollten.

Merensky wusste, dass er sich dabei an einem Spiel mit mehreren Unbekannten versuchte. Er glaubte zwar fest daran, dass irgendwo im Untergrund zusammengespülte, mit Diamanten gespickte Austernsäume liegen mussten – aber, wie gesagt, „irgendwo". Ob die kleinen, zerriebenen Schalenreste, die er oberflächennah beobachtet hatte, tatsächlich zu einer tiefer liegenden Ansammlung von Austernschalen gehörten, wusste er dagegen nicht. Das war ein Risiko, das er eingehen musste. Sein Gefühl sagte ihm aber, dass dort, wo Austernbruchstücke gehäuft auftreten, zumindest die eine oder andere intakte Austernansammlung nicht fern sein konnte. Allerdings rechnete er damit, dass es längere Zeit dauern könne, bis man die Austernlinie finden würde.

Nach der Festlegung der verschiedenen Grabungslinien wurde der Arbeitsablauf geregelt. Zusammen mit Dr. Reuning blieben ein Vermessungsingenieur, die beiden Brüder Jan und Theunis Coetzee, die man aus dem Caplan'schen Team übernommen hatte, sowie ein Vorarbeiter und 12 farbige Arbeiter zurück. Man verabredete, dass die Brüder, die erfahrene Schürfer waren, oben auf der Hochterrasse, wo Merensky die Austernlinie vermutete, arbeiten sollten. Währenddessen sollten der Vorarbeiter und seine Mannschaft am Ufersaum tätig sein. Vielleicht konnten einige dort gefundene Diamanten helfen, die laufenden Arbeiten zu finanzieren. Das große Geld, nämlich die 17.500 Pfund, musste Merensky dagegen in Johannesburg auftreiben. Nachdem dies alles verabredet war, brach Merensky nach Johannesburg auf. Es war der 7. Januar 1927.

In der Alexanderbucht gingen die Arbeiten nur langsam voran. Wie sich herausstellte, hatte man nicht genügend Arbeitsmaterial, und die zur Verfügung stehenden Siebe waren nicht optimal.

Am 14. Januar saß Reuning kurz vor Sonnenuntergang mit einigen Besuchern in seinem Zelt, als Theunis Coetzee hereinschaute und ihm zunickte. Nachdem Reuning die Gäste hastig verabschiedete hatte, kam Coetzee ins Zelt herein. Reuning schaute ihn fragend an: „Was gibt es?" Coetzee zog wortlos einen alten Tabaksbeutel hervor und schüttete den Inhalt auf den Tisch – acht große, wunderschöne Diamanten rollten über die Platte. Reuning schnappte buchstäblich nach Luft – die Szene ist belegt, Theunis Coetzee hat sie später oft erzählt. „Austernlinie?" fragte Reuning schwer atmend. Coetzee nickte: „Austernlinie". Dann griff Reuning nach

Abb. 16. Zusammengespülte Austernschalen der „Austernlinie".

der Edelsteinwaage und wog die Steine. Das Gesamtgewicht betrug 50 Karat. Der größte Stein wog 16,6 Karat. Das war ein riesiger Diamant. Um sich die Größe dieses Steins vorzustellen, muss man sich daran erinnern, dass das spezifische Gewicht der Diamanten 3,52 beträgt. Dieser Stein hatte also einen Rauminhalt von fast einem Kubikzentimeter. Das ist enorm. Reuning hatte einen Stein von dieser Größe selbst noch nie gefunden. Aber nicht nur das – alle acht Steine waren von außergewöhnlicher Schönheit!

Da es bereits zu dunkeln begann, verzichtete Reuning darauf, den Schürfgraben noch am gleichen Abend zu untersuchen. Hätte man jetzt bei künstlicher Beleuchtung gearbeitet, wäre das zu auffällig gewesen. Geheimhaltung, so lange es irgendwie ging, war von nun an oberstes Gebot. Auch die Coetzee-Brüder wussten das.

Am nächsten Morgen stiegen die drei zur Hochterrasse hinauf, um den Schürfgraben genauer zu untersuchen. Dr. Reuning war kaum in den Graben hinabgestiegen, da hatte er bereits einen großen Diamanten in der Hand. Die Brüder Coetzee waren auf der Sohle des Grabens tatsächlich auf eine dicke Lage von Austernschalen gestoßen und zwischen diesen Schalen steckten immer wieder einzelne Diamanten! Es erschien fast unwirklich. So erfahren Dr. Reuning in der Diamantenprospektion auch war, dieses Phänomen des gemeinsamen Auftretens von fossilen Austernschalen und Diamanten hatte er sich nicht vorstellen können.

Am selben Tag schrieb Dr. Reuning an Merensky, dass die Austernlinie gefunden und so reich an Diamanten sei, dass man fest damit rechnen könne, bis zum Monatsende genügend Steine geborgen zu haben, um den mit Caplan verabredeten Kaufpreis mühelos begleichen zu können. Wie verabredet verschickte Reuning den Brief in einem doppelten Umschlag, von dem der äußere eine Deckadresse trug, nämlich den Namen eines der Büromitarbeiter von Merensky. Dieser war aber geschäftlich unterwegs, und so lag der Brief ungeöffnet fast zwei Wochen in Merenskys Büro auf dem falschen Schreibtisch, was für Merensky sehr unangenehme Folgen hatte. Er hatte stark darauf gehofft, irgendeine positive Nachricht von der Alexanderbucht zu bekommen, die ihm bei seinen finanziellen Planungen Erleichterung verschafft hätte. Nun war bald der halbe Monat um, und er musste nach einer anderen Finanzierung suchen.

Dann bekam er Nachricht von Ignatius Dessau, dem er telegraphisch von seinen Abmachungen und Plänen berichtet hatte. Und es trat das ein, was er befürchtet hatte. Dessau hielt den Erwerb von *claims* für 17.500 Pfund, von denen noch so wenig bekannt war, für überteuert. Wenn er dann noch die Betriebs-, Reise- und Personalkosten für die nächsten Monate hinzurechnete, kam er auf Beträge, die er nicht zu investieren bereit war. Da schienen ihm die Gewinnaussichten in den bulgarischen Blei-Zink-Lagerstätten doch attraktiver. Er zog das Angebot zurück, sich im Namaqualand zu beteiligen. Die Ähnlichkeit mit der Situation zu Beginn der Platinprospektion vor zweieinhalb Jahren war unübersehbar. Hier kam der Rückzieher allerdings von einem im Bergbau und mit *start-up*-Unternehmen erfahrenen Financier. Es war unverständlich, vor allem wenn man bedachte, dass Ignatius Dessau den geologischen Spürsinn Merenskys kannte.

Für Merensky wurde die Beschaffung einer Finanzierung nun dringend. Allerdings kann man nicht sagen, dass er in einer Klemme steckte. Dafür war die Situation, verglichen zu der zu Beginn der Platinprospektion, doch zu verschieden. Er musste z. B. bei der Suche nach Geldgebern nicht mit verdeckten Karten spielen, denn jedermann wusste, dass im Namaqualand nach Diamanten gesucht wurde. Zudem gab es genügend finanzstarke Persönlichkeiten, die Merensky jederzeit einen neuen, großen Prospektionserfolg zutrauten und deshalb bereit waren, Risikokapital zur Verfügung zu stellen.

Und so kam es dann Ende Januar zur Gründung der *H. M. Association* mit einem Kapital von 50.000 Pfund. Sie hatte drei Teilhaber. Der erste war Sir Julius Jeppe, der 12.500 Pfund zeichnete. Mit seiner Beteiligung schloss sich für Merensky ein Beziehungskreis, der mit seinem Vater und mit Karl Mauch 60 Jahre zuvor begonnen hatte. Sir Julius Jeppe war nämlich ein Neffe jenes Friedrich Heinrich Jeppe (1834–1898), der um 1868 Generalpostmeister von Transvaal gewesen war und gleichzeitig als Kartograph gewirkt hatte. Unter Mithilfe des Missionars Merensky fasste er die vielen Ortsbestimmungen und Skizzen Karl Mauchs in einer Karte von Transvaal zusammen. Es war die erste Karte des Landes und erschien 1868 in „Petermanns Geographische Mitteilungen“ in Gotha. Später folgten noch eine ganze Reihe von Neuauflagen. Der Neffe, der sich jetzt mit Merensky zusammentat, hatte als Zehnjähriger Karl Mauch noch in seinem Elternhaus erlebt. Jetzt, im Alter, war er Chairman einer der großen landbesitzenden Gesellschaften, der *South African Townships, Mining and Financial Company*, und Partner von Sir Abe Bailey, einem der legendären Pioniere aus der Frühzeit der Entdeckung des Goldes am *Witwatersrand*. Einige Zeit später eröffnete Sir Julius Jeppe Merensky dann auch, dass er im Auftrag und mit Geld von Sir Abe Bailey bei ihm eingestiegen wäre. So etwas war durchaus üblich, denn man wollte stets vermeiden, durch die frühzeitige Nennung des Namens eines Bergbaumagnaten Unruhe in den Markt zu bringen.

Der zweite Teilhaber, der ebenfalls 12.500 Pfund einschoss, war Gustav Becker. Er war einer von Merenskys Freunden aus den schweren Jahren unmittelbar nach dem Krieg und später, zusammen mit Olthaver, einer der Partner beim Platin-Deal. Becker gehörte zu denjenigen, die Merensky jederzeit eine neue Lagerstättenentdeckung zutrauten. Es brauchte ja nicht immer etwas so großartiges wie das Merensky-*Reef* zu sein. Auch wenn es eine Nummer kleiner gewesen wäre, Gustav Becker hätte sich daran beteiligt, denn er fühlte sich Merensky verpflichtet. Er hatte mit seinen Platinspekulationen ungeheuer viel Geld verdient und hatte es gleichzeitig bedauert, sehen zu müssen, dass Merensky für sich persönlich beim Platinboom nicht so erfolgreich abgeschnitten hatte.

Der dritte Partner im Syndikat war Merensky selbst. Er erhielt 20.000 Anteile als Entdecker- und Verkaufsprämie und zahlte weitere 5.000 Pfund in bar ein. Das war das letzte ihm verbliebene Geld. Insgesamt besaß Merensky also 50 % der Anteile des Syndikats. Als er Anfang Februar zur Alexanderbucht aufbrach, hatte er 30.000 Pfund in bar zur Verfügung, genug, um sowohl die Ansprüche der Caplans als auch die eigenen Arbeitskosten für viele Monate bezahlen zu können. Es ist schwer abzuschätzen, wie die Dinge sich wohl entwickelt hätten, wenn Merensky etwas früher von der Entdeckung der Austernlinie erfahren hätte. Sicher ist, dass er dann nicht darauf angewiesen gewesen wäre, Partner in das Syndikat hereinzunehmen. Ob das für ihn günstig gewesen wäre, mag dahingestellt bleiben. Wie noch geschildert werden wird, kam das Syndikat nämlich bald danach in politisch bedingte Schwierigkeiten, und es ist nicht sicher, ob Merensky als Einzelbesitzer diese Probleme hätte besser durchstehen können.

In der Alexanderbucht hatte sich, als Merensky schließlich eintraf, Gewaltiges getan. Dr. Reuning hatte die Coetzee-Brüder zunächst in dem Schürfgraben weiterarbeiten lassen, in dem sie die ersten Diamanten sichergestellt hatten. Er, der die Idee der Austernlinie vorher so vehement abgelehnt hatte, war inzwischen selbst Meter für Meter auf den Knien durch das Gelände gekrochen, nicht aus Reue, sondern um Indikationen zur Festlegung weiterer Schürfgräben zu finden. Es war zu vermuten, dass die Austernlinie, die hoch über der gegenwärtigen Uferlinie lag, in etwa parallel zur Wasserlinie verlaufen würde. Die Schürfgräben mussten also quer dazu angelegt werden. Nach knapp einer Woche war Reuning soweit und steckte etwa 450 m vom ersten Fundort entfernt eine neue Grabungslinie ab. Die Arbeit begann dort am Nachmittag des 21. Januar. Bereits am Abend hatte man 114 Diamanten von insgesamt 201,4 Karat gefunden. Nun wurden parallel dazu weitere Gräben angelegt. Alle Arbeiter wurden von den Grabungen unten am Meer abgezogen und auf die neuen Schürfgräben verteilt. Manchmal gab es einen etwas schlechteren Tag, die meisten Tage waren aber gut und brachten eine Ausbeute von 150 und mehr Steinen. Meist waren dann auch etwa 10 Steine dabei, die über 10 Karat wogen. Der größte Stein, den sie fanden, hatte ein Gewicht von nicht weniger als 71,1 Karat, das sind 14,2 g!

Höhepunkt waren jedoch die Funde, die auf dem kleinen Areal gemacht wurden, welches Caple Caplan am Schluss der Verhandlungen Merensky als „Weihnachtsgeschenk“ überlassen hatte. Aus einem der Schürfgräben hievten die Arbeiter einen riesigen flachen Stein heraus, der sich, als man ihn oben hatte, als ein Klumpen von verbackenen Diamanten erwies. Es waren 487 Stück.

Es war eine fast unglaubliche Menge von Steinen, die Reuning und seine Mannschaft in nur 4 Wochen bergen konnte: Insgesamt waren es 2762 Steine mit einem Gewicht von 4.308,9 Karat, viele davon sehr groß, in voll ausgebildeter Kristallform, nicht abgerollt und ganz augenscheinlich von allerersten Qualität.

Als Merensky bei seiner Ankunft gewahr wurde, was sich während seiner Abwesenheit abgespielt hatte, war er verblüfft. So etwas hatte er nicht für möglich gehalten. Noch nie in seiner langen Laufbahn als prospektierender Geologe hatte er eine so riesige Ansammlung von Diamanten gesehen. Vor allem überraschte ihn der hohe Anteil von Steinen in ausgezeichneter Schmuckqualität.

Wie immer, wenn es um die Sicherung von Ansprüchen ging, war Merensky hellwach und reagierte schnell. Jetzt war nicht mehr die Zeit zu graben und nach Austernbruchstücken zu suchen. Jetzt kam es wieder einmal auf jede Stunde an, denn ein solcher Fund ließ sich nicht geheim halten. Jetzt würde ein *run* auf die Alexanderbucht erfolgen, und da diese bereits mit Optionen belegt war, würden die Sucher in den nächsten Tagen ihre Pflöcke in allen angrenzenden, freien Landstücken einschlagen. Entsprechend handelte Merensky. Dr. Reuning und ein anderer Mitarbeiter, die sich im Gelände mittlerweile auskannten, wurden losgeschickt, um nachzuprüfen, ob in der weiteren Umgebung des Oranje-Flusses noch irgendeine Stelle war, die man beim Abstecken der *claims* übersehen hatte. Gleichzeitig wurde der Prospektor Busschau, der Anfang Dezember nicht zur Verfügung gestanden hatte, telegraphisch herbeizitiert. Drei Tage später übernahm er in seiner von viel Erfahrung geprägten, umsichtigen Art die Leitung der Arbeiten in den Schürfgräben.

Merensky war sich zu diesem Zeitpunkt bereits vollkommen bewusst, dass es sich hier nicht nur um eine Ansammlung von wunderschönen Steinen handelte, sondern dass seiner Mannschaft ein im wörtlichen Sinne außergewöhnlicher Fund gelungen war. Wenige Wochen später, als die Zahl der gefundenen Steine immer weiter anschwoll, wurde klar, dass sie mit diesem Fund Geschichte geschrieben hatten. Die Austernlinie hatte sich zur größten jemals entdeckten Seifenlagerstätte von Diamanten entwickelt. Aber nicht nur das, noch gewichtiger war, dass der prozentuale Anteil an edlen Schmuckdiamanten hier größer war als in jeder anderen Diamantenlagerstätte Afrikas.

Die Erfolgssträhne Merenskys war sagenhaft. Vor zweieinhalb Jahren hatte er die größte Platinlagerstätte der Welt identifiziert. Dann war sein persönliches Vermögen fast schon wieder auf Null zusammengeschrumpft und jetzt, im Januar 1927, hatten er und seine Mitarbeiter die größte Diamantenseife der Welt gefunden. Um das zu schaffen, hatte er seinen Willen gegenüber Geldgebern und Mitarbeitern durchsetzen müssen. Nur so war es ihm gelungen, an der Stelle zu schürfen, die ihm optimal erschien und die ihm schließlich das brachte, wovon er 18 Jahre lang geträumt hatte. Es war eine Erfolgsgeschichte ohne Beispiel!

Und doch war diese Entdeckungsgeschichte nicht so unglaublich, wie man meinen möchte. Denn 25 Jahre zuvor war sie schon einmal niedergeschrieben worden. Wohlgemerkt, nicht als Tatsachenbericht, sondern als phantasievolle Erfindung eines großen Schriftstellers, der damit die Weltliteratur bereichert hat. Es ist die Erzählung „Wie vor alters zog die Argo ...“ von Jack London.

E-8 „Wie von alters zog die Argo ...“

Am Ende des Kapitels über die Diamantenfunde im Namaqualand wurde angedeutet, dass die Geschichte der Entdeckungen des Hans Merensky nicht ganz so singulär ist, wie es im ersten Moment erscheinen mag. Tatsächlich hat Jack London etwa 25 Jahre, bevor Merensky seine großartigen Funde gemacht hat, eine Goldgräbergeschichte mit dem oben genannten Titel geschrieben, deren Inhalt eine verblüffende Ähnlichkeit mit dem Ablauf der Entdeckung des Platins und der Diamanten im *Bushveld* beziehungsweise der Alexanderbucht aufweist. Diese Erzählung ist jedoch kein Tatsachenbericht, sondern eine erfundene Geschichte. Das verlangt nach einigen Reflexionen.

Hier zunächst eine geraffte Zusammenfassung der Erzählung von Jack London: Hauptperson ist ein John Tarwater, der 1849 als 22-Jähriger, vom Goldfieber gepackt, von Michigan nach Kalifornien aufbricht und dort als Goldgräber zu Wohlstand kommt. Später verliert er sein Vermögen und seine Farm aufgrund misslungener Spekulationen, und auch sonst erweist er sich in geschäftlichen Dingen als höchst ungeschickt. Es folgen Jahrzehnte, die er in Armut und unwürdiger Abhängigkeit lebt. Trotzdem besitzt er einen ungebrochenen Optimismus. Er ist fest davon überzeugt, dass er, wenn er noch einmal bei einem *gold-rush* dabei sein könnte, als Goldwäscher wiederum erfolgreich sein würde. Und nicht nur das, auch seinen früheren Besitz könnte er dann wiedererlangen. Es kommt der Sommer 1897, in dem in Alaska Gold gefunden wird. John Tarwater ist inzwischen 70 Jahre alt und wäre den in Alaska zu erwartenden Strapazen mit Sicherheit nicht mehr gewachsen. Zudem fehlen ihm sowohl das Reisegeld als auch der noch viel größere Betrag, der für die Beschaffung von Lebensmitteln und einer Ausrüstung nötig wäre. In Alaska herrschen inzwischen nämlich chaotische Zustände, und da der Winter vor der Tür steht, wird jeder, der keine Lebensmittel und keine Ausrüstung mitbringt, von den Behörden abgefangen und zurückgeschickt. Trotzdem bricht Tarwater nach Alaska auf und schafft es, ohne Geld und ohne Ausrüstung ins Innere bis in die Nähe der Goldfelder zu gelangen. Den Winter verbringt er, zum Skelett abgemagert und von Skorbut gequält, in einem abgelegenen Tal, wo er einem Team von fünf Goldwäschern, die dort arbeiteten, in ihrem primitiven Blockhaus den Haushalt führt. Wegen seines unermüdlichen Fleißes und seines hohen „Unterhaltungswertes“ (er kennt unendlich viele Geschichten aus der „alten“ Goldgräberzeit und singt ständig das alte Kampflied der 49er „Wie von alters zog die Argo...“) ist er wohlgelitten. Mehrfach bietet man ihm an, auch für ihn einen *claim* abzustecken. Mit etwas Glück könnte er darin Gold im Wert bis zu 100.000 $ erschürfen. Tarwater lehnt das stets ab. Um seine Besitzungen zurückkaufen zu können, müsste er nämlich mindestens 300.000 $ erschürfen. Und im Übrigen wolle er auch nicht im Tal arbeiten, sondern oben an den Hängen, wo sich auf der gegenüberliegenden Talseite die Andeutung einer älteren Flussterrasse abzeichnet. Als das Frühjahr kommt und der Schnee wegtaut, schleppt er seine müden Knochen hinauf zu der alten Flussterrasse, reißt einige Grasbüschel heraus und

– siehe da – die Wurzeln hängen voll von Goldklümpchen. Einige Monate später verkauft er seine *claims* für eine halbe Million Dollar und kehrt nach Kalifornien zurück ...

Nun zu Jack London: Er war eines der ganz großen Erzählertalente zu Beginn des 20. Jahrhunderts. In seinem relativ kurzen Leben ist er weit herumgekommen, von der Südsee bis Alaska und kreuz und quer durch die Vereinigten Staaten. Er hat dabei in den unterschiedlichsten Milieus gelebt, als Fabrikarbeiter, als Matrose, als Goldgräber, als Tramp und Vagabund, als Student und sozialistischer Politiker. Zugleich war er ein hervorragender Beobachter seiner Umwelt, deren Einzelheiten er mit einem fast photographischen Gedächtnis speicherte. Wenn er schrieb, konnte er aus einem geradezu unglaublichen Fundus von subtilen Beobachtungen schöpfen. So strotzen seine Alaskageschichten von Details zur Technik der Goldprospektion. Einige Abschnitte aus seinen Erzählungen könnte man, so wie sie sind, in jedes Handbuch der Prospektion übernehmen.

Jack London war in gleicher Weise auch ein ausgezeichneter Beobachter der menschlichen Psyche. Er war ein Schriftsteller, der sich für die Menschen interessierte, für ihre Charaktere und ihre Schicksale. Auf seinen Reisen war er mit Tausenden von Menschen aus allen nur denkbaren sozialen Schichten und den verschiedensten Hautfarben zusammengekommen und hatte ihre Sorgen, ihre Probleme, ihr Denken und ihre Wunschträume kennengelernt. Der Charaktertyp, der ihn wohl am stärksten fasziniert hat und der in vielen Varianten in seinen Erzählungen auftaucht, ist der des „Kämpfers“. Das ist der Mann, der um sein Überleben kämpft, erfolgreich oder auch nicht erfolgreich, oder auch der Mann, der unbeirrt auf ein selbstgesetztes Ziel hin arbeitet und auf dem Weg dorthin Leiden erträgt, die bis dicht an die Selbstvernichtung heranreichen. Eine dieser Gestalten ist sein John Tarwater. Dieser ist in geschäftlichen Dingen leichtsinnig, was sicherlich ein Defizit darstellt. In einer späteren Lebensphase verfolgt er jedoch sein Ziel, „wieder nach oben zu kommen“, mit einer Hartnäckigkeit, die ihresgleichen sucht. Diese Gestalt mag, so wie Jack London sie vor uns hinstellt, aus vielerlei Beobachtungen zusammengesetzt sein, letztlich ist sie aber „dem Leben abgelauscht“. Jack London hat aus seiner Kenntnis der menschlichen Psyche heraus einen Charaktertyp beschrieben, den es tatsächlich gibt und den man unter vergleichbaren Umständen immer wieder antreffen kann. Die Parallelen im Charakterbild des John Tarwater und der Person des Hans Merensky sind also kein merkwürdiger Zufall. Sie sind vielmehr eine Bestätigung der außerordentlichen Beobachtungsgabe des Erzählers Jack London.

14 Der Kampf um Abbaurechte

Merenskys schlimme Vorahnung bezüglich des Zustroms von Diamantensuchern sollte sich bewahrheiten. Nur, es war kein „Zustrom", sondern ein „Ansturm", und er war um vieles stärker als erwartet. Waren bisher schon unentwegt Leute ins Namaqualand gezogen und hatten hier oder dort versucht, einen *claim* zu ergattern und zu schürfen, so kamen jetzt geballte Massen von Suchern, die ganz andere Erwartungen hegten. Sie hatten gehört, dass an der Alexanderbucht einige „Glückspilze" innerhalb weniger Wochen Diamanten im Wert von vielen tausend Pfund ausgegraben hätten. Jetzt stürzten sich diese Massen auf die Alexanderbucht und den Küstenstreifen zwischen dem Oranje-Fluss und *Port Nolloth* und waren erstaunt und enttäuscht, als sie feststellen mussten, dass es in diesem Gebiet keine freien *claims* mehr gab.

Das war jedoch nur eine der kleineren Schwierigkeiten. Das eigentliche Problem war, dass diese Menschen weder die Erfahrung und den logistischen Rückhalt noch die Ausrüstung und Verpflegung hatten, um in der Wüste überleben zu können. Da waren Leute dabei, die allen Ernstes glaubten, ohne all das auskommen zu können. Sie wollten ja auch nicht lange bleiben. In der Alexanderbucht lagen – so meinten sie – die Diamanten im Sande herum. Man brauchte sie nur aufzusammeln. Zwei Wochen würden genügen, um für „alle Zeit ausgesorgt zu haben", und diese zwei Wochen würde man schon überstehen. Das war ein ganz anderer Typ von Diamantensuchern als die Männer, die als erste fündig geworden waren. Schürfer wie Captain Jack Carstens hatten monatelang in harter Arbeit Sand und Kies gesiebt. Sie hatten zumindest eine rudimentäre Ausrüstung und zudem in Port Nolloth einen wirtschaftlichen Rückhalt gehabt, der ihr Überleben sicherstellte. All das war bei dieser neuen Welle von Glücksrittern nicht der Fall. Und da die Wüste Leichtsinnigen gegenüber unbarmherzig ist, war hier eine humanitäre Katastrophe vorhersehbar.

Merensky fühlte sich – zu Recht oder Unrecht – für das, was sich da anbahnte, mitverantwortlich. Schließlich waren es seine Entdeckungen und sein Name, die diese zweite Welle von Suchern auf den Weg gebracht hatten. Und so tat er, was zu

Abb. 17. Zwei Entdecker die sich gut verstanden. Captain Jack Carstens (links), der im Juli 1926 die ersten Diamanten bei Port Nolloth fand und Hans Merensky, dem sieben Monate später die Entdeckung der Austernlinie gelang.

tun er als menschliche Pflicht empfand. Ohne anzuhalten fuhr er in einer zweitägigen Gewalttour nach Kapstadt, um die Regierung zu unterrichten. Nur sie war in der Lage, diesen Ansturm zu stoppen. Er musste alles versuchen, die Behörden zum Eingreifen zu bewegen.

Merensky traf am frühen Nachmittag in Kapstadt ein und fuhr direkt zum Parlamentsgebäude. Der Premierminister General Hertzog befand sich gerade in einer Besprechung mit Bergbauminister Beyers und Finanzminister Havenga. Hastig kritzelte Merensky mit Bleistift eine kurze Botschaft auf ein Blatt Papier: *„May I see you please. I have something of importance to tell you"*. Ein bemerkenswerter Vorgang. Merensky war durch die Entdeckung der Platinvorkommen eine so bekannte Persönlichkeit geworden, dass er jetzt, wenn es sich um fachliche Belange handelte, praktisch zu jeder Tageszeit und an jedem Ort zu jedem Politiker des Landes Zutritt verlangen konnte. Ein Parlamentsdiener brachte das Billet ins Besprechungszimmer.

General Hertzog kam alsbald heraus in die Lobby, freundlich lächelnd, aber doch sichtlich erstaunt, was es denn Wichtiges gäbe. Merensky schilderte in wenigen Sätzen die derzeitige Lage im Namaqualand und die sich abzeichnende Katastrophe. Der Ministerpräsident verstand sofort und handelte rasch. Der Oppositionsführer General Smuts wurde unterrichtet und eine Besprechung mit dem Bergbauminister Beyers und dem zuständigen Regierungsgeologen Pirow wurde anberaumt. Dort trug Merensky seine Befürchtungen noch einmal vor. Um seinen Worten Gewicht zu verleihen, fügte er einen Hinweis auf die Ereignisse in Lichtenburg und Ventersdorp hinzu. Dort hatte es im Jahr zuvor aufgrund von Diamantenfunden ähnliche *rushes* gegeben, allerdings an der Westgrenze Transvaals, in einem Gebiet, welches nicht ganz so wüstenhaft wie das Namaqualand war. Damals hatten die beiden Distrikte in kurzer Zeit den Ansturm von 50.000 weißen und 90.000 farbigen Diamantensuchern erlebt. Der Regierung war es nur unter Mühen gelungen, die allgemeine Ordnung aufrechtzuerhalten. Presseberichte über die Ereignisse gingen um die Welt, und selbst im fernen Deutschland berichtete die Frankfurter Zeitung darüber. Das waren also die Dimensionen, mit denen man für das Namaqualand zu rechnen hatte.

Merenskys Warnung war, wie sich bald zeigte, nur zu berechtigt. Mitte Februar stiegen nämlich die mächtigen Bergbaufirmen im großen Stil in Namaqualand ein. Innerhalb weniger Tage wechselten zahlreiche Farmen zwischen dem Oranje-Fluss und *Port Nolloth* den Besitzer. Aber nicht nur dort, sondern auch landeinwärts und 120 km südlich von *Port Nolloth* wurde Land aufgekauft. Diese massiven Käufe weckten auch den letzten noch Zögernden im Lande auf, denn nun war klar, dass es im Namaqualand „Schätze“ zu heben gab.

Über eine Woche diskutierte die Regierung ihre Vorgehensweise. Dann nahm sie das Heft in die Hand. Am 22. Februar erließ sie eine vorläufige Anordnung, mit der die Prospektion auf Diamanten bis auf weiteres untersagt wurde. Die Anordnung trat innerhalb von drei Tagen in Kraft. Den Diamantensuchern wurde eine Frist von acht Tagen eingeräumt, um die Kies- oder Sandberge, die sie schon aus ihren Schürfgräben herausgeschaufelt hatten, zu sieben und zu waschen. Dann mussten die Arbeiten definitiv eingestellt werden. Das Verbot betraf alle, auch die großen Syndikate.

Im Namaqualand gab es einen einhelligen Aufschrei. Die Empörung war gewaltig. Da waren die kleinen Sucher, die nur einen einzigen *claim* besaßen. Viele von ihnen hatten ihr gesamtes Vermögen in die Anreise und den Erwerb der Option gesteckt. Und da waren die großen Bergbaufirmen, die riesige Summen in ihren Schürfgebieten oder durch Landkäufe investiert hatten. Sie alle hatten finanzielle Vorleistungen erbracht und wurden nun daran gehindert, die erhoffte Rendite zu erwirtschaften.

Natürlich schürften die Sucher und die Syndikate bis zum letzten Moment. Da sie in den verbleibenden acht Tagen nur noch sieben und waschen, aber nicht mehr graben durften, schaufelte man nachts heimlich Schotter und Sand aus den Schürflöchern. Tagsüber versuchte man das Material zu waschen. Auch bei der *H. M.*

Association wurde bis zum letzten Augenblick gearbeitet, allerdings wusste man hier auf den halben Meter genau, welches Material von welcher Stelle noch unbedingt gesiebt und gewaschen werden musste. Als die Merensky-Mannschaft Ende Februar 1927 die Arbeiten einstellte, hatte sie seit dem Erstfund 6.890 Diamanten mit einem Gewicht von 12.549 Karat und einem Wert von 153.000 Pfund geborgen. Zur damaligen Zeit waren das etwas mehr als drei Mio. Mark.

Wie sich bald zeigte, hatte die Regierung den Wettlauf mit der Zeit verloren. Die Maßnahmen, die den Zuzug ins Namaqualand eindämmen sollten, blieben wirkungslos. Nach der Benachrichtigung des Ministerpräsidenten hatten zwischen der Regierung und verschiedenen Politikern intensive Gespräche stattgefunden. Sie betrafen nicht nur die Verhinderung der humanitären Katastrophe, sondern auch die Zukunft des Diamantenbergbaus im Namaqualand. Dabei waren sehr unterschiedliche Meinungen aufeinander geprallt, was Zeit gekostet hatte. Insgesamt vergingen bis zum Inkrafttreten der Verordnung und einschließlich der Karenz von acht Tagen mehr als drei Wochen. Das hatte ausgereicht, das Namaqualand nochmals mit Tausenden von Neuankömmlingen zu überschwemmen, darunter viele, die vorher schon in Armut gelebt hatten. Sie hatten für diesen Exodus ihr letztes Hab und Gut verkauft. Keiner von ihnen wollte wieder zurück. Viele konnten aber auch gar nicht mehr weg, da ihnen die Mittel für eine Rückreise fehlten. Alle wollten im Namaqualand bleiben und bestanden darauf, ihre Chance zum Schürfen zu bekommen, ungeachtet dessen, was die Behörden in Kapstadt beschlossen haben mochten.

Dann kündigte die Regierung an, innerhalb von zwei Monaten ein landesweit gültiges Gesetz bezüglich der Prospektion, der Abbaurechte und der Gewinnung von Diamanten und Edelsteinen zu verabschieden. Tatsächlich galten bis zu diesem Zeitpunkt in den einzelnen Provinzen jeweils eigene Bergbaugesetze. Sie enthielten zu bestimmten Sachverhalten unterschiedliche Regelungen. Die Folge waren gelegentliche Schwierigkeiten und manchmal auch ein leichtes Chaos. Diese Rechtsunsicherheit wollte die Regierung ein für alle Mal beseitigen. Die Ausgestaltung des Gesetzes wurde allerdings aus verschiedenen Richtungen her beeinflusst. Der Zustrom von Diamantensuchern im Namaqualand, so ungezügelt er auch sein mochte, war nicht mehr das Hauptproblem. Größere Sorge bereitete der Regierung inzwischen die überbordende Produktion hochkarätiger Diamanten im Gebiet der Alexanderbucht. Unterdessen waren nämlich die Diamanten des Merensky-Syndikats nach Kapstadt gebracht worden, wo man sie im Büro der *H. M. Association* besichtigen konnte. Diese Ausstellung wurde zur Sensation. Nie zuvor hatte jemand eine solche Ansammlung so großer und besonders edler Steine gesehen. Ihre Farben gingen vom reinsten Weiß oder Blauweiß zu wunderschön grünlichen, gelblichen oder rosa Tönungen. Hinzu kam, dass die Steine keinerlei Spuren einer „Abrollung“

durch einen wie auch immer gearteten Transport in Flüssen oder durch Meeresströmungen erkennen ließen. Im Gegenteil, viele dieser Diamanten zeigten ihre natürliche Kristallform in einer solchen Vollendung, dass man denken mochte, sie kämen geradewegs aus dem Atelier des begabtesten Diamantenschleifers.

Zu den Besuchern dieser Ausstellung zählten der Ministerpräsident, Kabinetts- und Parlamentsmitglieder, der Generalgouverneur mit seiner Familie, ausländische Diplomaten mit ihren Damen sowie zahlreiche Vertreter südafrikanischer Bergbaugesellschaften. Bei all diesen Betrachtern hinterließen die Steine einen ungeheuren Eindruck. Das war aber nur die erste Reaktion. Diejenigen, die etwas von der geschäftlichen Seite der Diamantenindustrie verstanden, erschraken. Diese kompakte Sammlung von hochwertigen Steinen war in so kurzer Zeit gewonnen worden, dass es beängstigend war. Wenn das so weiterging, musste das auf dem Weltmarkt zu einer Katastrophe führen. Sicherlich waren auch in früheren Jahren gelegentlich Steine mit einem Gewicht von 20 oder mehr Karat gefunden worden. Das waren aber, verteilt auf verschiedene Lagerstätten, nur 10 oder 20 Stück im Jahr gewesen. Hier aber waren innerhalb von fünf oder sechs Wochen mehrere hundert große Diamanten von erlesener Qualität geborgen worden. Es war unmöglich, eine solche Flut von hochwertigen Steinen in kurzer Zeit auf dem Weltmarkt abzusetzen. Im Klartext hieß das, wenn die Alexanderbucht weiterhin solche Mengen von hochkarätigen Diamanten liefern würde, dann musste das zum Zusammenbruch des Weltmarkts führen.

Der erste, der das in aller Deutlichkeit aussprach, war Sir David Harris, Vorsitzender des Diamantenkonzerns *De Beers* und zugleich Mitglied des Parlaments. Er galt dort als der allseits anerkannte Sprecher der Diamantenindustrie und ihrer Arbeitnehmerschaft. Seine Kenntnis der Mechanismen des Diamantenmarktes war unübertroffen. Es war klar, dass die Regierung die Besorgnis eines so kompetenten Mannes nicht überhören konnte. Immerhin finanzierte die Diamantenindustrie durch ihre Abgaben einen beträchtlichen Teil des Staatshaushaltes.

Die entscheidende Richtungsvorgabe für die Diamantenindustrie kam dann allerdings von Sir Ernest Oppenheimer. Er gehörte der jüngeren Generation an. Er war der einflussreiche Gründer der bedeutenden Goldbergbaufirma *Anglo-American* und hatte sich erst zu Beginn der 20er Jahre dem Diamantengeschäft zugewandt. Er war fest entschlossen, sich gegen jeden Preisverfall am Diamantenmarkt zu stemmen. Jedes Absinken der Preise hätte den Nimbus der Diamanten als „sichere Geldanlage“ unwiederbringlich zerstört. Seine Devise lautete deshalb: „Was auch an Steinen auf den Markt kommt, wir kaufen sie auf“. Für ihn war klar, die Diamanten aus der Alexanderbucht mussten zunächst auf Lager gelegt werden – vielleicht sogar für lange Zeit – und erst später, wenn die Lage sich beruhigt hatte, konnte man versuchen, die Steine behutsam in den Markt zu schleusen.

Gleichzeitig gab es Labour-Politiker, die knallhart forderten, dass der Gewinn aus den Funden im Namaqualand ausschließlich dem Wohle des Landes dienen solle. Ihr Tenor: Man dürfe den Reichtum des Landes nicht „gewöhnlichen Glücksrittern" überlassen. Es gäbe auch keinen Grund, dass man den wenigen, die dort tatsächlich hart gearbeitet hätten, jetzt ungeheure Reichtümer und Schürfrechte für alle Ewigkeit überließe.

Demgegenüber vertrat die Regierung – ähnlich wie alle ihre Vorgänger – die Ansicht, dass die Prospektion und der Abbau von Rohstoffen grundsätzlich in den Händen der Privatwirtschaft liegen sollten. Part der Regierung wäre es, durch eine kluge Gesetzgebung die Privatindustrie zu Investitionen zu ermutigen. Zugleich müssten Gebühren und Steuern so gestaltet werden, dass den Privatinvestoren ein fairer und zugleich attraktiver Anteil der Gewinne zuflösse. Nur mit einer solchen Politik könne der Wohlstand des Landes dauerhaft gemehrt werden.

Es war also eine komplexe Gemengelage aus wirtschaftlichen und politischen Argumenten, denen das Gesetzgebungsverfahren gerecht werden musste. Als der Entwurf schließlich im April 1927 dem Parlament zugeleitet wurde, war die Überraschung groß. Kern des Gesetzes war nämlich die schlichte Aussage, dass das Schürfen von Edelsteinen in sekundären Lagerstätten nur von Einzelpersonen durchgeführt werden dürfe. Alle Schürfrechte, die sich in Händen von Syndikaten oder großen Bergbaugesellschaften befanden, wurden für ungültig erklärt. Alle von ihnen durchgeführten Schürfarbeiten wurden als illegal eingestuft und zwar rückwirkend zum Juli 1926, also seit dem ersten Fund von Captain Jack Carstens.

Im Parlament führte die Gesetzesvorlage zu einem Sturm der Entrüstung. „Enteignung", „Angriff auf das Privateigentum" waren Anschuldigungen der milderen Art. Die Steigerungsformen lauteten „Auf dem Weg zum Sozialismus" oder einfach „Bolschewismus". Andere Redebeiträge der Opposition beschäftigten sich von vornherein nur mit dem Geisteszustand des Bergbauministers. Aber auch außerhalb des Parlaments zeigte man sich besorgt. Seriöse Wirtschaftszeitungen in Südafrika und London monierten, nicht zu Unrecht, dass die Vorlage in gewisser Weise eine Abkehr von der bisherigen Bergbaupolitik Südafrikas darstelle. Trotz dieses Aufruhrs und der harten Attacken, insbesondere durch den Oppositionsführer General Smuts, wurde das Gesetz nach dreitägiger Debatte verabschiedet. Die Regierung hatte sich nur geringfügige Änderungen abringen lassen. Das Verbot der Schürftätigkeit für Syndikate blieb jedoch als Hauptpfeiler des Gesetzes bestehen. Unmittelbar danach wurde das Gesetz an den Senat weitergeleitet.

Frederick Beyers war ein starker Bergbauminister, der für das Land Zukunftsvisionen hatte. Eine seiner großen Leistungen war das Gesetz zur Entwicklung der Eisen- und Stahlindustrie, das zur Gründung der *South African Iron and Steel Industrial Corporation* (ISCOR) führte und zur Grundlage für die industrielle Entwicklung Südafrikas in den 30er Jahren wurde. Hier aber, bei der Diskussion des Edelsteingesetzes im Senat, drohte er fast zu scheitern. Die heftigen Debatten dauerten bis zum letzten Tag der Sitzungsperiode an, ohne dass ein Durchbruch erzielt werden konnte. Ohne Ergebnis vertagte sich der Senat.

Das folgende Jahr war für alle Beteiligten qualvoll. In den im Namaqualand abgesteckten *claims* wurde nicht gearbeitet. Niemand konnte schürfen, niemand verdiente Geld. Die Farmen, die in diesem trockenen Land nie besonders reich gewesen waren, blieben verlassen. Die meisten waren verkauft worden und wurden deshalb nicht mehr bewirtschaftet. Ehemalige Farmer und arbeitslose Schürfer drängten sich in *Port Nolloth* zusammen und suchten nach Beschäftigung, die es in diesem armen Land aber nicht gab.

Merensky nutzte die Zeit auf seine Weise. Es war immer sein Prinzip gewesen, nach einem bedeutenden Mineralfund seine Kapitalbasis zu verbreitern und neue Geldgeber heranzuholen, um dann nach Abschätzung des Gesamtpotentials der Lagerstätte ihre Vermarktung voranzutreiben. So auch jetzt, nur musste das Kapital diesmal von einer Finanzgruppe kommen, die auch politischen Einfluss besaß. Im Juli 1927 trat Sir Ernest Oppenheimer in die *H. M. Association* ein. Zunächst erwarb er ein Aktienpaket im Wert von 500.000 Pfund, später übernahm er die Aktienmehrheit. Für Oppenheimer war das der Durchbruch auf dem Weg zur beherrschenden Figur der südafrikanischen Diamantenindustrie. Zwei Jahre später trat er die Nachfolge von Sir David Harris bei dessen Ausscheiden als Chairman von *De Beers* an. Zu Beginn der 30er Jahre konnte er dann eine Neuordnung des gesamten Diamantengeschäfts in Südafrika, einschließlich der international tätigen Verkaufsorganisation, einleiten.

Das Edelsteingesetz wurde zu Beginn der nächsten Sitzungsperiode im Senat erneut behandelt und trat dann im November 1927 endgültig in Kraft. Gleichzeitig gab der Bergbauminister seine Entscheidung über die Entdeckerrechte an den Diamantenvorkommen bekannt. Wie alle Schürfer, die Fundrechte beanspruchten, hatte Merensky dafür ein Gesuch eingereicht. Die Beurteilung dieser Anträge war eine diffizile Aufgabe. Letztlich entschied das Ministerium damit über das Wohl und Wehe des einzelnen Diamantensuchers. Und auch hier geschah Unerwartetes. Die ministerielle Entscheidung sah nämlich vor, dass nur solche Funde als echte Erstentdeckung anerkannt werden sollten, die in einer geologisch eindeutig identifizierbaren Lokalität gemacht worden waren. Es musste sich also um einen geologischen Horizont handeln, der sich durch seinen spezifischen Charakter und/oder seine Altersstellung eindeutig von anderen Horizonten unterschied. Nicht anerkannt als Fundorte im Sinne des Gesetzes wurden dagegen Fundstellen, an denen nur vereinzelte Diamanten gefunden worden waren, die sich keinem bestimmten Horizont zuordnen ließen. Insgesamt wurde nur sechs Lokalitäten der Rang einer

Erstentdeckung zugesprochen. Das waren erstens die Austernlinie von Merensky, zweitens das Diamantenvorkommen in der Terrasse mit Flusskiesen, die ihm Caplan als nachträgliches „Weihnachtsgeschenk" überlassen hatte, drittens ein Diamantenfundort, den Kennedy entdeckt hatte, viertens die Funde von Rabinowitz am Buchuberg, fünftens ein Vorkommen bei *Opperculum*, das dem *Gelgorcap*-Syndikat gehörte und sechstens ein Fundort, der eine Verlängerung der Austernlinie darstellte. Für diesen sechsten Fundort machten drei Gruppen Ansprüche geltend und pochten auf die Priorität ihrer Entdeckung. Das waren Merensky, das *Gelgorcap*-Syndikat und das K. & K.-Syndikat. Es war eine vertrackte Situation. Merensky löste sie schließlich dadurch zu seinen Gunsten, dass er die beiden Anspruchsgegner aufkaufte. Er konnte das, da sein Syndikat durch die Hereinnahme von Oppenheimer liquide war. Beide Anspruchsgegner erhielten 20.000 Pfund und eine Beteiligung von 30 % am Nettogewinn. Mit dieser Transaktion besaß Merensky alle vergebenen Anrechte im Bereich der Alexanderbucht. Anschließend verhandelte er mit den drei anderen Besitzern von Entdeckerrechten und übernahm sie ebenfalls. Im Fall von Kennedy zahlte er 12.000 Pfund plus 50 % des Nettogewinns, im Fall des *Gelcorcap*-Syndikats 15.000 Pfund plus 20 % des Gewinns. Aus dem Anspruch von Rabinowitz übernahm er 75 %, während die übrigen 25 % an die *Namaqualand Diamond Company* gingen. Damit kontrollierte Merensky auch außerhalb der Alexanderbucht alle Fundorte, die von Interesse waren.

Als diese Vereinbarungen publik wurden, brach im Parlament ein erneuter Proteststurm aus. Die Opposition unter General Smuts zeigte sich darüber empört, dass das neue Gesetz dazu geführt hatte, alle Anrechte in einer Hand zu vereinen. Bergbauminister Beyers verteidigte die von seiner Behörde vorgenommene Anerkennung der Entdeckerrechte mit Vehemenz. Man hatte die Rechte nach sorgfältiger Prüfung verschiedenen Einzelpersonen zugesprochen. Von da an war jede dieser Einzelpersonen berechtigt, ihre Anteile so zu verwerten, wie es für sie am vorteilhaftesten war. Sie konnten ihre Anteile verkaufen und Merensky seinerseits war berechtigt, diese Anteile zu übernehmen. Der Minister stellte definitiv klar, dass die Regierung nicht die Absicht habe (und auch keine Handhabe besäße), die Abbaurechte, die Merensky auf sich vereinigt hatte, in irgendeiner Weise zu bestreiten.

Wenn Merensky geglaubt hatte, damit endgültig auf der „sicheren Seite" zu sein, sah er sich jedoch getäuscht. Das Edelsteingesetz sah nämlich auch vor, dass die Regierung Produktionsbeschränkungen erlassen konnte. Dieser Passus war von der Allgemeinheit zunächst wenig beachtet worden. Jetzt machte die Regierung von dieser Möglichkeit Gebrauch. Merensky stellte also den Antrag, ihm für die Austernlinie eine monatliche Produktionsquote für Diamanten im Wert von 50.000 Pfund zu bewilligen. Die Regierung lehnte das ab und wollte nur eine Quote von

6.000 Pfund genehmigen. Merensky protestierte mit einem „*Memorandum of undertaking*“, das er Anfang März 1928, zusammen mit seinen Partnern – Gustav Adolph Becker, Sir Ernest Oppenheimer und Sir Abe Bailey – einreichte. Er legte dar, dass das Unternehmen nur mit einer höheren Produktionsquote wirtschaftlich arbeiten könne. Im Übrigen würden in einem solchen Fall im armen Namaqualand auch mehr Arbeitsplätze geschaffen werden. Schließlich lenkte die Regierung ein und ließ eine unbeschränkte Produktion zu, jedoch mit der Auflage, alle gefundenen Steine an die Regierung abzuliefern. Das politische Gewicht Oppenheimers hatte bei dieser Entscheidung sicherlich eine Rolle gespielt.

Am 1. Mai 1928 war es dann so weit. Die *H. M. Association* konnte ihre Arbeit wieder aufnehmen. Diesmal verfügte man über eine gute Ausrüstung und arbeitete mit 60 Schürfern und zusätzlichem afrikanischen Personal. Nach 14 aufreibenden Monaten hatte Merensky sein Ziel erreicht und konnte die wohlverdiente „Ernte“ einbringen.

Fast zeitgleich wurde ihm ein weiteres Erfolgserlebnis beschert. Am Nordufer des Oranje-Flusses, also jenseits der Landesgrenze, in Südwestafrika, wurde eine Fortsetzung der Austernlinie gefunden. Sie war ähnlich reich an Diamanten erlesener Qualität wie das Vorkommen in der Alexanderbucht. Merensky war an dieser

Abb. 18. Merenskys erste und noch sehr einfache Diamanten-Siebanlage in der Alexanderbucht, 1927.

Prospektion selbst nicht beteiligt. Jedoch wusste jedermann, dass diese Entdeckung einzig und allein ihm zu verdanken war. Und da sich die Diamantenfunde in den Dünen nördlich des Oranje im Laufe der Zeit zum wichtigsten wirtschaftlichen Faktor Südwestafrikas entwickelten, kann man mit Fug und Recht sagen, dass Namibia ohne das Wirken Merenskys heute anders aussähe. Das Land wäre wesentlich ärmer.

Die Prospektionsarbeiten in Südwestafrika brachten jedoch noch etwas anderes zutage: 19 Jahre zuvor hatte Dr. Reuning mit einer Expedition auf Kamelen den 280 Kilometer langen Küstenstreifen zwischen der Lüderitzbucht und dem Oranje-Fluss abgeritten. Er wollte prüfen, ob man dort mit ähnlichen Diamantenlagern wie bei der Kolmanskuppe rechnen könne. Das Ergebnis war negativ gewesen. Jetzt fand man die alten Schürfschächte wieder, die er an vielen Stellen angelegt hatte. Zwei von ihnen lagen nur 60 m von der Austernlinie entfernt und waren steril. Das verlangt nach einem Kommentar. Ein vorlautes „Pech gehabt" wäre nämlich unangebracht. Die damalige Expedition war ein erster Erkundungsversuch in einem extrem unwirtlichen Wüstengebiet. Es wäre ein geradezu märchenhafter Zufall gewesen, wenn man dabei sofort auf eine unter metertiefem Sand begrabene Diamantenlagerstätte gestoßen wäre. Man muss sich immer vor Augen halten, dass

Abb. 19. Nach der Wiederaufnahme der Diamantengewinnung im Mai 1928 installierte Merenskys Firma eine zwar kleine, aber perfekt arbeitende Sieb- und Mahlstation.

Abb. 20. Die hochmoderne Diamanten Aufbereitungsanlage der NAMDEB, die heute jenseits der Grenze bei Oranjemund arbeitet.

Abb. 21. Heutige Diamantengewinnung im Strandbereich des südlichen Namibia. Nach dem Abbaggern der Strandsande bis zum Felsuntergrund (bedrock) wird dieser mit einem Hochdrucksauger abgesaugt.

Abb. 22. Das Flussbett des Oranje-Flusses nahe der Mündung. Die ursprünglich darin liegenden Schotter und Sande wurden im Zuge der Diamantengewinnung ausgebaggert. Heute steht im Flussbett der nackte Fels (bedrock) an.

an jeder heute bekannten Lagerstätte, egal welcher Art, vor deren Entdeckung bereits Hunderte oder Tausende von Menschen vorbeigelaufen sind – ohne sie zu bemerken. Der Kommentar muss sich deshalb auf den Gegensatz zwischen den sterilen Schürfschächten Reunings und der raschen Entdeckung der Austernlinie durch Merensky beziehen. Der Vorgang ist ein Lehrbuchbeispiel für den Unterschied zwischen einer ersten Erkundung (Nadel im Heuhaufen) und der gezielten Suche nach einer Lagerstätte, über deren Bauplan und Genese der prospektierende Geologe zuvor klare Vorstellungen entwickelt hat.

Gleichzeitig mit dem Wiederbeginn der Sucharbeiten durch die *H. M. Association* hatte auch die Regierung auf staatseigenem Land in der Nähe der Alexanderbucht zu schürfen begonnen und fand auf Anhieb beachtliche Diamantenvorkommen. Es war das erste Mal, dass eine südafrikanische Regierung von dem im Bergbaugesetz im Prinzip vorgesehenen Recht, eine Ausbeutung selbst zu betreiben, Gebrauch machte. Das war eine Abwendung von dem althergebrachten Grundsatz, den Bergbau der Privatwirtschaft zu überlassen. Dieser Schwenk entsprach wahrscheinlich nicht der inneren Überzeugung des Ministerpräsidenten Hertzog, sondern war ein Zugeständnis an die sozialistische Politik der Labour-Partei, die sein Koalitionspartner war. Die Bewertung dieser Entscheidung ist ambivalent. Erreicht wurde mit ihr, dass die „Schätze des Landes", wie von verschiedenen Abgeordneten gefordert, nicht einzelnen „Glücksrittern" überlassen wurden. Vermieden wurden auch Zustände, wie sie im Jahr zuvor in den Diamantenfeldern von Lichtenburg und Ventersdorp eingetreten waren. Dort war auf staatlichem Land das Einschlagen von Pflöcken zur Sicherung der *claims* im Zuge von organisierten Wettläufen erfolgt. An ihnen hatten bis zu 25.000 Bürger teilgenommen. Da der Startpunkt stets mehrere Kilometer entfernt lag, wurden die besten *claims* von Berufsläufern ergattert, die für Dritte arbeiteten. Vorteilhaft für das Namaqualand war es sicherlich auch, dass durch die staatliche Diamantensuche Arbeitsplätze geschaffen wurden, auch wenn es zu wenige waren. Nachteilig war dagegen, dass ungeachtet der bestehenden Überproduktion an Diamanten nun noch ein weiterer potenter Produzent auf den Markt kam. Das verlängerte die Baisse und drückte die Diamantenpreise und damit auch die Einnahmen des Staates aus den Abgaben der Diamantenproduzenten.

So erfreulich sich für Merensky die wirtschaftliche Verwertung der Diamantenfunde letztendlich gestaltete, so unerfreulich war die allgemeine Entwicklung im Namaqualand. Tausende von Schürfern waren verarmt und blieben es. Das führte Anfang 1929 fast zu einer Rebellion der aufgebrachten Diamantensucher. Sie wollten die Regierung zwingen, staatseigenes Land zum Schürfen freizugeben. General Manie Maritz, der Dr. Reuning zur Jahreswende 1926/27 begleitet hatte, spielte bei der Beruhigung des sich anbahnenden Aufruhrs eine entscheidende Rolle. Aus dem Burenkrieg war er als Draufgänger bekannt und aus späteren Jahren als Nonkonformist, der der Regierung mehr als einmal Schwierigkeiten bereitet hatte. Hier war es jedoch seiner Besonnenheit zu verdanken, dass ein Blutvergießen vermieden wurde.

Das zweite Problem war, dass in den Jahren 1927 bis 1929 das illegale Schürfen sowie Diebstähle aus den im Abbau befindlichen *claims* und der Schwarzhandel mit Diamanten ein groteskes Ausmaß annahmen. Die Behörden konnten die Situation im Namaqualand nicht unter Kontrolle bringen. In jeder Bar in *Port Nolloth* wurde mit Diamanten gehandelt. Schwierig war es dagegen, die illegal erworbenen Steine aus dem Namaqualand herauszubringen. Die wenigen Fernstraßen, die zum Kap oder nach Johannesburg führten, wurden scharf überwacht. Da der Besitz von

Rohdiamanten in Südafrika verboten war, konnten diese im Lande nicht verwertet werden. Man musste sie nach Europa schmuggeln. Das war heikel, denn in Kapstadt und Durban wurden die Passagiere bei der Einschiffung ebenfalls gründlich kontrolliert. Den Schmugglern blieb also nur der weite Weg quer durch Südafrika, über die Drakensberge nach Mosambik, zum Hafen Lourenço Marques. Das war mühsam, lohnte aber, weil aufgrund dieser Schwierigkeiten die Rohdiamanten in Port Nolloth preiswert angeboten wurden. Die Berichte über diesen Schwarzhandel sind Legion. Manche entbehren nicht der Komik, so die Schilderung, wie in den Bars von Porth Nolloth der Preis der Diamanten festgelegt wurde. Es gab nur zwei Kategorien von Steinen, „kleine" und „große Diamanten". Passte ein Stein durch den Flaschenhals einer (leeren) Whiskyflasche, dann war es ein „kleiner Diamant" und kostete pro Karat 1 Pfund. Passte er nicht hindurch, dann galt er als „großer Diamant" und war für 2 Pfund pro Karat zu haben. Andere Kategorien gab es nicht.

Es waren jedoch nicht nur die allgemeinen Zustände, die Merensky Sorge bereiteten. Psychische Belastungen kamen hinzu. Das qualvolle Warten auf die Anerkennung seiner Anrechte war zwar vorbei, aber jetzt gab es unangenehme Anfeindungen von Leuten, die ihm seinen Erfolg missgönnten.

Besonders ärgerlich war, dass Dr. Reuning in der ersten Dezemberwoche 1928 im renommierten *„Mining and Industrial Magazine"* einen Aufsatz publizierte, in dem er die Behauptung aufstellte, dass nicht Merensky, sondern er, Reuning, der Entdecker der Austernlinie sei. In einer langen, stellenweise etwas weitschweifigen Beschreibung stellte er die Geschichte der Diamantensuche an der Atlantikküste dar, beginnend mit seinen eigenen Arbeiten in Südwestafrika vor dem Ersten Weltkrieg, über die Prospektionsarbeiten des legendären Fred C. Cornell, bis hin zu den Diamantenfunden von Captain Jack Carstens, von R. Kennedy, von Rabinowitz am Buchuberg und durch die Caplan-Brüder in der Alexander-Bucht. Schließlich beschrieb er, wie er aufgrund seiner eigenen Initiative hinauf auf die Hochterrassen gegangen sei und dass er es gewesen wäre, der die Lage der Schürfgräben festgelegt habe, die dann zur Entdeckung der Austernlinie führten.

Diese Publikation muss Merensky den Weihnachtsmonat 1928 ziemlich vermiest haben. Sie zwang ihn nämlich zu einer schnellen Antwort. Seine Entgegnung im *Magazine* erschien bereits in der ersten Januarwoche 1929. Sie war straff abgefasst und stilistisch sehr gut. Merensky wies auf Reunings frühere Publikationen hin, die in keiner Weise erkennen ließen, dass dieser das Vorhandensein von Austernschalen als einen möglichen Hinweis für die Existenz einer Diamantenlagerstätte angesehen hatte. Dann erinnerte Merensky daran, dass Reuning, noch wenige Tage bevor die Austernlinie angegraben wurde, immer wieder versucht habe, Merensky zu überreden, doch weiter unten, im unmittelbaren Küstenbereich zu schürfen. Schließlich zitierte Merensky auch aus Reunings Brief, mit dem dieser am 15. Januar 1927 über die Entdeckung der Austernlinie berichtete hatte und aus dem deutlich hervorgeht, dass der entsprechende Schürfgraben genau dort angelegt worden war, wo Merensky es gewünscht hatte. Als letztes fügte Merensky den genauen Wortlaut des von Reuning unterschriebenen Arbeitsvertrages ein. Mit fast brutaler Deutlichkeit war darin festgelegt, dass Reuning nicht nach eigenem Gutdünken prospektieren dürfe, sondern sich in jedem Fall und bedingungslos an die ihm erteilten Arbeitsanweisungen zu halten habe. Das war alles sehr klar und überzeugend dargelegt. Anderseits war Merensky auch sehr fair und erkannte voll und ganz an, dass Reuning bei der Durchführung der Prospektion Hervorragendes geleistet habe. Solche wissenschaftlichen Dispute, bei denen es weder um Geld oder Patente, sondern „nur" um den Nachruhm geht, haben im Allgemeinen keinen Richter und es gibt kein endgültiges Urteil. Es bleibt der Gemeinschaft der Wissenschaftler überlassen, die Argumente beider Seiten zu werten und sich dann ein eigenes Urteil zu bilden. In diesem Fall ging es eindeutig zugunsten Merenskys aus. Sein Ruf als Entdecker der Austernlinie blieb unbeschädigt und war danach eher noch gefestigt.

Es gab aber noch andere Anfeindungen. So strengten die Brüder Coetzee einen langwierigen Prozess gegen Merensky an und verlangten zusätzlich zu ihrem Lohn, den sie pünktlich erhalten hatten, eine Prämie von 6.000 Pfund, die er ihnen angeblich versprochen hatte. Merensky gewann diesen Prozess zwar, aber er musste dafür durch mehrere Instanzen, und das Ganze zog sich bis 1931 hin, was ihm innerlich sehr zu schaffen machte. Trotzdem blieb er gegenüber dieser Forderung hart, um keinen Präzedenzfall für weitere Erpressungsversuche entstehen zu lassen.

Überhaupt war er im Umgang mit dem Geld, das er jetzt besaß, vorsichtiger, man könnte auch sagen „härter" geworden. Das Elend der arbeitslosen Zuwanderer berührte ihn zwar und er half auch an vielen Stellen, aber er tat das jetzt sehr überlegt. Er gewöhnte sich daran, sorgsam zu prüfen, ob Klagen berechtigt waren und wem er Geld gab.

Manchmal kamen dann aber doch seine alte Spontaneität und Großzügigkeit wieder zutage. Ein Beispiel dafür war der Besuch der Frau eines Pastors der Holländischen Reformierten Kirche. Sie kam aus *Springbok*, einer kleinen Ortschaft etwa 100 km südöstlich von *Port Nolloth*. Dort saß Merensky an jenem Morgen schreibend auf der Veranda seines Hotels, als die Pastorenfrau zögerlich auf ihn zutrat und mit unverkennbarer Schüchternheit fragte: „Ich weiß nicht, ob ich Sie damit belästigen darf, ich wollte Sie aber fragen, ob sie uns für die Renovierung unserer Kirche eine kleine Spende geben könnten?" Für Merensky, den Missionarssohn, war es selbstverständlich, dass er etwas spenden würde. Er wusste nur zu gut, wie segensreich ein kleiner Geldbetrag in den Händen eines tüchtigen Missionars oder Pastors sein konnte und er wusste noch besser, welch hohen Stellenwert der kirchliche Versammlungsraum für das Funktionieren einer Gemeinde hat. Und so fragte er: „An was für einen Betrag hatten Sie denn gedacht?" Die Pastorenfrau antwortete leise: „Wir versuchen, durch die Kollekten im Gottesdienst und durch Spenden 500 Pfund zusammenzubekommen." Und dann nahm die schüchterne Frau ihren gesamten Mut zusammen und fragte: „Ich dachte, ob es Ihnen vielleicht möglich wäre, 50 Pfund beizusteuern?" Merensky lehnte sich zurück und schüttelte ganz leicht den Kopf und sagte: „Das kann ich so nicht tun...", und im gleichen Moment sah er, wie die bedauernswerte Frau kleiner wurde, als wolle sie in den Boden versinken. Ihr Gesicht zeigte nicht etwa Enttäuschung, nein, es zeigte Scham. Es war von ihr – so empfand sie es jedenfalls – auch vermessen gewesen, einen so hohen Betrag zu nennen. Sie so zu beschämen hatte Merensky jedoch in keiner Weise beabsichtigt und nun war er verlegen. Er hatte ihr ja auch etwas ganz anderes mitteilen wollen, aber ihre Reaktion hatte ihm das Wort abgeschnitten. Und so sagte er: „Ich bitte Sie vielmals um Entschuldigung, ich habe mich missverständlich ausgedrückt. Was ich sagen wollte ist, dass 50 Pfund zu wenig sind! Darf ich Ihnen die gesamten 500 Pfund zur Verfügung stellen?" Das war eine Geste, die seinem von Natur aus großzügigem Charakter entsprach. In diesem Fall entsprach sie aber auch seinem ökonomischen Sinn. Er hatte in diesem Moment nicht das Gefühl, mildtätig zu sein. Für ihn war eine solche Spende eine gesellschaftlich sinnvolle Investition, von der er sicher war, dass sie Früchte zugunsten der Allgemeinheit tragen würde.

Die physischen Anstrengungen dieser Zeit waren jedoch nicht minder aufreibend. Ungezählte Male eilte Merensky von der Alexanderbucht nach Kapstadt, Johannesburg oder Pretoria, um an Besprechungen teilzunehmen. Und genauso schnell hastete er zurück, um die Arbeiten im Gelände anzuleiten. Dabei gab es viel Ärger. Die Ausbeute an Diamanten war zwar hervorragend, aber mit den Arbeitern gab es laufend Probleme. Sie waren nicht bereit, seinen Ratschlägen für eine dem Klima angepasste Ernährung zu folgen. Es gab alkoholische Exzesse, und die Mindeststandards der Hygiene wurden nicht eingehalten. Dazu kamen Diebstähle und unerlaubte nächtliche Grabungen. Meistens blieb es dabei auch unklar, ob eigene Leute daran beteiligt waren oder ob sie bewusst Dritten die Möglichkeit dazu gegeben hatten. All das zehrte an ihm.

Unanhängig von diesen Querelen war er in seinen wenigen freien Stunden mit der Abfassung wissenschaftlicher Publikationen befasst. Sie waren ihm wichtig und forderten seine ganze Konzentration. Die Austernlinie war ja nicht nur wegen ihres Reichtums an Diamanten eine Sensation, sondern sie stellte auch für die Lagerstättenkunde ein Novum dar. Merensky zögerte nicht, seine Theorie und sein Wissen in Vorträgen vor der *Geological Society of South Africa* und in Veröffentlichungen der wissenschaftlichen Welt zur Verfügung zu stellen. Das Gleiche hatte er ja auch schon hinsichtlich seiner Platinentdeckungen getan, noch während die Prospektion im Gange war. Alles in allem war er in diesen Monaten bis an die Grenze seiner Leistungsfähigkeit belastet.

So war er letztlich froh, als er im November 1928 seine Anteile an der *H. M. Association* an Sir Ernest Oppenheimer verkaufen konnte. Er tat das ohne jegliches Bedauern, denn er hatte nie die Absicht gehabt, selbst auf die Dauer Bergwerksbesitzer zu sein oder einen Abbau, welcher Art auch immer, zu leiten und am Schluss auch noch die Verantwortung für die Vermarktung des gewonnenen Rohstoffes zu tragen. Auch für die anderen Partner stellte der Verkauf als solcher keinerlei Problem dar. Sie alle – G. A. E. Becker, Sir Julius Jeppe und Sir Abe Bailey – betrachteten ihre Beteiligung an diesem Diamantengeschäft als ein reines Finanzgeschäft, das man nun zum guten Ende bringen musste, je früher, desto besser. Sir Ernest Oppenheimer wiederum hatte größtes Interesse, die *H. M. Association* möglichst bald vollständig zu übernehmen. Erst danach konnte er die ihm vorschwebende Neuordnung des Diamantenmarktes in Angriff nehmen. Sie war dringend, und er wurde in dieser Hinsicht von der Regierung unterstützt. Die Richtung der Entwicklung war also klar. Zu klären blieben nur noch die finanziellen Modalitäten, und da wurde hart verhandelt.

Als erstes übernahm Oppenheimer die Anteile von Sir Abe Bailey (1864–1940). Dieser war ein erfolgreicher Bergbaumagnat, hochdekorierter Weltkriegsoffizier und zeitweise Parlamentsabgeordneter. Er hatte sein Vermögen schon vor Jahren gemacht und war jetzt hocherfreut, dass er mit 64 Jahren dank seines Gespürs und mit relativ geringem Einsatz noch einmal an einem solch bedeutenden Diamantenfund beteiligt seien konnte. Er brauchte sich nichts mehr beweisen, und entsprechend geräuschlos vollzog sich der Verkauf seiner Anteile. Ähnlich unproblematisch war die Übernahme der Anteile von Sir Julius Jeppe, der damals 69 Jahre alt war. Er hatte sein Vermögen mit der Landentwicklung verdient, insbesondere im Johannesburger Raum (*Jeppestown*). Später war er Partner von Sir Abe Bailey geworden und wie bei jenem war auch bei ihm das Diamantengeschäft ein schöner Abschluss seiner Karriere als Geschäftsmann.

Anders waren dann die Verhandlungen mit Merenskys Freund G. A. E. Becker, der zunächst sehr hoch pokerte. Er besaß zu diesem Zeitpunkt 24.475 Anteile der *H. M. Association*, das waren 39,16 % der gesamten Anteile, und dafür verlangte er 750.000 Pfund plus einen Sitz im *Board* von De Beers. Das war im Frühjahr 1928. Oppenheimer akzeptierte diese Forderung nicht, wobei nicht ganz klar war, was ihn mehr störte, der verlangte Sitz im *Board* oder der hohe Kaufpreis. Die Verhandlungen wurden abgebrochen, dann aber vier Monate später doch wieder aufgenommen. Sowohl Becker als auch Oppenheimer hatten das Gefühl, dass man ungeachtet der unterschiedlichen Preisvorstellungen diese Transaktion nicht auf die lange

Bank schieben sollte. Schließlich verkaufte Becker seine Anteile für 500.000 Pfund. Pro Anteil, der ursprünglich einmal 1 Pfund wert gewesen war, hatte Becker also einen Durchschnittspreis von knapp über 20 Pfund erzielt.

Noch schwieriger wurden dann die Gespräche mit Merensky, der über 20.750 Anteile verfügte, das waren 33,2 % der Gesellschaft. Von „Verhandlungen" konnte man eigentlich nicht sprechen, denn Merensky entzog sich jeglicher Diskussion. Er nannte einfach seinen Preis und war zu weiteren Erörterungen nicht bereit. Das war eine wohl überlegte Taktik. Er wusste, dass das Feilschen nicht seine Stärke war und er wusste auch, dass man ihm vorrechnen würde, dass die Diamanten der Alexanderbucht zur Zeit nicht verkäuflich seien und dass er deshalb einen Preisabschlag akzeptieren müsse. Dieses Ansinnen wollte er von vornherein nicht an sich herankommen lassen. Stattdessen trug er sein einziges, aber sehr gutes Argument mit Nachdruck vor. Es lautete: „Dies ist die beste Diamantenlagerstätte mit Schmucksteinqualität, die jemals entdeckt worden ist. So etwas wird möglicherweise nie wieder gefunden werden. Ich verlange für meinen Anteil eine Million Pfund."

Die sonst so gewieften Anwälte der Gegenpartei waren über diese Verhandlungstaktik verärgert, und auch Oppenheimer soll zunächst sichtlich irritiert gewesen sein. Da er aber ein Pragmatiker von hohem Grade war und da er sah, dass die „eine Million Pfund" bei Merensky zur „fixen Idee" geworden waren, ließ er nach einiger Zeit das Einverständnis von *De Beers* signalisieren. Das Signal wurde aufgenommen und Merensky war danach sofort bereit, im Vertrag allerlei Klauseln zu

Abb. 23. Hans Merensky mit einer Gesteinsprobe aus der Austernlinie.

akzeptieren, die, wie er es sah, nur der Gesichtswahrung gegenüber dem *Board* und den Aktionären dienten. Der Vertrag wurde am 9. November 1928 unterzeichnet. Merensky erhielt für seine Anteile 1.006.000 Pfund und außerhalb des Vertrages für bereits abgelieferte Diamanten zusätzlich noch einmal knapp 100.000 Pfund. Die Million wurde in 4 Raten gezahlt, 256.000 Pfund bei der Unterzeichnung und jeweils 250.000 Pfund am 1. Juli 1929, am 1. Januar 1930 und am 1. Juli 1930. Eine der zur Gesichtswahrung eingebauten Klauseln besagte, dass von der vierten Rate bis zu 66.500 Pfund abgezogen werden sollten, wenn bis zu diesem Datum auf dem Lizenzgebiet nicht mindestens 65.000 Karat Diamanten gewonnen worden seien. Da in den wenigen Monaten seit Beginn des Abbaus bereits 315.000 Karat gefördert worden waren und Merensky wusste, dass die Lagerstätte noch keineswegs erschöpft war, hatte er kein Problem, den so gestalteten Vertrag zu unterzeichnen.

Die Austernlinie hatte ihm einen riesigen Erfolg beschert. In nur 22 Monaten war der Wert seiner Anteile von einem Pfund auf 50 Pfund pro Stück gestiegen. Insgesamt hatte er beim Verkauf dieser Ausnahmelagerstätte einen Gewinn von 1.150.000 Pfund erzielt.

E-9 Das Diamantenkartell

Im Jahr 1929 wurde Sir Ernest Oppenheimer Chairman von *De Beers.* Die damaligen Jahre waren wahrscheinlich die schwierigsten in der Geschichte des Konzerns. Niemand wusste, wie lange die Gesellschaft noch Diamanten aufkaufen und damit die Preise stabil halten konnte. Die Sorge, was aus der südafrikanischen Diamantenindustrie werden sollte, wenn es zu einem Preissturz käme, lastete auf allen.

Wie so oft barg jedoch auch diese prekäre Situation eine Chance in sich. Es war die Einsicht, dass man nur durch gemeinsames Handeln das rettende Ufer erreichen würde. Oppenheimer erkannte diese Chance. Mit viel Verhandlungsgeschick und großer Überredungskunst schaffte er es, die Interessen der südafrikanischen Diamantenindustrie in einer bis dahin nicht für möglich gehaltenen Weise zu bündeln. Danach gelang es ihm auch, die Produzenten anderer afrikanischer Gebiete (Angola, Kongo, Ostafrika) dafür zu gewinnen, ihre Angebots- und Preisgestaltung der Strategie des *De Beers*-Konzerns anzugleichen. Es entstand ein „Syndikat“, das in Wirklichkeit ein mit straffer Hand geführtes Kartell war. Im Mittelpunkt seiner konsequent gehandhabten Geschäftspolitik stand der Werterhalt der einmal gekauften Diamanten. Das Kartell diente damit sowohl den Interessen der Produzenten als auch denen der verarbeitenden Industrie und des Handels. Gleichzeitig profitierten aber auch die Endkonsumenten von diesem Werterhalt. Eine zentrale Rolle bei der Durchsetzung der Geschäftspolitik spielte die von Oppenheimer ins Leben gerufene *Central Selling Organisation* (CSO), die den Vertrieb der Diamanten regelte.

Für das Jahr 1926 waren die kumulierten, weltweit bis dahin geförderten Diamantenbestände bereits auf 140 Mio. Karat geschätzt worden. Entsprechend groß waren die Anstrengungen, immer neue absorptionsfähige Käuferschichten zu gewinnen, zunächst in den USA, damals schon der wichtigste Absatzmarkt für Diamanten, dann aber auch in anderen Ländern. „*A Diamond is for ever*", lautete Ende der 30er Jahre ein Werbeslogan, und 15 Jahre später sangen in Hollywood Jane Russel und Marilyn Monroe „*Diamonds are a Girl's best Friend*". Der Diamantring für die junge Braut wurde zum absoluten „Muss" hochstilisiert. In Japan, wo der diamantenbesetzte Brautring vor dem Krieg keine Tradition hatte, wurden 1970 bereits 70 % der Bräute mit einem solchen Ring beschenkt.

Um den Werterhalt des einmal verkauften Diamanten zu sichern, war es unerlässlich, das Entstehen eines Sekundärmarktes zu verhindern. Die CSO musste dabei in zwei Richtungen wirken. Plötzliche überproportionale Preissteigerungen durch einzelne Produzenten mussten unterbunden werden, da sie Auslöser für Verkäufe und spekulative Gewinnmitnahmen durch Altbesitzer werden konnten. Andererseits durften die Preise auch niemals fallen, da das zu einer Verunsicherung der Kunden geführt hätte. Beim Auftreten von Überangeboten wurden deshalb Steine aufgekauft und auf Lager gelegt. Im Übrigen wurde alles getan, um das Preisgefüge für Diamanten so wenig transparent wie möglich zu gestalten. Insgesamt wurden nach und nach 5.000 Bewertungsstufen eingeführt! Die Kriterien, nach denen bewertet wird, sind *carat, colour, clarity* und *cut*, also Gewicht, Farbe, Reinheit und Schliff. Während das Gewicht als Maßstab für die Preisgestaltung für einen Laien nachvollziehbar ist, ist das bei den fast unzähligen Farbschattierungen, die unterschieden werden, nicht mehr der Fall. Hinzu kommen Reinheit des Steins und der Schliff, bei dem die Feinheit der handwerklichen Arbeit beurteilt wird. Dies kann nur durch Fachleute geschehen. Daraus ergibt sich – jedenfalls aus Sicht der Käufer –, dass Diamanten keine standardisierte Ware darstellen, sondern stets Einzelstücke mit vielen Besonderheiten sind. Sie sind deshalb nur beschränkt fungibel. Da die Gewinnspannen der einzelnen Handelsstufen zudem sehr hoch liegen, sind Diamanten aus Privatbesitz fast unverkäuflich, es sei denn, der Anbieter akzeptiert Abschläge gegenüber dem ursprünglichen Anschaffungspreis, die deutlich mehr als 50 % betragen können.

Gleichzeitig ging die Entwicklung weiter. Nach dem Zweiten Weltkrieg wurden riesige neue Lagerstätten entdeckt. So lieferte Russland 1976 bereits 16 Mio. Karat Diamanten. 1979 wurde das Vorkommen von *Argyle* in Westaustralien entdeckt, das heute eine Jahresproduktion von 40 Mio. Karat hat. Davon hat allerdings nur ein geringer Teil Schmucksteinqualität, während der überwiegende Teil für die industrielle Nutzung (z. B. als Besatz von Bohrkronen) bestimmt ist. Trotzdem sprengten diese Zahlen alle bis dahin vorstellbaren Dimensionen. 40 Mio. Karat sind nämlich 8 Tonnen Diamanten! Dieser Edelstein hat also nicht nur seinen Seltenheitswert verloren, sondern ist inzwischen ein „Massengut".

Auch sonst gab es Veränderungen. Südafrika steht als Produzent heute nicht mehr in der ersten Reihe und die z. Z. reichste Diamantenmine der Welt – *Jwaneng* – liegt in Botswana. De Beers kontrolliert heute wahrscheinlich nur noch 25 % der Weltproduktion an Diamanten direkt bzw. 50 % der Förderung von Rohdiamanten mit Schmucksteinqualität. Deutlich größer ist dagegen der Einfluss auf die Preisbildung. Zwar wurde die CSO im Jahre 2001 wegen Imageproblemen aufgelöst, die enge Vernetzung der Diamantenproduzenten besteht aber weiter. Nach wie vor werden 80 % – nach anderen Quellen 60 % – aller Verkäufe auf dem Weltmarkt zu den Bedingungen von *De Beers* abgewickelt. Keine der kursierenden Zahlen ist jedoch eindeutig bestätigt; auch das gehört zum Wesen dieses Syndikats. Das gilt auch für den Schätzwert des „Pufferlagers" der CSO, in dem 1999/2000 Diamanten im Wert von 5,5 Mrd € gelegen haben sollen. Sicher ist dagegen, dass die russischen Produzenten zunächst versucht hatten, ihre Diamanten selbst zu vermarkten, und dass es erst einiger Misserfolge bedurfte, bis sie die CSO mit dieser Aufgabe betrauten. Auch mit den australischen Produzenten waren längere Verhandlungen notwendig, bis sie ihre Verkäufe über die CSO und nach deren Preisvorstellungen abwickeln ließen.

Die Situation ist also konfus. Diamanten werden gekauft, nicht obwohl, sondern weil sie teuer sind und weil sie als wertstabil gelten. Sie sind zwar Schmucksteine, aber noch vielmehr Statussymbol mit gesellschaftlicher Wirkung. Bei ihrem Kauf handelt sich um einen „Geltungskonsum". In der volkswirtschaftlichen Literatur wird so etwas als „Veblen-Effekt" bezeichnet, benannt nach dem Erstbeschreiber dieses Phänomens, dem norwegisch-amerikanischen Ökonomen Thorstein Veblen (1857–1929). Die Literatur dazu, wie auch zum Diamantensyndikat selbst, ist riesig. In Deutschland hat Helmut Braun (Regensburg) darüber publiziert und insbesondere auf die „Wertillusion" hingewiesen, die jedem Diamantenkauf zugrunde liegt.

Fazit: Die Diamantenpreise werden künstlich hochgehalten und sind nicht durch Angebot und Nachfrage bestimmt. Das Syndikat bewirkt durch Absprachen und aufeinander abgestimmte Verhaltensweisen eine Verfälschung bzw. Ausschaltung des freien Wettbewerbs und ist somit ein echtes Kartell. Die Begünstigten sind die Produzenten, die verarbeitende Industrie und die Händler. Sie alle profitieren von den „geordneten Verhältnissen" und den überhöhten Preisen. Nicht so klar ist dagegen, wer die Geschädigten sind. Die Endkonsumenten halten sich jedenfalls nicht dafür. Viele von ihnen würden, wenn Diamanten wesentlich billiger wären und ihren Nimbus als Statussymbol verlören, auf den Kauf verzichten. Diese Käufer haben zu den jetzigen Preisen genau das bekommen, was sie haben wollten.

15 Wendepunkt des Lebens

Die Einnahmen, die Merensky seit Mai 1928 aus der Diamantengewinnung erzielt hatte, waren beträchtlich. Nun kam der Millionenbetrag aus dem Verkauf seiner Geschäftsanteile hinzu. Er war jetzt ein Mann mit Vermögen. Sir Ernest Oppenheimer, der Merensky trotz der schwierigen Verkaufsverhandlungen durchaus wohlwollend gegenüberstand und zugleich sein fachliches Können bewunderte, kommentierte das so: *„You won't often meet a man who comes in with sixpence in his pocket and leaves with a million pounds."* („Es kommt nicht so häufig vor, dass ein Mann mit einem Kreuzer in der Tasche hereinkommt und mit einer Million Pfund wieder herausgeht.")

Merensky dachte darüber anders. Er hatte nicht das Gefühl, „unerwartet" zu Wohlstand gekommen zu sein. Für ihn war der jetzige Erfolg das Ergebnis langer und harter Arbeitsjahre und insofern wohlverdient. Andererseits war er nicht der Mann, der diesen Wohlstand überbewertet hätte. Gefragt, wie er sich jetzt fühle, antworte er völlig unspektakulär: „Ich fühle mich in keiner Weise wie ein Millionär. Ich bin müde und ich bin angestrengt und ich muss endlich einmal Urlaub nehmen." Tatsächlich war das sein vordergründiges Empfinden. Nach der Anspannung der letzten drei Jahre war er ausgelaugt. Und so dachte er schon seit geraumer Zeit daran, für mehrere Monate nach Europa zu reisen, dort zur Jagd zu gehen und sich zu erholen.

Zunächst gab es jedoch noch einiges zu regeln. Als er endgültig nach Johannesburg zurückkehrte, wurde er in seinem Freundeskreis mit großem Hallo begrüßt. Als das überstanden war, nahmen seine engsten Freunde ihn zur Seite und bedrängten ihn, diesmal um Gottes Willen vorsichtig zu sein und – vor allem – seine Finanzangelegenheiten in keinem Fall selbst zu verwalten. Sie zählten ihm unverblümt seine Schwächen auf: „Du kannst nicht mit Geld umgehen. Du bist unfähig, es zusammenzuhalten. Du bist zu großzügig gegenüber echten und vermeintlichen Freunden. Du kannst nicht ‚*Nein*' sagen und du scheust dich, einen finanziellen Vorschlag, den man dir unterbreitet, auf Herz und Nieren zu prüfen". Und dann schlossen sie mit der Aufforderung: „Tu alles, was du willst, suche Gold oder suche

Diamanten, prospektiere auf was du willst und wo es dir in den Sinn kommt, aber versuche niemals, selbst in Geldgeschäfte einzusteigen."

Derjenige, der ihm dies am deutlichsten klarmachte, war jener Gustav Becker, der sowohl bei der Platin- als auch bei der Diamantenprospektion zu seinen ersten Geldgebern gehört hatte. Er war durch Merensky sehr reich geworden, und er empfand es als seine Freundespflicht, Merensky jetzt zu überzeugen, sein Vermögen diesmal „vernünftig" zu verwalten oder – noch besser – verwalten zu lassen. Und er war erstaunt festzustellen, dass Merensky nicht nur einsichtig war, sondern bereits seit geraumer Zeit über dieses Problem nachgedacht hatte. Merensky hatte dazugelernt! Das war aber nicht von einem auf den anderen Tag gekommen. Eine gewisse Einsicht hatte er schon nach der Entdeckung der Platins bewiesen. Damals hatte er bewusst vermieden, erneut an der Börse zu spekulieren. Dann war ihm wenige Wochen nach der Entdeckung der Austernlinie klar geworden, dass ihm diesmal, wenn er richtig agieren würde, ein großes Vermögen zuwachsen würde. Von da an hatte er auf dieses Ziel entschlossen hingearbeitet und entsprechend hart hatte er bei den Verkaufsverhandlungen mit Oppenheimer gepokert. Gleichzeitig war ein Plan gereift, wie er seinen neuen Besitz verwalten und sein zukünftiges Leben gestalten wollte. Jetzt war es so weit, und er begann Fakten zu schaffen.

Merensky gründete die „*African German Estate and Investment Company Ltd.*", eine Gesellschaft, die seine Geschäfte führen sollte. Er wollte sich damit keineswegs unter Kuratel stellen. Nach wie vor wollte er die volle Verfügungsgewalt über sein Vermögen haben und nach wie vor sollten es seine Entscheidungen sein, die maßgebend dafür waren, wo und wie das Geld angelegt wurde. Aber es sollte kein Geld mehr herausgehen, ohne dass das geplante Investment zuvor durch Anwälte und Fachleute eingehend geprüft worden wäre. Ab 1929 wurde er von Alexander Douglas, einem Johannesburger Rechtsanwalt, in juristischen Fragen beraten, und einige Zeit darauf stieß William Warmback als Finanzberater und Buchprüfer dazu. Beide wurden in den folgenden Jahren zu engen Vertrauten Merenskys und betreuten seine Unternehmungen noch über seinen Tod hinaus.

Diese Verwaltungsgesellschaft erwies sich in den folgenden Jahren als eine überaus glückliche Konstruktion. Dies sogar in doppelter Hinsicht. Zum einen wurde das Geld zusammengehalten bzw. renditebewusst eingesetzt und zum anderen brauchte Merensky sich um die finanziellen Details seiner Anlagen nicht mehr zu kümmern. Von nun an hatte er den Kopf frei für seine eigentlichen Anliegen. Das war bedeutsam, denn Merensky wurde in den folgenden Jahren extrem kreativ. Er hatte unendlich viele neue Ideen.

Der Name der Verwaltungsgesellschaft, „*African German Estate and Investment Company Ltd.*", mag manchen im ersten Moment irritieren. Was bedeutet in diesem Zusammenhang das Wort „*German*"? Wir wissen, dass Merensky sich zu dieser Zeit längst entschlossen hatte, für immer in Südafrika zu bleiben und dass er sich durch seine Geburt als Südafrikaner empfand. Andererseits hat er aus seiner deutschen Herkunft nie einen Hehl gemacht. Es war die Heimat seiner Familie und es war das Land seiner Muttersprache. Das hatte jedoch nie etwas mit einem nationalen oder gar politischen Bekenntnis zu tun. Solch eine Einstellung wäre ihm wesensfremd gewesen.

Dennoch, der Name der Verwaltungsgesellschaft war auch ein Programm: Merensky hatte sich nämlich entschieden, sein Vermögen teils in Südafrika, teils in Deutschland anzulegen. Dabei war der Gedanke, Vermögenswerte aus Sicherheitsgründen räumlich zu streuen, wahrscheinlich nicht die Antriebsfeder. Zumindest sind diesbezügliche Äußerungen Merenskys nicht bekannt. Was ihm vorschwebte, waren zwei andere Dinge:

Erstens wollte er bei der Weiterentwicklung der technischen Ausstattung des südafrikanischen Bergbaus behilflich sein. Durch sein Bergbaustudium war er ja in technischen Belangen bewandert. Zudem kannte er die deutschen Hersteller von Bergbaumaschinen und Aufbereitungsanlagen recht gut und hatte gleichzeitig in Südafrika die vielfältigen Einsatzmöglichkeiten für solche Maschinen und Anlagen ständig vor Augen. Jetzt wollte er beides zusammenbringen. Die Idee war bei ihm nicht neu. Er hatte sich für solche Dinge schon früher eingesetzt, z. B. als er 1926 mehrere Tonnen platinführenden Gesteins nach Deutschlands mitnahm, um Aufbereitungsversuche anstellen zu lassen. Später hat er die Idee, das technische *know how* Südafrikas zu stärken, auch auf menschliche Ressourcen ausgedehnt. Er hat mehrfach Fachleute animiert, nach Südafrika zu kommen. Und wenn ihm ein junger Einwanderer begegnete, der etwas konnte, war er immer bereit, ihm beim Start zu helfen oder ihn zumindest weiterzuvermitteln.

Der zweite Grund, warum Merensky das Wörtchen *German* in den Namen seiner Gesellschaft hereinnahm, war mehr privater Natur. Er wollte sich in Deutschland ein Jagdgut zulegen, und dieser deutsche Grundbesitz sollte von Johannesburg aus verwaltet werden. Merensky war – wie auch schon sein Vater – ein begeisterter Jäger. Während seiner Militär- und Studienzeit hatte er in Schlesien viel gejagt. In den Jahren zwischen 1904 und 1928 war diese Jagdleidenschaft wegen seiner beruflichen Anspannung in den Hintergrund gedrängt worden. Nun, da es ihm wirtschaftlich gut ging, wollte er dieser Passion wieder verstärkt nachgehen, und zwar in Europa. Entsprechende Schritte hatte er schon 1928 in die Wege geleitet. Das war zu einem Zeitpunkt, als die Gespräche über den Verkauf seiner Diamantenkonzessionen an Oppenheimer gerade erst begonnen hatten.

Noch war es jedoch nicht so weit. Im Moment wollte er nichts anderes als „relaxen". Eines Nachmittags saß er wieder im Rand-Club, wo er vor dem Krieg gewohnt hatte und wo er sich immer noch sehr wohl fühlte. Der Club hatte sich wenig verändert. Nach wie vor war er der bevorzugte Treffpunkt all derer, die etwas mit Bergbau oder Prospektion zu tun hatten. Wie eh und je war er eine Nachrichtenbörse ersten Ranges, in der Neuigkeiten ausgetauscht und Gerüchte kolportiert wurden. Und immer noch begegnete man Veteranen aus der Goldgräberzeit der 80er Jahre des vorangegangenen Jahrhunderts. Dazu kamen die Vertreter der nachfolgenden Generation, die jetzt den Ton angaben. Unter sie mischten sich die ganz jungen Erzsucher und Geologen, die noch von ihrer Zukunft träumten, sowie Spekulanten, glückliche und unglückliche, und gelegentlich auch verkrachte Existenzen. So war es eigentlich nur logisch, dass an diesem Ort, an dem Merensky so viele Kontakte gehabt hatte, die Begegnung stattfand, die seinem Leben eine entscheidende Wende geben sollte.

Merensky saß also entspannt im Rand-Club, als ihm jemand im Vorbeigehen auf die Schulter klopfte und „Hallo Merensky", sagte, „wie steht's denn bei Ihnen? Ich höre, die Geschäfte laufen gut ..." Der, der das sagte, war Sir Lionel Phillips (1855–1936), einer der alten Kämpen aus der frühen Goldgräberzeit des Rand. Nach vielen Höhen und Tiefen in seinem Leben hatte er es zu einem beachtlichen Vermögen gebracht. Jetzt, in seinen späten Jahren, hatte er sich, wie so viele seiner Generation, für das Landleben entschieden und verbrachte den größten Teil des Jahres auf seiner Farm.

Merensky mochte ihn, denn Lionel Phillips war, wie man so sagt, ein Mann von „echtem Schrot und Korn". Er lud ihn zu einem Drink ein, und natürlich drehte sich das Gespräch zunächst einmal um die Diamanten der Alexanderbucht. Aber dann fragte Phillips: „Und was planen Sie jetzt, Merensky? Ich hoffe, Sie haben noch ein paar Diamanten übrig, dann könnten Sie sich eine Farm zulegen?" Die Frage war keineswegs abwegig, denn wer in Transvaal etwas darstellte, egal ob General oder Politiker, im Nebenberuf war er Farmer. Und wer sein Vermögen im Goldbergbau oder im Diamantengeschäft gemacht hatte, verbrachte sein Alter ebenfalls auf seiner Farm, es sei denn, er hatte Wurzeln in England und ging dahin zurück.

So war es nicht verwunderlich, dass Merensky nickte und meinte, ja, daran hätte er auch schon gedacht. Daraufhin schob Phillips nach: „Ja, dann überlegen Sie sich das einmal, Merensky, ich will meine Farm Westfalia verkaufen. Ich könnte mir vorstellen, dass das für Sie das Richtige wäre". Merensky merkte auf. Er kannte diese Farm und er wusste, dass sie seit einigen Jahren Phillips gehörte. Sie lag bei *Duiwelskloof* in Nordosttransvaal (heute Limpopo-Provinz) und war ein großer Besitz. Im Jahr seiner Ankunft in Südafrika war er zum ersten Mal dort gewesen. Westfalia lag an den östlichen Hängen der *Woodbush*-Hügel, die zu den nördlichen Ausläufern der Drakensberge gehören, diesem mächtigen, nordsüdlich verlaufenden Gebirgszug, der vom östlichen Transvaal bis in die östliche Kap-Provinz reicht. Die Farm lag in einer Mulde, die sich nach Osten hin öffnete. Die feuchten Winde, die vom Indischen Ozean kamen, fingen sich darin. Das Gebiet war regenreich und somit ganz anders als das übrige Transvaal, das durch die Drakensberge von den Regenwolken abgeschirmt wird. Der Boden auf Westfalia war tiefgründig zersetzt und fruchtbar. Es war ein ideales Farmland. Damals, im Jahre 1904, war es eine wohlbestellte Farm, auf der Erdnüsse, Tabak, Kaffee und Baumwolle angebaut wurden. Um das kleine Farmhaus herum lag ein überreicher Gemüsegarten, und am Hang standen Obstbäume jeder Art. Freilich, der damalige Besitzer, ein Deutscher namens Plange, war ein rühriger Landwirt und wusste aus den Möglichkeiten, die die Natur ihm bot, etwas zu machen.

Das Schönste an dieser Farm war jedoch der wunderbare Fernblick. Das Farmhaus lag an einem Hang, und man schaute weit über die sich öffnende Ebene, über fruchtbare Felder, Wiesen und waldbestandene, sanfte Hügelketten. Das hatte ihm damals sehr gefallen, und er war auch später noch einmal dorthin zurückgekehrt, jedoch nicht mehr in den letzten Jahren.

Der Farmer Plange war schon vor längerer Zeit gestorben. Seine Witwe hatte die Farm noch einige Jahre weitergeführt, sie dann aber 1914 an Lionel Phillips verkauft, der sie jedoch nicht für sich selbst, sondern für seinen Sohn Harold erworben hatte. Dieser war jetzt gerade verstorben, und so war die Besitzung wieder auf dem Markt. Lionel Phillips wollte sie verkaufen. Merensky fand das äußerst interessant, denn Westfalia war ein Stückchen Erde, das zu bearbeiten Freude machen musste. Und so sagte er zu, in der nächsten Woche hinzufahren, um sich den Besitz noch einmal anzuschauen.

So geschah es. Als Merensky die Drakensberge überquerte und auf dem *Magoebaskloof*-Pass stand, da hatte er wieder diesen schönen Blick über das weite Land im Osten, eine Aussicht, die ihn schon früher begeistert hatte. Als er dann aber zur Farm kam, da sah alles doch ganz anders aus, als er es in Erinnerung hatte. Er wusste, wie eine gut geführte Farm aussah und er wusste auch, woran man eine Farm erkennt, die vernachlässigt war. Diese hier war über alle Maßen vernachlässigt. Aber es war noch schlimmer. Das Farmland war vertrocknet und ausgedörrt. Die saftigen Wiesen und die kleinen Bäche, die vormals an den Hügeln entsprangen – davon war jetzt nichts mehr zu sehen. Dort wo früher Wasser geplätschert hatte, befanden sich jetzt austrocknete Wasserrisse, und wo einst grüne Wiesen gelegen hatten, da zeigten sich nun kahle, von der Erosion zerrissene Hänge.

Er wusste nicht, wie das in dem von feuchten Winden durchwehten Tal hatte geschehen können. Waren die Regen hier tatsächlich ausgeblieben? Nein, das war nicht der Fall, sonst hätten sich nicht die tiefen Wasserrisse bilden können. Es hatte geregnet, aber das Wasser war sehr schnell abgeflossen. War das von Menschen verursacht? Einiges sprach dafür, denn ein Blick auf die Pflanzungen zeigte, dass sie wenig gepflegt waren. Harold Phillips war offensichtlich kein ambitionierter

Landwirt gewesen. Man sah der Farm an, dass dem Besitzer die Liebe zur eigenen Scholle gefehlt hatte. Da war kein Verständnis dafür vorhanden gewesen, dass man für die Ackerkrume, die reiche Frucht tragen sollte, auch etwas tun musste. Merensky fragte sich, ob man diese Farm wieder zu dem machen konnte, was sie einst gewesen war. Wenn überhaupt, dann war das eine Aufgabe, die Jahre beanspruchen würde. Schön müsste es aber sein, wenn es gelingen würde.

Und nun bewährte sich zum ersten Mal das Team, das Merensky in seiner *African German Estate and Investment Company* zusammengestellt hatte. Während er schon auf der Reise nach Europa war, verhandelten seine Berater und Fachleute mit Lionel Phillips. Bald nachdem er Deutschland erreicht hatte, erhielt er die Nachricht, dass er nunmehr Herr auf Westfalia sei. Er hatte 40.000 Pfund für diesen riesigen Landbesitz gezahlt, von dem er wusste, dass er einmal einer der schönsten von Transvaal gewesen war und von dem er hoffte, dass er es wieder werden würde.

16 Ein Sommer in Mecklenburg

Merensky reiste nach Deutschland. Es war das Frühjahr 1929. Die folgenden Monate wurden für ihn die friedvollsten und zugleich sorgenfreiesten, die er je erlebt hat.

Der Reisebeginn war allerdings nicht nach seinem Geschmack. Als er in Kapstadt an Bord ging – damals reiste man noch mit dem Schiff nach Europa –, wurde er von der gesammelten Journalistenschar der in Kapstadt vertretenen Nachrichtenagenturen und Zeitungen erwartet.

Er wurde photographiert und noch einmal photographiert und dann wurde er befragt und nochmals befragt. Wie der Diamantenmarkt sich entwickeln würde, ob es in Zukunft noch weitere so großartige Funde wie jene in der Alexanderbucht geben würde, wie er Südafrikas Stellung im internationalen Platinhandel beurteilen würde und was seine nächsten Pläne seien. Fragen über Fragen, und die meisten waren so formuliert, dass er, wenn er ein gutes Gewissen behalten wollte, sie nicht beantworten konnte.

Was sollte er auch zur zukünftigen Entwicklung des Diamanten- oder Platinmarktes sagen? Seine Erfahrungen hatten ihn gelehrt, dass der Fund einer Lagerstätte, und mochte sie noch so vielversprechend sein, stets nur ein Rädchen im großen Räderwerk des Weltmarktgeschehens war. Wenn morgen in Australien oder Russland eine neue Platinlagerstätte entdeckt würde, dann könnte schon am Abend alles anders aussehen. Und seine eigenen Pläne? Ja, die hatte er. Aber sollte er wirklich erzählen, dass er ausgelaugt war, dass er sich nach Ruhe sehnte und nach der kühlen Abendluft in deutschen Wäldern? Das war nicht das, was man von ihm hören wollte und so gab er nur recht einsilbige, nichtssagende Antworten: „Ja", „Nein" und „... das könnte in Zukunft sicherlich interessant sein".

Diese Interviews waren jedoch nur ein Vorgeschmack auf das, was ihn bei seiner Ankunft in Berlin im Adlon erwartete. Es war ein unglaublicher Trubel, der dort um ihn veranstaltet wurde, um vieles stärker als vor vier Jahren. Damals war er noch ein unbeschriebenes Blatt gewesen, das aus dem fernen Afrika herübergeweht war. Über seine persönlichen Umstände hatte man nicht viel gewusst, und so konnten die Journalisten mit ungebremster Phantasie über ihn erzählen. Mal hatte man ihn als Glückspilz beschrieben, der ohne sein Zutun über eine dicke Platinader gestolpert war, mal als den unermüdlichen Schatzgräber, der über Jahre hin seinem Kindheitstraum vom „großen Fund" nachgegangen war. Diesmal war die Presse jedoch bestens vorbereitet. Sie kannte Produktionszahlen, Preise und auch das komplizierte Geflecht von Angebot und Nachfrage. Insbesondere über den Platinmarkt wussten die Berliner Wirtschaftsjournalisten bestens Bescheid. Durch das russische Dumping waren der Platinpreis seit 1928 von knapp 18 Pfund pro Unze auf jetzt 11¾ Pfund gefallen. Und so prasselten die entsprechenden Fragen in Fülle auf ihn ein. Würden die südafrikanischen Platingesellschaften versuchen, den Markt durch Drosselung ihrer Produktion zu stabilisieren? Oder würden sie den Preiskampf mit Russland weiterführen? Würde das Diamantensyndikat seine Preise stabil halten können? Und würde es weiterhin alle in Südafrika gefundenen Steine aufkaufen? Und was würde passieren, wenn synthetische Diamanten auf den Markt kämen? Fragen, auf die er weder antworten konnte noch wollte. Was war das für eine Absurdität, von ihm zu erwarten, dass er sich im Ausland über die Geschäftspolitik südafrikanischer Firmen auslassen würde! Und während er befragt wurde, entlud sich ein Blitzlichtgewitter über ihn – er empfand es als Qual.

Kaum war der Journalistenrummel vorbei, da meldeten sich Besucher bei ihm an, Namen die er nie gehört hatte, ausgestattet mit phantasievollen Visitenkarten. Wildfremde Menschen drangen zu ihm vor und versuchten, ihn zu riesigen Geschäften zu überreden. Unglaublich, was da alles in Südafrika gebaut oder verkauft werden sollte! Und er, Merensky, sollte das finanzieren! Und ganz selbstverständlich waren alle diese Geldanlagen „todsichere" Geschäfte. Investitionen, die ein Risiko beinhalteten, gab es bei diesen Leuten offensichtlich nicht. Merensky war es leid, mit Menschen, die er nicht kannte, über solche Sinnlosigkeiten zu diskutieren. Nun kam ihm die Tatsache zur Hilfe, dass er in Johannesburg die Firma für seine Vermögenswaltung gegründet hatte. Wenn er sich des zudringlichen Redeschwalls eines Besuchers gar nicht mehr erwehren konnte, bat er ihn, den gerade unterbreiteten Geschäftsvorschlag doch bitte schriftlich zu formulieren und an sein Büro in Johannesburg zu schicken. Dann verabschiedete er den ungebetenen Gast und war ihn für immer los. Da waren diejenigen, die einfach nur Geld leihen wollten, noch die erträglicheren, zumindest konnte man sie leichter abwimmeln.

So edel und angenehm das Adlon auch sein mochte, Merensky war entnervt. Nach vier Tagen verließ er Knall auf Fall das Hotel und floh zu seinen Freunden, dem Ehepaar Malcomess, nach Lichterfelde. Major Malcomess war es gewesen, der ihm eine der schönsten Jagdmöglichkeiten, die es überhaupt gab, vermittelt hatte. Es war die Jagd auf den von Bülow'schen Gütern in Mecklenburg. Wie auf vielen Gütern war dort, nach den schweren Jahren der Depression, Bargeld knapp, und die Gelegenheit, einen *paying guest* aufzunehmen, war hochwillkommen. Allerdings waren die Bülowschen Besitzungen auch sehr geeignet für Gäste. Die von Bülows besaßen drei nahe beieinanderliegende Güter, Rodenwalde, dessen Herrenhaus sie damals selbst bewohnten, sowie Goldenbow und Albertinenhof, deren Gutshäuser nicht genutzt wurden, die aber durchaus bewohnbar waren. Ringsum lag ein weites, wunderschönes Waldgebiet mit reichem Wildbestand.

Das Ehepaar Malcomess hatte alles fürsorglich geregelt. Die Jagd war gepachtet, und zwar nicht nur für diesen Sommer, sondern für fünf Jahre, bis 1934. Zudem war Merensky eine Option für den Kauf des Gutes Rodenwalde eingeräumt worden. Sollte es zur Übernahme kommen, wollten die von Bülows ihren Wohnsitz nach Albertinenhof verlegen. Bis das geklärt war, sollte Merensky in Goldenbow wohnen. Der Zeitpunkt seiner Reise dorthin ist dokumentiert: Am 29. Mai 1929 schreibt er von Berlin aus an seinen Jugendfreund Horst Correns: „... in der nächsten Woche will ich nach Goldenbow gehen ...“. Das dortige Gutshaus war einer der ganz wenigen noch aus dem Frühbarock stammenden Herrensitze in Mecklenburg. Der Großvater des jetzigen Besitzers hatte es ab 1862 aufwändig restaurieren lassen. Es war ein imposantes, herrschaftliches Gebäude, dessen Interieur jedoch etwas altbacken wirkte. Frau Malcomess hatte aber dafür gesorgt, dass das eine oder andere altmodische Möbelstück durch ein bequemeres ersetzt wurde. Für das leibliche Wohl sollte das Verwalterehepaar sorgen, was sich anbot, da die Ehefrau früher als herrschaftliche Köchin gearbeitet hatte. Zur Begleitung im Revier stand für Merensky der erfahrene Oberförster zur Verfügung.

Was dann folgte, hatte eine durchaus komische Seite. Irgendwie hatte sich bei der Vorbesprechung mit der Familie von Bülow ein Missverständnis bezüglich des Jagdgastes eingeschlichen. Major Malcomess hatte beiläufig erwähnt, dass Herr Merensky in Südafrika sehr bekannt sei, da er in den letzten Jahren große Diamantenfunde gemacht habe. Das hatte in den Köpfen der Familie gearbeitet und in den abendlichen Gesprächen wurde daraus ein „neureicher Millionär“. Die phantasievollen Ausmalungen seitens der jüngeren Generation trugen dann dazu bei, dass man sich ein völlig falsches Bild von dem Besucher machte. Selbstverständlich kam da jemand, der von seinem Leibkoch und weiterem Personal begleitet wurde. Die Geschichte wurde weitergesponnen, und nach einigen Tagen vermuteten die jüngeren, dass der Gast auch zwei Maitressen mitbringen würde, eine schwarze und eine braune. In diesem Stadium griff der Vater ein und verbot weitere Spekulationen über den Gast. Die Brüder stritten trotzdem weiter darüber, wie viele Elefanten der Besucher wohl schon geschossen hätte.

Die Wirklichkeit sah dann anders aus. Merensky kam wegen seiner Flucht aus dem Adlon früher als erwartet, konnte also am Bahnhof nicht abgeholt werden. Er mietete sich in Schwerin einen Wagen und kam praktisch unangemeldet und natürlich allein in Goldenbow an. Der Verwalter empfing ihn, rief dann aber sofort in Rodenwalde an. Da der Hausherr, Henning von Bülow, gerade abwesend war, setzte sich der 17-jährige Sohn, Jürgen von Bülow, aufs Pferd und ritt hinüber nach Goldenbow, um den Gast zu begrüßen und zu sehen, ob alles zu seiner Zufriedenheit getan würde.

Als er ankam, sah er jemanden, der gerade vom Herrenhaus zu den Ställen schlenderte, offenbar einer der Bediensteten des Gastes. Jürgen von Bülow grüßte im Vorbeireiten und eilte ins Gutshaus. Er war erstaunt, als er dort erfuhr, dass eben dieser Herr da draußen der neue Gast war. Und die Verwunderung wuchs, als die Verwaltersfrau am nächsten Tag berichtete, dass der Gast nach dem opulenten Abendessen, das sie auf den Tisch gebracht hatte, sich zwar sehr lobend bedankt, dann aber bescheiden und mit großer Liebenswürdigkeit gefragt habe, ob sie denn auch eine gute Hausmannskost zubereiten könne. Er würde das bevorzugen, zu raffinierte Speisen wären nicht nach seinem Geschmack.

Die nächste Überraschung wurde dann vom Oberförster gemeldet, einem Mann, der wenig sprach, jedoch gut beobachtete. Er hatte schon viele Herren auf der Jagd begleitet, gestandene Weidmänner und tollpatschige Anfänger, liebenswürdige, ältere Herren und junge Schnösel, deren Auftreten ihm misshagte, was er sich aber nie anmerken ließ. Dass der Gast aus Südafrika ein guter Schütze sein würde, das hatte er erwartet. Die aufgeschlossene Art des Gastes und sein Interesse an dem Leben auf dem mecklenburgischen Land überraschte ihn dann aber doch. Vollkommen baff war er schließlich, als er feststellte, dass dieser Herr, der von so weit herkam, sich im deutschen Jagdwesen auskannte, Jagd- und Schonzeiten im Kopf hatte und über die Notwendigkeiten und Probleme der Hege Bescheid wusste. Wie sollte er auch ahnen, dass Merensky im Elternhaus seines Jugendfreundes von Thaer alles, aber auch wirklich alles, was man über die Jagd und das Forstwesen wissen sollte, gelernt hatte.

Die von Bülows waren also vorgewarnt, dass sie da einen Jagdgast hatten, der anders war, als erwartet. Nach einigen Tagen der Eingewöhnung, die man ihm gelassen hatte, wurde Merensky nach Rodenwalde zum Essen gebeten. Die Familie war nun wirklich gespannt. Und es kam, wie es so oft in Merenskys Leben gekommen war: Seine Liebenswürdigkeit, sein eher bescheidenes Auftreten und die kluge Art, wie er zu diesem oder jenem Stellung nahm, beeindruckten. Nur die Kinder waren ein wenig enttäuscht, sie hätten zu gern etwas von den Abenteuern gehört, die er doch erlebt haben musste, aber wie immer war er bei Erzählungen über sein Leben im *Veld* zurückhaltend.

Die Einladung wurde wiederholt. Henning von Bülow war drei Jahre älter als Merensky, und es dauerte nicht lange, da waren die beiden älteren Herren Freunde geworden. Es wurde eine lebenslange Freundschaft. Sie kamen aus verschiedenen

Welten. Henning von Bülow, kultivierter Edelmann und ehemaliger großherzoglicher, mecklenburg-schweriner Kammerherr und Hans Merensky, Geologe aus Südafrika, berühmter Entdecker und Ehrendoktor der Technischen Hochschule Berlin. Aber gerade deshalb hatten sie sich viel zu erzählen. Vor allem die sachliche, abgeklärte Art, wie der eine und der andere über seine jeweilige Welt berichtete, brachte sie einander näher. Und dann entdeckten sie Gemeinsamkeiten. Holz und die Produkte der mecklenburgischen Landwirtschaft waren Rohstoffe, deren Preisbildung von den Gegebenheiten auf den Märkten abhängig war. Da gab es manche Ähnlichkeit mit dem Geschehen auf den Metallmärkten, deren „Auf und Ab" Merensky leidvoll erfahren hatte.

Die beiden Herren gewahrten aber noch einen ganz anderen, unerwarteten Berührungspunkt. Sie waren beide Weinkenner und philosophierten gern über ihre Vorlieben. Beide hielten die Rheingauer Weine für die Krone der deutschen Weinkultur. Von diesem Punkt an schieden sich jedoch die Geister. Merensky bevorzugte den Steinberg des Klosters Eberbach, den er schätzte, da dessen Weine in ihren guten Jahrgängen voller Ausdruckskraft und reichhaltiger Würze waren. Henning von Bülow hielt dagegen den Schloss Johannisberger für das erlesenste Gewächs. Darüber gab es lange Diskussionen. Als die beiden älteren Herren schließlich alle geschmacks- und weintechnischen Argumente verbraucht hatten, ohne dass der eine den anderen überzeugen konnte, wurde auf die Historie zurückgegriffen. Waren es doch Benediktiner, argumentierte von Bülow, diese wahrlich besten Weinkenner, die auf dem Johannisberg die ersten Reben gepflanzt hatten. Merensky ließ sich nicht beeindrucken, denn, das wusste er, der Steinberg war von Zisterziensern für den Weinbau erschlossen worden und war als Weinlage mindestens so alt wie der Johannisberg. Auch dass die Metternichs später den Johannisberg übernommen hatten, war für Merensky noch kein schlagender Beweis. Aber von Bülow, der kultiviert und belesen war, hatte noch viele andere Argumente im Köcher. Endgültig passen musste Merensky, als von Bülow die große Literatur zugunsten des Johannisberges ins Feld führte und Heinrich Heine zitierte:

„Mon Dieu, wenn ich doch
soviel Glauben in mir hätte,
dass ich Berge versetzen könnte,
der Johannisberg wäre just derjenige Berg,
den ich mir überall nachkommen ließe."

Es war wahrlich ein Streit der Edlen, der letztlich nicht zu entscheiden war. Er gab den beiden Herren jedoch Gelegenheit, viele laue Sommerabende mit Weinproben und Gesprächen über die Jagd und die Zeitläufte zu verbringen, mal in Rodenwalde, mal in Goldenbow.

Merensky freundete sich auch mit den Kindern an, die ihn bewunderten. Da war zunächst einmal die jüngste Tochter, Jutta von Bülow, 21 Jahre alt. Sie hatte ein Jahr zuvor geheiratet und lebte mit ihrem Mann auf Rodenwalde. Manchmal hatte sie geschäftlich in Schwerin zu tun, wo auch Merensky dann und wann hin musste. Mal benötigte er Munition, mal wollte er Wein abholen, den er für eine neuerliche Weinprobe bestellt hatte, und ein anderes Mal war es eine Unterschrift, die er beim Notar beglaubigen lassen musste. Was auch der Anlass seien mochte, er ließ es sich nicht nehmen, nach Erledigung seiner Besorgungen die junge Dame abzuholen und sie zusammen mit einigen ihrer Freundinnen zum Essen auszuführen. Die Damenschar wusste genau, wohin sie wollte, nämlich ins beste Lokal, das war „Bei Uhles". Im Anschluss daran wurde eine Bootspartie gemacht, und manchmal machten sie auch noch in einer Konditorei Station. Wenn er sich dann am späten Nachmittag von den Damen verabschiedete, bedankte er sich liebenswürdig für ihre Gesellschaft und überreichte jeder von ihnen eine große Bonbonniere. Kein Wunder, dass sie von soviel Galanterie sehr angetan waren. Für Merensky war das Ganze recht anstrengend, er hatte ja Gehörprobleme, und so fiel es ihm manchmal schwer, beim Gezwitscher dieser fröhlichen jungen Damen alles zu verstehen. Aber er genoss es unendlich, im Kreis dieser unbeschwerten jungen Menschen zu sein. So sorgenfrei und heiter war er seit Jahren nicht gewesen.

Er jagte viel in diesen Wochen, und manchmal begleitete ihn nicht der Oberförster, sondern der junge Jürgen von Bülow. Das Revier war so groß und das Wild um diese Jahreszeit so heimlich, dass ein Fremder, wenn er zum Abschuss kommen wollte, unbedingt einen Führer brauchte. Gewöhnlich saßen sie schon am frühen Abend auf dem Anstand, und bis das Wild herauszog, konnte es lange dauern. Es blieb also viel Zeit für Gespräche.

Einmal fragte Merensky seinen jungen Begleiter, was dieser später beruflich zu tun gedenke. Es stellte sich heraus, dass das alles in der Familie schon besprochen und festgelegt war. Die landwirtschaftlichen Besitzungen sollten vom neun Jahre älteren Bruder Friedrich-Carl übernommen werden und er, der jüngere, sollte in den diplomatischen Dienst eintreten. Angesichts seiner gesellschaftlichen Gewandtheit schien das keine schlechte Wahl zu sein, insbesondere wenn man an die große Zahl bekannter Persönlichkeiten dachte, die die Familie seit dem frühen Mittelalter hervorgebracht hatte. Allein in den letzten 120 Jahren waren es fünf: Zunächst einmal Graf von Bülow-Dennewitz, der 1813 bei Großbeeren den napoleonischen Truppen unter Marschall Oudinot den Weg nach Berlin versperrt und einige Monate später bei Dennewitz Marschall Ney geschlagen hatte und der schließlich bei Waterloo schlachtentscheidend eingreifen konnte. Dann der Staatssekretär im Auswärtigen Amt und enge Vertraute Bismarcks, Bernhard Ernst von Bülow. Danach sein Sohn, Bernhard Fürst von Bülow, der Reichskanzler der Wilhelminischen Zeit. Schließlich der Feldmarschall des Ersten Weltkrieges, Karl von Bülow, und nicht zuletzt sein eigener Großvater, der mecklenburg-schweriner Staatsminister gewesen war. Aber vielleicht war es gerade diese berühmte Verwandtschaft, die den jungen von Bülow abschreckte. Jedenfalls spürte Merensky bei ihm einen Vorbehalt gegen die Diplomatenlaufbahn. Die behutsame Nachfrage ergab, dass Jürgen von Bülow gern Landwirt werden wollte, ganz einfach Landwirt! Er wollte nicht in Berlin leben und auch nicht in anderen Hauptstädten, er wollte nicht eingeengt sein und er wollte die Natur um sich haben. Das sagte er mit Bescheidenheit, aber doch sehr klar formuliert. Und Merensky dachte zurück an seine eigene Berufswahl. Es mochten 36 Jahre her sein, dass er mit seinem Jugendfreund Albert von Thaer in einer ähnlich lauen Sommernacht auf dem Anstand gesessen hatte. Damals war ihm im Laufe der Diskussion klargeworden, dass er einen Beruf ergreifen müsse, in dem er „frei" sein konnte. „Alles, nur nicht eingeengt sein," wurde von da ab seine Devise. Er dachte weiter an seinen Vater, den Missionar, dem er kurz darauf seine Berufswahl und den Wunsch, „frei" zu sein, erläutert hatte. Der Missionar war etwas erstaunt gewesen, tendierten doch seine anderen Söhne zu „klassischen" Berufen: Jurist, Pastor, Militär. Aber dann hatte er seinen Sohn ernst angeschaut und gesagt: „Wenn du wirklich weißt, dass dies das Richtige für dich ist, dann tue es". Und mit den

Abb. 24. Jürgen von Bülow. Er wurde zu einem der wichtigsten Mitarbeiter Merenskys.

gleichen Worten ermutigte Merensky den jungen von Bülow, seinen Berufstraum in die Tat umzusetzen. Um ihn zusätzlich zu ermuntern, fügte er hinzu: „Wenn Sie später nicht wissen, wo Sie als Landwirt hingehen sollen, ich habe in Transvaal gerade eine große Farm erworben. Dort ist in den nächsten Jahren viel zu tun. Wenn Sie wollen, können sie jederzeit hinkommen. Bleiben Sie zwei oder drei Jahre, dann haben Sie wenigstens etwas von der Welt gesehen, das ist keine verlorene Zeit, und dann können Sie entscheiden, was Sie weiter tun wollen".

Und so lief es. Jürgen von Bülow machte kurz darauf sein Abitur und schrieb sich bald danach in Bonn in die Landwirtschaftliche Fakultät ein. Nach einigen Semestern ging er durch Vermittlung von Merensky für ein Jahr nach London, um Englisch zu lernen. 1935 erschien er dann auf Westfalia. Es dauerte nicht lange, da war er eingearbeitet, und nach zwei Jahren war nicht mehr daran zu denken, dass er weggehen würde. Jürgen von Bülow wurde Merenskys rechte Hand und blieb bis zu dessen Lebensende bei ihm und war danach einer seiner vier Nachlassverwalter.

Merensky hatte dieses Gespräch geführt, weil er einem jungen Menschen, der es ihm wert schien, bei einer Lebensentscheidung behilflich sein wollte. Er ahnte in diesem Augenblick noch nicht, dass er damit auch für sein eigenes Leben einen ganz entscheidenden Akzent gesetzt hatte.

Das Jahr 1929 war für Merensky ein Jahr der Wende. Das Erreichen seiner finanziellen Unabhängigkeit, die Übertragung der Finanzentscheidungen auf seine neugegründete Verwaltungsfirma, der Kauf von Westfalia, die „Auszeit" in Deutschland, die zugleich eine Zeit der Reinigung von dem Gedankenballast der letzten Jahre bedeutete, und nun die zugegebenermaßen zufällige Anwerbung eines seiner wichtigsten Mitarbeiter, all das war ein einheitlicher, zusammenhängender Vorgang. Merensky befreite sich von seinen früheren Tätigkeiten und trat, als das Jahr zu Ende ging, in eine neue Lebensphase, die durch eine ungeheuere Kreativität gekennzeichnet war. Andererseits war er nicht mehr der Jüngste. Er war 59 Jahre alt und hatte ein hartes Leben geführt. Er war nicht verbraucht, geistig schon gar nicht, aber körperlich doch nicht mehr so leistungsfähig, dass er all die Ideen, die er in den nächsten Jahren haben sollte, selbst hätte verwirklichen können. So war es eine glückliche Fügung, diesen jungen Mann aus Deutschland bei sich zu haben, der tatkräftig war und Enthusiasmus entwickeln konnte, der vieles von dem, was Merensky vorschwebte, umsetzen und der ihn zudem mit seinem geschliffenen Auftreten wirkungsvoll vertreten konnte, sowohl bei Verhandlungen als auch bei repräsentativen Aufgaben. Jürgen von Bülow war ein Glücksfall für Merensky!

Dieser Sommer in Mecklenburg war für Merensky aber auch deshalb bedeutsam, weil er sich gegen Ende seines Aufenthaltes entschloss, die ihm eingeräumte Option für den Kauf von Rodenwalde wahrzunehmen. Die Liebe zum Wald und die Jagdleidenschaft lagen ihm ja im Blut, und alle Vorstellungen, die er in Bezug auf ein Jagdgebiet hatte, wurden durch Rodenwalde erfüllt. Es war aber nicht nur das. Auch das Herrenhaus gefiel ihm außerordentlich, denn es war großzügig gestaltet und bot die Möglichkeit, viele Gäste zu beherbergen. Dazu kam ein gepflegter, alter Park mit Tennisplatz und wunderschön angelegten Blumenrabatten. Er liebte diese ländliche und gleichzeitig sehr gepflegte Atmosphäre sehr. Und so ließ er den Kauf vorbereiten, der dann, einige Zeit nach seiner Abreise, am 24. Februar 1930 notariell besiegelt wurde. Gleichzeitig verlängerte Merensky die Pacht der Jagd und der Holznutzung von Goldenbow noch einmal um 15 Jahre, also bis 1949.

Der Kaufpreis des 1.100 ha großen Gutes betrug 750.000 Reichsmark. Das war zwar eine stolze Summe, aber trotzdem ein preiswerter Kauf. Durch die Agrarkrise halbierte sich nämlich der Hektarpreis in dieser Zeit. Von 1.083 Reichsmark im Jahr 1928 fiel er in Mecklenburg bis 1932 auf nur noch 557 Reichmark. Ausweislich des Kaufvertrages beglich Merensky 584.000 Reichsmark in bar und übernahm Schulden in Höhe von 166.000 Reichsmark.

In den folgenden Jahren bis einschließlich 1938 kam Merensky dann regelmäßig nach Rodenwalde zur Jagd, jedoch nie für lange Zeit, meistens waren es nur sechs bis acht Wochen. Er kam nie allein, sondern brachte stets Geschäftsfreunde und vor allem Jagdgäste mit. Außerdem wurde er in dieser Zeit ständig von seinem Neffen Carl-Theodor Klugkist begleitet. Dieser arbeitete für ihn als Privatsekretär und erledigte Merenskys Geschäftskorrespondenz, die auch während seiner Reisen reichlich anfiel. Klugkist war der Sohn einer jüngeren Schwester von Merensky. Er war promovierter Landwirt, und Merensky schätzte ihn wegen seiner Tüchtigkeit.

Für Merensky war Rodenwalde aber nicht nur Jagdgebiet. Er war sich seiner Verpflichtung, die Substanz des Gutes zu erhalten, durchaus bewusst. Er investierte deshalb bereits in den ersten fünf Jahren ca. 400.000 Reichsmark. Sie flossen in die Neueinrichtung des Herrenhauses, in den Umbau der nicht mehr zeitgemäßen Landarbeiterwohnungen, in die Melioration des Bodens und in die Anschaffungen neuester landwirtschaftlicher Maschinen und Geräte. Später kam noch ein neues Forsthaus und im Dorf eine neue Schule hinzu. Wir wissen darüber Bescheid, weil der Leiter der nationalsozialistischen „Reichsstelle für Landbeschaffung", der sich von Amts wegen laufend nach unzureichend bewirtschafteten Ländereien umsah, um sie Siedlungszwecken zuzuführen, am 5. November 1935 eine Stellungnahme zum Gut Rodenwalde abgab. Sie lautete: „Die objektiven und subjektiven Voraussetzungen für eine Inanspruchnahme liegen vor. Der Betrieb wird jedoch infolge der außergewöhnlichen Aufwendungen des Besitzers für die Umsiedlung zu teuer."

Zusätzlich erwarb Merensky 1934 aus dem ehemaligen Besitz des Königs von Sachsen das unweit Breslau gelegene Gut Süßwinkel. Dieser Kauf war sicherlich durch seinen Jugendfreund Albrecht von Thaer ermöglicht worden. Dieser war während des Ersten Weltkriegs General gewesen und wurde nach dem Krieg Generalbevollmächtigter für die schlesischen Besitzungen des 1918 abgedankten sächsischen Königs. Für diese Stellung war er prädestiniert. Er hatte auf dem elterlichen Gut Pawonkau eine gründliche landwirtschaftliche Ausbildung genossen und zudem vor seiner Militärkarriere auch noch ein volles juristisches Studium absolviert. Süßwinkel war ein Ackerbau- und Forstgut, das gut in Schuss war und von Anfang an Erträge abwarf. Der eigentliche Kaufgrund für Merensky war aber auch hier seine Passion für die Jagd. Das Gut galt nämlich zwischen den beiden Weltkriegen als das beste deutsche Revier für die Fasanenjagd. Merensky behielt Süßwinkel aber nur kurze Zeit und überschrieb dieses Gut schon 1938 an seine Jugendfreunde Albrecht und Georg von Thaer.

Damit nicht genug. In Westpommern kaufte Merenky in den 30er Jahren auch noch das Gut Gutzmin. Inmitten weiter Wälder gelegen, war es ein reines Forstgut mit reichem Rotwildbestand. Hier musste Merensky viel investieren. Ursprünglich hatte das Gut einem Herrn von der Osten gehört, der Adjutant des Kaisers gewesen war.

Alle drei Güter gingen mit dem Kriegsende 1945 verloren. Süßwinkel und Gutzmin lagen in den Provinzen, die an Polen fielen und dort enteignet wurden. Damit wurden der Besitz der von Thaers und die testamentarischen Bestimmungen hinsichtlich Gutzmin hinfällig. Dieses war nämlich für den ältesten Sohn seines jüngeren Bruders, des Pastors Ernst-Adolf Merensky, vorgesehen.

Rodenwalde wiederum wurde Opfer der in der Sowjetischen Besatzungszone durchgeführten Bodenreform, die alle Güter und Domänen erfasste, die eine Betriebsfläche von mehr als 100 ha hatten. Es gab jedoch eine Teilentschädigung. Da Hans Merensky zeitlebens unverheiratet blieb und ohne leibliche Erben war, hatte er sein Vermögen schon zu Lebzeiten einer Stiftung übereignet. Diese war nach südafrikanischem Recht gegründet und konnte deshalb Ausgleichsansprüche geltend machen. Diese wurden seitens der südafrikanischen „Verwaltung der beschlagnahmten Feindvermögen“ anerkannt und mit einer Zahlung von 250.000 Pfund honoriert. Diese Summe gleicht die Ansprüche jedoch nur zum Teil aus. Gespräche über eine weitergehende Regelung kamen nach der deutschen Wiedervereinigung mit der deutschen Regierung in Gang, haben jedoch noch nicht zu einem Ergebnis geführt.

17 Der kreative Farmer

Nach Merenskys Rückkehr nach Transvaal wurde die Farm Westfalia der Mittelpunkt seines Lebens. Ihr widmete er seine ganze Arbeitskraft, in den ersten Jahren sogar ausschließlich. Man mag es kaum glauben, aber er nahm seinen Geologenhammer und seine Lupe mehrere Jahre lang nicht in die Hand.

Es gibt Geologen, die, wenn sie über Hans Merensky referieren, diesen Zeitabschnitt gerne überspringen. Das ist hinnehmbar, sofern es sich um ein rein lagerstättenkundliches Referat handelt. Will man jedoch die Lebensgeschichte Merenskys nachzeichnen, dann sind die Jahre, in denen er sich ausschließlich seiner Farm widmete, ein essentieller Teil davon. Er war eben nicht nur Geologe, sondern wurde in diesen Jahren auch zum Ökologen, Naturschützer, Agronomen und Pflanzenzüchter. Es war eine zweite Karriere, die er begann, und auf jedem dieser Arbeitsfelder leistete er Außerordentliches.

Es war offensichtlich, dass er nach dem Entschluss, Westfalia zu sanieren, dort etwas „Besonderes" realisieren wollte. Man darf das nicht so verstehen, dass er sich ein „Zuhause" schaffen wollte. Ein Heim zu haben, das einen Ruhepol bilden konnte, hatte für ihn, der sein Leben lang unverheiratet blieb, keine Priorität. Sein Denkmodell griff weiter. Er wollte etwas hinterlassen, rein physisch, und es sollte mit einer Botschaft verbunden sein. Dieser Gedanke wuchs in ihm über die Jahre hinweg. Die Botschaft, die er weitergeben wollte, waren der Glaube an den Fortschritt und die Überzeugung, dass es sich lohnt, für den Fortschritt hart zu arbeiten. Er stand damit in der Nachfolge seines Vaters, der auch etwas hinterlassen hatte, was den Fortschritt bezeugte, nämlich seine Missionsstation *Botshabelo*. Sie steht seit 140 Jahren als Zeugnis des Pioniergeistes der damaligen Generation und ist inzwischen zu einem Denkmal der südafrikanischen Geschichte und zu einem beliebten Touristenziel geworden.

Obwohl Westfalia für ihn ab 1930 der zentrale Ort wurde, auf den sich sein Denken konzentrierte, hielt Merensky sich dort nicht ständig auf. Er reiste viel, und immer wieder weilte er auch wochenlang in Johannesburg, wo er Geschäften nachging und Kontakte pflegte. Nach wie vor ging er dann gerne in den Rand-Club, um alte Bekannte zu treffen und das Neueste zu erfahren. Quartier bezog er im nahe gelegenen Carlton, wo er eine ganze Zimmerflucht anmietete. Dieses Hotel bot den geeigneten Rahmen für seine gesellschaftlichen Verpflichtungen. Er verkehrte jetzt mit Parlamentsabgeordneten und Ministern, kannte alle Financiers und war vor allem gesuchter Gesprächspartner der *Rand Lords* und der Chefgeologen der großen Bergbaufirmen. Man schätzte seine Erfahrung und sein abgewogenes Urteil bezüglich der Wirtschaftlichkeit von Mineralvorkommen.

Eng verbunden mit seinen Geschäften waren die Einladungen, die er im Carlton gab. Diese Feste wurden wegen ihrer Großzügigkeit bald legendär. Das Ambiente war hochelegant, und die besten Speisen und Getränke waren gerade gut genug. Das entsprach seinem Sinn für eine gepflegte Gastlichkeit. Er selbst erschien im tadellosen Frack mit Piquéweste, die Damen in großer Abendrobe. Begrüßt wurden sie mit einem Rosenbouquet. Merensky geizte nicht mit Komplimenten und konnte bei solchen Gelegenheiten sehr galant sein. Meist überreichte er den Damen im Laufe des Abends auch noch einen „Glücksstein". Diese Bezeichnung war ein für ihn typisches *understatement*, denn es handelte sich entweder um einen Diamanten, einen Saphir oder einen Rubin. Damen, die öfter an diesen Einladungen teilnahmen, konnten sich nach einiger Zeit ein kleines Collier zusammenstellen.

Merensky wusste, was Damen gefällt, und so blieb das nicht die einzige Gelegenheit, bei der er Edelsteine verschenkte. So ließ er, als die südafrikanische Damen-Tennismannschaft zu einem internationalen Turnier aufbrach, es sich z. B. nicht nehmen, jeder der Damen bei der Verabschiedung einen Turmalin als „Glückstein" mit auf den Weg zu geben.

Natürlich fragten die Damen an einem solchen Abend im Carlton Merensky all das, was sie immer schon über ihn wissen wollten: „Lieber Herr Merensky, wie findet man Diamanten?" – Für solche Fragen hatte er Standardantworten parat, die er mit großer Liebenswürdigkeit vortrug, z. B.: „Ganz einfach, mit Hacke und Schaufel, mit Geduld und etwas Glück".

Unvermeidbar war es auch, dass die Damen die Gelegenheit wahrnahmen, die spezielle Frage zu stellen, die sie schon lange beschäftigte und die ihre Ehemänner, die sich dafür nicht interessierten, ihnen nicht beantwortet hatten: „Warum, lieber Herr Merensky, haben Sie denn nie geheiratet?" – Auch da lächelte er überaus freundlich und sagte dann: „Ach, wissen Sie, liebe gnädige Frau, als ich jung war, da war ich so arm, dass ich keine Dame fragen konnte, ob sie mich heiraten wolle, ich hätte sie wirklich nicht ernähren können. Und dann war ich ja auch nie länger als drei Tage in der Stadt und dann wieder wochenlang im *Veld*. Und wenn ich wirklich einmal einer jungen Dame aufgefallen wäre, nach drei Monaten, wenn ich aus dem *Veld* zurückkam, hätte sie längst einen anderen gehabt. Und heute – ja, da möchten mich viele heiraten. Aber ich weiß nicht, ob sie wirklich *mich* heiraten wollen." Und dann lächelte er wieder liebenswürdig und ging zur Tagesordnung über.

Diese Darstellung seiner wirtschaftlichen Verhältnisse in jungen Jahren war sicherlich übertrieben, er hatte ja vor dem Ersten Weltkrieg auch sehr gute Jahre erlebt. Ansonsten war diese Schilderung aber zutreffend. Merensky hatte sich, als er noch in Deutschland war, durchaus vorstellen können zu heiraten, sobald er beruflich etabliert wäre. Als er aber in seinen ersten Berufsjahren ständig im *Veld* unterwegs sein musste, war er zu der Überzeugung gekommen, dass dieses Vagabundenleben und die Gründung einer Familie miteinander nicht zu vereinen waren. Dann waren die für ihn so schwierigen Jahre seines Bankrotts, der Internierung und der Nachkriegszeit gekommen, während derer es abwegig gewesen wäre, an irgendeine Bindung zu denken. Diese Zeit ging nahtlos in die Phase der Platin- und Diamantenprospektion über, die ihm eine extreme körperliche und geistige Anspannung abverlangte und keinen Platz für irgendwelche anderen Gedanken ließ. Jetzt, Anfang der 30er Jahre, war er innerlich zwar frei und in guten wirtschaftlichen Verhältnissen, aber nun hatte er bereits das 60. Lebensjahr überschritten und er hatte einen ihm gemäßen Lebensstil gefunden. Er ging nun seiner Passion, der Jagd, mit großer Intensität nach und er war ein eingefleischter Junggeselle geworden.

So sehr Merensky von seinem Naturell her die Geselligkeit liebte und so aufwändig er sein gesellschaftliches Leben in Johannesburg auch organisierte, der Luxus, den er dort betrieb, entsprach nicht dem Lebensstil in seinem privaten Bereich. Dort war er eher anspruchslos. Er schätzte das einfache Leben, wie er es aus seiner Jugend kannte und wie es damals auf Farmen gang und gäbe war.

Das hieß aber nicht, dass man auf Westfalia wie in einer Einsiedelei lebte. Es gab durchaus so etwas wie ein gesellschaftliches Leben. Kleine Einladungen zwischen den auf der Farm lebenden europäischen Angestellten fanden statt, man traf sich zum *sundowner* und es gab vor allem den Tennisplatz. Merensky spielte gern Tennis, war aber weit davon entfernt, ein *crack* zu sein. Und da er ungern verlor (auch große Leute haben kleine Schwächen) bevorzugte er stets Damen als Tennispartner, was diese wegen seiner liebenswürdigen Umgangsformen auch gerne akzeptierten. Alle Hinweise von Freunden, dass man nur dann etwas dazulernen könne, wenn man sich bessere Spieler als Partner aussuchen würde, fruchteten nichts.

Im Übrigen war der Tennisplatz der einzige Ort, wo man Merensky ohne Krawatte begegnen konnte. Auch auf der Farm erschien er bereits zum Frühstück mit Jackett, Weste und Krawatte. Auf den vielen Photos, die aus der Zeit der Platin- und der Diamantenprospektion existieren, ist er, selbst wenn er mit einer Goldgräberpfanne hantiert, stets überaus korrekt gekleidet und trägt eine Krawatte.

Am deutlichsten konnte man Merenskys Vorliebe für ein einfaches Leben am Farmhaus auf Westfalia ablesen, das wegen seiner Lage als „*Top House*" bezeichnet wurde. Einerseits lag es an bevorzugter Stelle und man hatte einen traumhaft schönen Blick über die sich öffnende Talmulde und in Richtung des *Lowvelds*. Andererseits war es nur ein einfaches, mit Wellblech gedecktes Farmhaus, dessen einziger „Luxus" in einer breiten Veranda bestand. Das entsprach dem einfachen Stil der Entstehungszeit um 1903. Seitdem war es nicht mehr modernisiert worden, außer dass man sich ein Telefon zugelegt hatte. Merensky weigerte sich zeitlebens, etwas an dem Haus zu verändern. Es genügte seinen Bedürfnissen, er war für sich selbst nicht anspruchsvoll.

Merensky hatte häufig Gäste. Darunter waren wichtige Persönlichkeiten – das Gouverneursehepaar, Bergbaumagnaten und aktive oder ehemalige Politiker, so z. B. General Smuts, mit dem er befreundet war. Diese Gäste wohnten dann in einem der Verwalterhäuser. Diese waren deutlich größer und auch moderner als das *Top House*. Das musste nach Merenkys Meinung auch sein, denn die Verwalter hatten ja Familie. Nach und nach wuchs die Zahl der Angestellten, denn von Westfalia aus wurden auch andere Ländereien mitverwaltet. Deshalb wurden mehrere neue Häuser erbaut, die selbstverständlich mit dem neuesten Komfort der 30er Jahre ausgerüstet waren. Keines hatte aber einen so schönen Ausblick wie das *Top House*.

Die Gastfreiheit, die damals auf Westfalia herrschte, hat sich bis heute erhalten. Eines der ehemaligen Verwalterhäuser ist inzwischen zu einem sehr schönen

Abb. 25. Das „Top-Haus" auf Westfalia.

Gästehaus umgewandelt worden. In diesem Gästehaus erinnert eine wertvolle, alte chinesische Vase, die 30 Jahre nach Merenskys Tod nach Westfalia kam, an eine Episode aus seinem Leben:

Merensky hat bekanntlich nie gezögert, jungen Menschen, die es ihm wert erschienen, bei ihrem Start ins Berufsleben behilflich zu sein. Um 1929 hatte ihn sein schlesischer Jugend- und Jagdfreund Horst Correns, der als Revierförster in Pommern lebte, angeschrieben und gefragt, ob er etwas für seinen Sohn tun könne. Dieser war damals 20 oder 22 Jahre alt und arbeitete in Hamburg als angestellter Kaufmann in einer offenbar wenig entwicklungsfähigen Position. Für Merensky war es selbstverständlich, dass er zu helfen versuchte. Wegen der Weltwirtschaftskrise fand er in Südafrika jedoch nichts Passendes, und auch verschiedene Empfehlungen an befreundete Kaufleute in Bremen, Hamburg, London und Ostafrika brachten kein Ergebnis. Es entwickelte sich ein längerer Briefwechsel zwischen Merensky und dem Vater Correns und später auch dem Sohn Correns. Merensky ermunterte den Sohn immer wieder, in seinen Bemühungen nicht nachzulassen. Sobald die Krise vorüber wäre, würde er schon etwas finden, das seinen Vorstellungen entspräche. 1934 war es dann soweit, der Sohn Correns ging als Import-Export-Kaufmann nach China. Dort taten sich dann aber neue Schwierigkeiten auf, denn die Bank verlangte für die Eröffnung eines Geschäftskontos eine erste Einlage in beachtlicher Höhe. Da der junge Correns den Betrag nicht aufbringen konnte, sprang Merensky ein und lieh ihm das Geld, es mögen 1.000 oder auch 2.000 Pfund gewesen sein. Zwei Jahre später war der junge Kaufmann bereits so gut im Geschäft, dass er mit der Rückzahlung beginnen konnte. Bei dieser Gelegenheit schrieb er an Merensky und bedankte sich noch einmal für dessen Hilfestellung. Dieser antwortete sehr freundlich und schrieb unter anderem: „Sie brauchen mir nicht zu danken. Machen Sie ihren Weg in der Welt, Sie machen mir damit eine große Freude."

Von dieser Korrespondenz sind vor allem die handgeschriebenen Briefe Merenskys erhalten. Dreißig Jahre nach Merenskys Tod besuchte nämlich der Sohn Correns, damals schon weit über 70 Jahre alt, die Farm Westfalia und brachte drei Gastgeschenke mit. Zunächst die alte chinesische Vase, dann die Briefe Merenskys, die beide, Vater und Sohn, sorgsam aufbewahrt hatten, und drittens eine Reihe von Photos von Merensky. Darunter befand sich eines, das ihn um 1893 als Bergbaubeflissenen in Oberschlesien zeigt. Diese Aufnahme hatte er damals seinem Freund Horst Correns mit einer Widmung übersandt. In Merenskys eigenen Photobeständen war das Bild nicht vorhanden und deshalb bis zur Übergabe der Gastgeschenke unbekannt. Ohne die Briefe, die der Sohn Correns mitbrachte, wäre auch die gesamte Episode unbekannt geblieben. Das wäre schade gewesen, denn sie ist für das Wesen Merenskys überaus kennzeichnend. Er half vielen, sprach aber nicht darüber und liebte es nicht, dass von seinem Tun Aufhebens gemacht wurde.

Wenn man auf Westfalia auch gastfrei war, die Mahlzeiten auf der Farm waren einfach. Da wurden keine teuren Lebensmittel von weither herbeigeschafft, denn man war Selbstversorger. Es gab einen riesigen Gemüsegarten, der sehr gepflegt war, und dank seines tüchtigen Gärtners Zimmermann gab es jede Art von Gemüse. Merensky kannte Zimmermann aus ihrer gemeinsamen Zeit im Internierungslager (1914–1919). Später, als Merensky 1927–1928 in der Alexanderbucht auf Diamanten prospektierte, musste er häufig zu Verhandlungen nach Kapstadt, Pretoria oder Johannesburg. Dafür benötigte er einen zuverlässigen Chauffeur und nahm deshalb Zimmermann zu sich. Es waren häufig Nachtfahrten die sie gemeinsam machen mussten, denn die Geschäftstreffen für Merensky wurden im Allgemeinen so arrangiert, dass sie bald nach Merenskys Ankunft in den frühen Vormittagsstunden begannen. Als dann Westfalia erworben wurde, blieb Zimmermann bei Merensky und übernahm (zunächst wohl neben anderen Dingen) auch die Oberaufsicht über den Garten, den er dann noch erweiterte. Da er ein enthusiastischer Gärtner war, wurde der Garten bald seine Hauptbeschäftigung. Das brachte dann Merensky gelegentlich in Schwierigkeiten, denn Zimmermann konnte manchmal durchaus mürrisch werden und zeigte das dann deutlich. Anlass war meist ein Auftrag, der an ihn herangetragen wurde und von dem er meinte, dass er seine Gartenarbeit beeinträchtigen würde. Und richtig bockig konnte er werden, wenn man von ihm verlangte, einige seiner Hilfskräfte für kurze Zeit von ihrer Gartenarbeit abzuziehen, um sie vorübergehend an anderer Stelle auf der Farm für eine dringende Arbeit einzusetzen. In solchen Momenten murrte Zimmermann so unmissverständlich, dass Merensky sich wirklich unwohl fühlte. Manchmal gab Merensky dann sogar nach und revidierte seine Entscheidung. Wenn er das tat, war das im Allgemeinen nicht aus Überzeugung, sondern nur „um des lieben Friedens willen". Es war ein interessantes Beziehungsgeflecht, das sich zwischen den beiden entwickelt hatte. Am Ende kannten sie sich seit über 35 Jahren und arbeiteten seit über 20 Jahren zusammen. Und obwohl sie sicherlich keine Freunde waren, waren sie doch miteinander vertraut. Sie respektierten sich gegenseitig, denn sie kannten die jeweiligen Qualitäten des anderen. Merensky wusste, dass er in Zimmermann einen Chauffeur hatte, dem er in jeder Hinsicht vertrauen konnte und der zudem ein Gärtner war, wie er ihn besser nicht finden konnte. Zimmermann wiederum war sich bewusst, dass er in Merensky einen klar denkenden Arbeitgeber hatte, der sich gegenüber seinen Angestellten immer fair und nie unberechenbar verhielt. Zimmermann, der einige Jahre jünger als Merensky war, blieb sehr lange auf Westfalia. Er verließ die Farm altersbedingt etwa eineinhalb Jahre vor Merenskys Tod, um in seinen wohlverdienten Ruhestand zu gehen.

Frau Zimmermann wirkte derweil als Hauswirtschafterin. Es waren einfache Gerichte, die serviert wurden, so wie sie auf den Burenfarmen seit eh und je auf den Tisch kamen und wie Merensky sie seit seiner Kindheit kannte. Sie wurden auch angeboten, wenn Gäste da waren. Dann kokettierte Merensky durchaus auch mit der einfachen Art seiner Lebensführung. Einer seiner häufigeren Aussprüche beim Empfang von Gästen lautete: „Sie sind jetzt auf einer Farm und Ihr Gastgeber ist ein alter Buschmann. Alles ist hier reichlich primitiv, es tut mir Leid ...". Oder es kam vor, dass er während des Essens mit bedeutungsvoller Miene sagte: „Ich bin gespannt, welchen Pudding es heute als Nachtisch gibt ...", dann kam eine Pause, und wenn die Gäste ihn gespannt anschauten, fuhr er wie beiläufig fort „... unsere Küche kann nämlich zwei verschiedene Puddingsorten machen".

Mochte Merensky gelegentlich auch über seinen bescheidenen Lebensstil scherzen, so war er bei seinen Anstrengungen, die Farm wieder in die Höhe zu bringen, um so ernsthafter bei der Sache.

Die erste Aufgabe, die Merensky auf Westfalia in Angriff nahm, war die Bekämpfung der Trockenheit und der starken Bodenerosion. Merensky hatte bei der Lösung solcher Fragen seine eigene Herangehensweise. Sie war einerseits wissenschaftlich beeinflusst und andererseits von der Erkenntnis geprägt, dass in der Landwirtschaft keine schnellen Erfolge erzielt werden können. Er wusste, dass man Geduld haben muss und dass die Zeit für einen arbeitet, sofern man die Weichen richtig zu stellen verstand.

Im Einzelnen hieß das: Zunächst kam eine Bestandsaufnahme, dann wurden zusätzliche Fakten zusammengetragen, wobei man sich durchaus der Beobachtungen Außenstehender bedienen konnte, dann wurde die Sache durchdacht. Handelte es sich um einen komplexen Sachverhalt, wurden Fachleute konsultiert und manchmal auch zusätzliche wissenschaftliche Untersuchungen veranlasst. Schließlich kam er zu einem Entschluss, wie gehandelt werden sollte. Dann wurde im kleinen Stil experimentiert. Erwies sich der Ansatz als technisch durchführbar und erfolgversprechend, wurde das Ganze auf eine breitere Basis gestellt und mit erheblichen finanziellen Mitteln ausgestattet. Ziel war es stets, die Unternehmung zu einer gewinnbringenden Investition zu machen.

Entsprechend handelte er. Die Bestandsaufnahme auf Westfalia zeigte, dass die Quellen versiegt waren, dass viele Hänge jeglichen Grasbewuchs verloren hatten und von ausgetrockneten Wasserrissen durchzogen waren. Insgesamt hatten die Plantagen stark gelitten. Vielfach waren die Ostbäume kurz vor dem Absterben.

Dann kam eine Überraschung. Die genannten Phänomene betrafen nicht nur Westfalia selbst, sondern auch Nachbarfarmen. Bei einigen waren die Trockenheitsschäden sogar so schlimm, dass die Besitzer kurz davor standen, ihren Besitz aufzugeben.

Die gängige Redensart, es sei „ein schlechtes oder auch regenarmes Jahr" gewesen, ließ Merensky von vornherein nicht gelten. Auch die Möglichkeit, dass hier eine Klimaänderung stattgefunden habe, erschien ihm höchst unwahrscheinlich. Trotzdem wollte er diesen Verdacht definitiv ausräumen, und so besuchte er die im Umland liegenden Missionsstationen. Im Allgemeinen werden dort die Niederschläge regelmäßig gemessen und die Ergebnisse über Jahrzehnte hin aufbewahrt. Die Missionare bestätigten seine Vermutung. Es hatte gute und schlechte Regenjahre gegeben, aber von einer deutlich geringeren Niederschlagsmenge gegenüber der vor 30 oder 40 Jahren konnte nicht die Rede sein.

Dann besuchte er die Dorfältesten in der Umgebung, was zugleich auch eine Art Antrittsbesuch war. Das war jedes Mal ein längeres *palaver*. Es lohnte sich jedoch, denn die Menschen in den Dörfern waren exzellente Naturbeobachter und hatten ein gutes Gedächtnis für Einzelheiten. Bei diesen Gesprächen schälte sich mit großer Übereinstimmung heraus, dass es etwa 15 Jahre her war, dass die Bäche versiegt waren. Das war nicht plötzlich geschehen, sondern nach und nach, und seit acht oder zehn Jahren waren die Bachläufe trocken.

Geologische Ursachen konnte Merensky ausschließen. Die Gegend war kein Erdbebengebiet. Es hatte auch keine Erdrutsche gegeben und es gab auch keinen Bergbau, der die Grundwasserverhältnisse hätte beeinflussen können.

Nun galt es zu klären, ob und welche Eingriffe in die Natur der Mensch vorgenommen hatte. Dazu holte Merensky die Meinung von Fachleuten ein. Er besprach sich mit Forstwirten und Experten, die er in den Landwirtschaftsschulen besuchte. Was hatte sich in den letzten 10 bis 20 Jahren grundsätzlich geändert? Man kam schnell dahinter. Es waren die Eukalyptusbäume! Weite Flächen auf Westfalia und den Nachbarfarmen waren in den letzten 20 Jahren damit bepflanzt worden, denn der Verkauf von Eukalyptus als Grubenholz brachte gute Gewinne. Der Nachteil war, dass der Eukalyptus wegen seines raschen Wachstums einen extrem hohen Wasserbedarf hat. Liegen die Plantagen in den Quellgebieten von Bächen, entziehen sie dem Boden bereits vor dem Quellaustritt das Wasser. Die Bäche versiegen dann und bald darauf verkümmert auch der Bewuchs auf den Hang abwärts liegenden Flächen. Das war es, was sich auf Westfalia und einigen Nachbarfarmen abgespielt hatte. Merensky erkannte aber auch, dass diese Quellgebiete nicht vollkommen ohne Baumbestand bleiben durften. Die tropischen Platzregen, die in Westfalia von Zeit zu Zeit niedergehen, haben eine solche Gewalt, dass es unbedingt notwendig ist, den Boden durch ein Blätterdach vor den herabprasselnden Tropfen zu schützen. Es war also ein sehr sensibles Gleichgewicht zwischen Bewuchs und Abholzung, das es herzustellen und dann sorgsam zu pflegen galt.

Sobald das geklärt war, entschied Merensky, die Eukalyptuspflanzungen an vielen Stellen stark auszulichten. Einmal mit solchen Forstarbeiten zugange, ließ er auch eintönige Fichtenbestände, die ebenfalls als Nutzholzplantagen angelegt worden waren, fällen und ersetzte sie durch einheimische Baumarten. Die Bereinigung der Forstbestände betraf auch zwei kleinere Nachbarfarmen, die er zu diesem Zwecke aufkaufte. Durch diese und andere Arrondierungen wuchs Westfalia schließlich zu einer Großfarm von 5.000 Hektar.

Er rechnete damit, dass diese Maßnahmen erst auf längere Sicht Wirkung zeigen würden und war dann erstaunt, dass der Erfolg sich bereits nach kurzer Zeit einstellte. Schon im zweiten Jahr nach dem Abholzen wurde der Boden in den ursprünglichen Quellgebieten der ausgetrockneten Bachläufe wieder feucht, und es dauerte nicht lange, da begannen die Bäche wieder zu fließen. In diesen Jahren ließ sich Merensky bei seinen Inspektionsgängen über das Farmgelände stets von seinem Gärtner und Faktotum Zimmermann begleiten. Dieser trug eine große Schüssel mit sich, mit der er unter Anleitung von Merensky immer wieder versuchen musste, die Wasserschüttung der Quellen aufzufangen. Merensky stand mit der Stoppuhr daneben und versuchte zu messen und zu berechnen, wie hoch die Wasserschüttung pro Minute war. Das war ein schwieriges Verfahren, das Merenskys Sinn für Exaktheit nie ganz befriedigte. Letztlich zeigten seine Messzahlen aber, dass die Wasserführung langsam, aber stetig zunahm. Einige Jahre später war sie dann so regelmäßig, dass es sinnvoll erschien, im Tal an der Straße nach Tzaneen einen Damm anzulegen und das Wasser zu stauen. Diese Arbeiten wurden 1936 abgeschlossen. Merensky hatte dafür die beträchtliche Summe von 40.000 Pfund eingesetzt. Das war noch einmal der gleiche Betrag, für den er 1929 Westfalia erworben hatte! Es war jedoch eine lohnende Investition, denn von da an hatte die Farm eine ständige Wasserreserve. Später konnte man in trockenen Jahren sogar Wasser an Nachbarfarmen abgeben. Der kleine See und der dazugehörige „Hans-Merensky-Damm“ erfüllen heute noch ihren Zweck.

Allerdings brachte dieser Staudamm auch neue Probleme mit sich. Der See verlandete schnell. Dieses Phänomen ist aus Trockengebieten vielerorts bekannt. Da die Böden durch keinerlei Vegetation festgehalten werden, kommt es, wenn es einmal regnet, an den Hängen zu großflächigen Abspülungen. Die Stauseen werden von Schlammlawinen zugeschüttet. So geschah es auch hier. Die Erosion der Hänge zu stoppen wurde nun zur nächsten Herausforderung.

Einige der erosionsgefährdeten Hänge gehörten zu Nachbarfarmen. Um dort frei walten zu können, pachtete Merensky diese Areale. Andere Abspülungsflächen befanden sich auf dem eigenen Farmgebiet, lagen dort aber im Einzugsbereich afrikanischer Dörfer. Wie bei allen Großfarmen waren den jeweiligen Dorfbewohnern bestimmte Flächen zur Eigennutzung überlassenen worden. Als Entgelt mussten sie zu festgelegten Zeiten Arbeitskräfte für den Farmbetrieb zur Verfügung stellen. Diese Dörfer lagen in fast allen Fällen in Hanglagen oder auf Kuppen der Hügel.

Abb. 26. Der Merensky-Damm im Tal unterhalb Westfalia.

Die Dorfbewohner hatten eine sehr spezifische Art ihr Land zu bewirtschaften. Vor der Bestellung der Äcker wurden Unkraut oder Gestrüpp durch Abbrennen beseitigt. Das war wenig arbeitsintensiv und ging schnell. Gleichzeitig war es aber der Auslöser für den Beginn einer Versteppung. Der erste größere Regen spülte nämlich die mineralhaltigen Aschen und zugleich große Teile der Bodenkrume weg. Zudem war der Viehbestand in den Dörfern meist so groß, dass es zu einer Überweidung kam, die den Pflanzenwuchs zerstörte.

Diese Umstände brachten Merensky dazu, sich mit den Bewirtschaftungsmethoden der Eingeborenen zu befassen. Da es ihm auf eine schnelle und zugleich nachhaltige Sanierung der erosionsgefährdeten Zonen ankam, bot er den Dorfbewohnern eine Umsiedelung in die Talauen an. Diese waren fruchtbarer und zugleich leichter zu bearbeiten. Nachdem das geschehen war, begann er die Hänge durch Anpflanzung von Gräsern zu stabilisieren und hatte Erfolg damit. Die Einschüttung von Sedimentmaterial in den See ließ stark nach, ganz verhindern ließ sie sich allerdings nicht.

Im Zuge dieser Umsiedlung wurden auch die vertraglichen Arbeitsbedingungen für die Eingeborenen neu ausgehandelt. All das stellte natürlich einen Eingriff in die althergebrachte Lebensweise der Bevölkerung dar. Dementsprechend gingen dieser Veränderung lange *palaver* mit den Dorfältesten voraus. Bis dahin hatten die Bewohner als Gegenleistung für ihr Wohnrecht auf dem Farmgelände die Verpflichtung gehabt, 90 Tage im Jahr für die Farm zu arbeiten. Jetzt übernahm Merensky die Arbeiter in eine Festanstellung und wies ihnen ein kleines Stück Land zum Eigengebrauch zu, das besser gelegen und leichter zu bearbeiten war. Letztlich hob sich dadurch ihr Lebensstandard. Sie lernten zu düngen, und somit entfiel auch die leidige Brandrodung. Beides, die Umsiedlung und die Festanstellung, war für die Entwicklung der Farm außerordentlich bedeutsam, denn mit der Zeit entwickelten die Arbeiter gegenüber der Farm ein echtes Zugehörigkeitsgefühl.

Merensky hielt wenig davon, in althergebrachten Bahnen zu arbeiten. „Dazu leben wir in einer viel zu modernen Zeit", meinte er, „wir haben heute die Möglichkeit, mit Pflanzen zu experimentieren, die wir früher nicht kannten oder nicht herbeischaffen konnten – und da das so ist und dem Fortschritt dient, sollten wir das auch tun". Das Wort „Fortschritt" war zu einem seiner Leitbegriffe geworden.

Ab Mitte der 30er Jahre hatte Merensky auf der Farm häufig Besucher, die sich über seinen Kampf gegen die Bodenerosion oder seine Züchtungs- und Aufforstungsarbeiten unterrichten wollten. Waren es Fachleute, dann freute ihn das und er diskutierte gern mit ihnen. Waren es aber Besucher, die die Farm nur besichtigen wollten und sich hinterher in allgemeinen Lobeshymnen ergingen, wie wunderschön der ganze Besitz doch wäre, dann flüchtete er bei seiner Antwort gern in ein *understatement*. Einer der häufig von ihm benutzten Aussprüche lautete: *"I am an old ‚veld-man', I am a prospector, I am a farmer, but I am a dunce as far as money matters are concerned."* ("Ich bin ein alter Buschläufer, ich bin Prospektor und ich bin Farmer, was aber Geldangelegenheiten angeht, da bin ich eine absolute Niete.")

Eine der vielen Versuchsreihen, die Merensky durchführte, waren der Anbau und die Erprobung von Gräsern unterschiedlichster Provenienz. Er experimentierte mit allen Grassorten, deren er in Südafrika habhaft werden konnte und besorgte sich zudem Grassamen aus der Kalahari, aus Rhodesien und aus Ostafrika. Gräser hatten, wie er es sah, vielerlei Funktionen. Sie halfen die Bodenkrume zu verankern und sie schützten gegen Abspülungen ebenso wie gegen Austrocknung und Winderosion. Zugleich führten sie, wenn sie verrotteten, dem Boden neue Mineralstoffe zu. Der gezielte Einsatz von Gräsern war für Merensky ein absolutes Muss. Schon als Kind hatte er von seinem Vater gelernt, dass jede Grassorte, der man im *Veld* begegnet, etwas über die Beschaffenheit ihres Standortes aussagt. Der Umkehrschluss lag auf der Hand: Für jeden Standort und für jeden Boden auf Merenskys Farm musste es ein optimales Gras geben. Es zu identifizieren, scheute er keinerlei Arbeitsaufwand. Das führte schließlich dazu, dass Westfalia eine der bekanntesten Grasfarmen Südafrikas wurde, die am Ende alle Farmen im Nordosten von Transvaal mit Grassamen belieferte. Wie wichtig ihm die Problematik der Gräser war,

Abb. 27. Merensky bei der Inspektion seiner Grasanpflanzungen.

lässt eine Begebenheit aus seinen späten Jahren erahnen, deren Kenntnis wir seiner ersten Biographin, Olga Lehmann, verdanken:

Einer der Besucher, der in seinen späten Jahren öfter bei ihm weilte und mit dem ihn eine enge Freundschaft verband, war General Smuts. Ihre Lebenswege hatten sich mehrfach gekreuzt, in guten und in schlechten Tagen. Nun saßen die alten Herren auf der Veranda des *Top House* und unterhielten sich angeregt. Über was sprachen sie? Der eine, der ehemalige Burengeneral, war lange Jahre südafrikanischer Ministerpräsident gewesen, enger Alliierter und Freund Churchills, seit 1942 britischer Generalfeldmarschall, Mitbegründer der UNO und Initiator der Präambel über Menschenrechte der Charta der Vereinten Nationen, kurzum, ein internationaler Staatsmann von Rang. Der andere, Träger vieler akademischer Auszeichnungen, war der erfolgreichste Lagerstättenentdecker, den es je gegeben hat. Sie sprachen – der Leser ahnt es – weder über Politik noch über Diamanten, sie diskutierten über Gräser, über die Vor- und Nachteile dieser oder jener Spezies, und das mit einer Intensität, die jedem wissenschaftlichen Kolloquium zur Ehre gereicht hätte.

Ein anderer Sorgenpunkt war die Zitrusplantage. Einige Hänge waren schon 1892, bei der Gründung der Farm, mit Anpflanzungen von Navel-Apfelsinen besetzt worden. Die Bäume trugen jedoch schlecht, und die Früchte waren klein und unansehnlich. Der für die Plantage zuständiger Verwalter meinte, dass diese Bäume durch Neuanpflanzungen ersetzt werden müssten. Merensky sah das anders, denn er dachte in langen Zeiträumen. Seine Argumentation lautete: Wenn ein Baum bei schlechter Pflege sich so lange hat halten können und auch Früchte trägt, dann ist das ein lebenskräftiger, also wertvoller Baum. Er hat ein Wurzelwerk, das sich 40 Jahre lang entwickelt hat. Ein junger Baum würde mehr als 10 Jahre brauchen, um ein so ausgedehntes Wurzelwerk zu bilden. Nein, diese Bäume sollten nicht ersetzt werden, sondern benötigten ein besseres Nährstoffangebot. Zunächst ließ er deshalb die ausgewaschenen Hänge, auf denen die Zitrusbäume standen, in Terrassen umgestalten. Dann brachte er Dung und Phosphate in den Boden, lockerte ihn auf und säte Gras und Erbsen, um ihn vor Austrocknung zu bewahren. Und siehe da, die Bäume reagierten. Sie wurden kräftiger, die Früchte wurden schöner und nach und nach entwickelten sich die Anpflanzungen zu einer prächtigen Apfelsinenplantage.

Im Zuge dieser Sanierung sah Merensky sich bald mit einem weiteren Problem konfrontiert. Um die Plantagen mit den notwendigen Nährstoffen versorgen zu können, brauchte er große Mengen Kompost. Also musste er Vieh anschaffen. Im Laufe der Zeit kaufte er drei weitere Farmen, die z.T. sogar in größerer Entfernung lagen. Eine, *Vlakpoort*, in der Nähe von *Northam*, diente nur der Rinderzucht, eine andere, *Kalkfontein*, in der Nähe von *Warmbath*, wurde in großem Stil zur Grasproduktion für Viehfutter genutzt. Welchen Stellenwert er der Düngung zumaß, lässt sich an einem seiner Aussprüche ermessen. Angesprochen auf seine Pläne (erwartet wurde eine Antwort bezüglich seines nächsten Prospektionsprojekts), antwortete er mit ernster Miene: „Wenn ich einen Ehrgeiz habe, dann ist es der, 2.000 Tonnen Kompost im Jahr zu erzeugen". Es machte ihm Spaß, einen Gesprächspartner mit einer solch unerwarteten Antwort zu frappieren. In der Sache sagte er jedoch die reine Wahrheit.

Merensky wollte auf Westfalia aber nicht nur das pflanzen, was schon immer gepflanzt worden war, sondern wollte auch Neues erproben. An Ideen mangelte es ihm nicht. Anregungen brachten ihm seine zahlreichen Kontakte zu Universitäten, sowohl in Südafrika als auch in Deutschland, sowie seine Europareisen. Manchmal stöhnten seine Mitarbeiter, wenn er wieder etwas Neues ausprobieren wollte. Häufig mussten sie einige Zeit später anerkennen, dass sich seine Idee umsetzen ließ. Mal waren es die Grenadillas-Früchte, die er anbaute, mal versuchte er sich in der Aufzucht von Tremas-Bäumen, die ein halbweiches Holz liefern, das für Kisten

Abb. 28. Blick über die Forst- und Avocado-Plantagen von Westfalia.

und einfache Bretter geeignet ist. Heute ist der Merensky-Trust der zweitgrößte Nutzholzlieferant Südafrikas und produziert neben Grubenhölzern jede Art von Bauholz sowie Edelhölzer für Möbel und den gehobenen Bedarf.

Eine der Ideen, die zunächst ungewöhnlich schien, war der Versuch, auf Westfalia Avocados zu kultivieren. Die gab es in Südafrika zwar schon, sie waren aber selten. Zudem waren sie, wenn sie auf den Märkten angeboten wurden, recht teuer. Er stellte also Nachforschungen an. Es zeigte sich, dass der Anbau örtlich in Natal und im Osten von Transvaal betrieben wurde und dass es etwa 10 verschiedene Sorten gab. Er ließ sie holen und besorgte sich auch Wurzelstöcke aus Mexiko, Guatemala und Westindien. Mit all diesen Sorten experimentierte er und versuchte, sie an verschiedenen Standorten anzupflanzen. Auch hier war ihm Erfolg beschieden. Seine Anpflanzungen gediehen, und vor allem gelang es ihm, Avocados auch in Hochlagen zu kultivieren. Bis dahin hatte man sie ausschließlich in Talauen angepflanzt. Heute, 70 Jahre später, ist Westfalia der größte Avocado-Produzent Afrikas. Ein erheblicher Teil der Ernte geht in den Export.

Einen ähnlichen Erfolg brachte sein Plan, Pecannüsse anzupflanzen. Die hatte es in der Gegend ebenfalls vorher nicht gegeben. Zwölf Jahre später standen auf dem Farmgelände 600 Nussbäume, von denen jeder eine Ernte von 20 bis 30 kg erbrachte.

Indes, nicht jede seiner Ideen ließ sich verwirklichen. Es gab durchaus Unternehmungen, die er nach einiger Zeit abbrach, da sie nicht in seinem Sinne verliefen. Dazu gehörte ein Engagement in der Zuckerindustrie. Durch verschiedene Transaktionen war er Teilhaber einer Zuckerrohrplantage in Natal geworden, die bereits Erträge abwarf. Ihm schwebte vor, den Anbau von Zuckerrohr mit der Viehwirtschaft zu koppeln. Er importierte also friesländisches Zuchtvieh und stellte Fütterungsversuche mit Abfällen aus der Zuckerrohraufbereitung an. Da das Experiment für den gesamten Landstrich bedeutsam werden konnte, erhielt er sogar Unterstützung des Landwirtschaftsministeriums. Die übrigen Teilhaber dachten jedoch anders. Sie wollten keine langwierigen Versuche anstellen, sondern die Gewinne in eine Schokoladenfabrik investieren. Da war der Kapitaleinsatz klar kalkulierbar, und zugleich wäre auch der Absatz der Zuckerproduktion gesichert gewesen. Für Merensky war das jedoch zu kurz gegriffen. Mitbesitzer einer Schokoladenfabrik zu sein, die nur aus kommerziellen Erwägungen heraus betrieben wurde, war seine Sache nicht, und so stieß er seine Anteile wieder ab.

Andererseits war es doch so, dass er, seitdem er vermögend war, sehr darauf achtete, dass seine Unternehmungen profitabel arbeiteten, allerdings immer unter der Prämisse, dass sie dem Fortschritt dienten. Dabei war die Profitabilität, wie er sie verstand, nicht immer auf das Finanzielle ausgerichtet. Es gab Fälle, wo der Profit in einer Steigerung des Allgemeinwohls lag. Ein Beispiel dafür war sein Engagement in der Bienenzucht. Den gedanklichen Anstoß hatten wilde Bienen gegeben, die in trockenen Jahren die Farm regelrecht heimsuchten und zur Gefahr für Mensch und Tier wurden. Manchmal brachten sie Gespanne dazu, durchzugehen oder sie drangen in die Halle ein, in der die Apfelsinen verpackt wurden. Um sich vor ihren Aggressionen zu schützen, blieb nichts anderes übrig, als ihre Stöcke auszuräuchern, was jedoch wegen der Waldbrandgefahr heikel war. Bei dieser Gelegenheit lernte Merensky auch, dass die Afrikaner auf den Honig der wilden Bienen geradezu versessen waren.

Als ihm dieser Zusammenhang klar wurde, empfand er das als hervorragende Gelegenheit, etwas für den allgemeinen Gesundheitszustand der Dorfbewohner zu tun. Zuvor wollte er jedoch prüfen, wie stark diese Versessenheit auf Honig tatsächlich war. Er stellte deshalb zwei Pfund Zucker und ein Glas mit einem Pfund Honig auf einen Tisch. Sodann befragte er nacheinander zunächst sein afrikanisches Hauspersonal, dann Mitarbeiter der Farm und schließlich auch noch einen Dorfältesten, der ihn gerade besuchte, was er ihnen schenken dürfe – den Zucker oder den Honig. Alle entschieden sich für den Honig und blieben auch dabei, als er das Zuckerangebot auf drei Pfund erhöhte. Bei vier Pfund schwankten einige der Befragten und als das Zuckerangebot auf fünf Pfund erhöht wurde, entschieden sich alle für den Zucker und gegen den Honig. Das war trotz der geringen Zahl der Befragten ein eindeutiges Ergebnis.

Durch diese kleine Statistik gestützt, konnte Merensky nun frohgemut seinen Plan zur Verbesserung der Ernährung der Dorfbewohner in die Tat umsetzen. Er tat das in der für ihn sehr typischen Abfolge. Zunächst ließ er sich Literatur über die Bienenzucht kommen und studierte sie gründlich. Die Bücher stehen heute noch in den Regalen seines Arbeitszimmers im Merensky-Archiv. Dann entsandte er drei Assistenten nach Pretoria, um dort einen Kursus über Bienenzucht zu absolvieren. Als sie zurückkamen, wurden einige Bienenstöcke angeschafft und die Bienenzucht und die Honigproduktion in kleinem Umfang ausprobiert. Als es funktionierte, wurden auf dem Farmgelände 300 Bienenstöcke aufgestellt, und bald konnte er Honig auf den Markt bringen. Etwa die Hälfte wurde verkauft. Das reichte aus, um die Kosten der Honigproduktion zu decken. Die andere Hälfte des Honigs ließ er regelmäßig in den Dörfern verteilen. Finanziell gesehen war die Bienenzucht ein Nullsummenspiel. Der Gewinn lag darin, dass es ihm gelang, die Ernährung der Einheimischen auf eine breitere Basis zu stellen. Da er es zusätzlich schaffte, sie zu überreden, sich Gemüsegärten zuzulegen, war der Ernährungs- und Gesundheitszustand in den auf seinem Farmgebiet gelegenen Dörfern nach einigen Jahren deutlich besser als auf anderen Farmen.

Auch sonst war ihm die Verbesserung der sozio-ökonomischen Verhältnisse seiner Landarbeiter ein echtes Anliegen. Er verwandte viel Zeit darauf, ihnen effektivere landwirtschaftliche Bearbeitungsmethoden beizubringen. So lehrte er sie, mit dem Pflug umzugehen und Windschutzhecken anzulegen. Schließlich stellte er auch diese Bemühungen auf eine breitere Basis und gründete im Tal bei Tzaneen eine Schulfarm, deren Aufgabe es wurde, verbesserte Bearbeitungsmethoden im ganzen Bezirk bekannt zu machen.

Aufgrund seiner ungeheuren Vielseitigkeit und Flexibilität erweiterte sich der Umfang seiner Interessen ständig. Das brachte ihn schließlich dazu, zwei rein wissenschaftliche Projekte zu finanzieren, die ganz Südafrika betrafen. Das erste war der Frage gewidmet, ob die bekannte Heraushebung des südafrikanischen Subkontinents, die durch hochliegende alte Strände und die Hochlage der Austernlinie zweifelsfrei bezeugt war, eine kontinuierliche Austrocknung der Region oder Klimaverschiebungen zur Folge hatte. Es gelang ihm, für diese Untersuchung zwei führende deutsche Geographen, Professor Erich Obst (1886–1981) von der Technischen Universität Hannover und Professor Erich Kaiser (1871–1934) von der Universität München zu gewinnen. Die ersten Ergebnisse waren vielversprechend. Dann musste das Projekt 1939 wegen des Kriegsbeginns eingestellt werden. Leider ging das gesammelte wissenschaftliche Material bei einem Bombenangriff auf Hannover verloren, darunter auch ein Manuskript für ein neunzehnbändiges Handbuch. Erhalten geblieben ist in der wissenschaftlichen Literatur der von Professor Obst geprägte Begriff der „Großen Randstufe“. Der Ausdruck bezieht sich auf die Heraushebung des inneren Teils des Subkontinents entlang der N–S verlaufenden Linie der Drakensberge.

Das zweite Projekt war nicht weniger interessant. Es betraf das Problem der starken Sonneneinstrahlung in Südafrika. Hatte sie Einfluss auf das Leben des Menschen? Später wurde der Forschungsansatz noch erweitert und auf den Gesundheitszustand von Tieren und auf Pflanzen ausgedehnt. Federführend waren Professor Grober vom Institut für Klinische Medizin in Jena und die Assistentin am Institut für Humanmedizin, Frau Dr. G. Riemerschmidt, die dann in Südafrika sechs Messstationen aufbaute. Auch hier lagen erste überraschende Ergebnisse vor. Sie besagten, dass große Teile Südafrikas eine Sonneneinstrahlung haben, die vergleichbar oder sogar besser ist, als die der besten europäischen Kurorte. Leider kam auch dieses Programm durch den Krieg zum Erliegen.

Große Verdienste erwarb sich Hans Merensky schließlich durch die Förderung der südafrikanischen Universitäten, mit denen er ständig wissenschaftlichen Kontakt hatte. Der Universität Pretoria stiftete er die Universitätsbibliothek, die später noch mehrfach erweitert wurde. An der Universität Stellenbosch ermöglichte er zunächst die Einrichtung eines Lehrstuhls für Forstwirtschaft und stiftete dann den Bau des Hans-Merensky-Physik-Blocks, mit dem die Studien- und Forschungsmöglichkeiten in den Naturwissenschaften erweitert wurden. Den Fortschritt zu fördern war auch hier die Quelle seines Mäzenatentums.

E-10 Der Eukalyptus als Nutzholz

Der Eukalyptus stammt aus Australien und Polynesien. Man kennt etwa 160 Arten, teils Bäume, teils Sträucher. Die Baumarten sind rasch wachsend und können in Nutzholzpflanzungen bereits nach sechs bis sieben Jahren gefällt werden. Unter Renditegesichtspunkten ist das eine ungewöhnlich kurze Zeitspanne. Wegen dieser und einiger anderer interessanter Eigenschaften wurde der Eukalyptus gegen Mitte des 19. Jahrhunderts in viele Länder exportiert und dort kultiviert.

In Afrika wurde Eukalyptusholz dort, wo es keine Kohlenvorkommen gab, zur Befeuerung der ersten Eisenbahnen eingesetzt. Dementsprechend legten die Belgier entlang der Katanga-Bahn, auf der sie das Kupfer quer durch das Kongobecken zum Atlantikhafen Matadi transportierten, in regelmäßigen Abständen Eukalyptus-Plantagen an. In Südafrika wiederum forcierte man den Anbau des Eukalyptus wegen des ungeheuren Bedarfs an Grubenholz. Interessant ist der Eukalyptus auch deshalb, weil das Kernholz ungewöhnlich hart ist. Lässt man die Bäume länger stehen, können sie auch als Bauholz oder Eisenbahnschwellen verwendet werden. Einige Arten haben ein hartes, rosafarbenes bis rötliches, gemasertes Kernholz, das in Südafrika unter der Bezeichnung „*Saligna*" für hochwertige Möbel und Paneele Verwendung findet. Daneben gibt es, verbunden mit der Produktion von Eukalyptusöl, zahlreiche Einsatzmöglichkeiten für medizinische und therapeutische Zwecke.

Aufgrund seines schnellen Wachstums hat der Eukalyptus einen extrem hohen Wasserbedarf. Das kann je nach Standort ein Vor- oder ein Nachteil sein. In Gegenden, in denen Wasser nicht unbeschränkt zur Verfügung steht, kann es durchaus geschehen, dass ein zu großer Eukalyptusbestand jeden anderen Pflanzenwuchs verkümmern lässt. In feuchten, fieberheißen Niederungen tragen Eukalyptusanpflanzungen dagegen zur Entwässerung bei. In manchen Gebieten wird der Eukalyptus deshalb auch als „*fever cure tree*" (Fieberkur-Baum) bezeichnet. In Talauen kann man ihn, vorausgesetzt dass er nicht zu dicht steht, als Schattenspender für andere Kulturen einsetzen. Zudem schützt er durch seinen starken Blätterabwurf den Boden vor Austrocknung und fördert zugleich die Bildung einer reichen Humusdecke.

18 Gold im Oranje-Freistaat

Es dauerte sechs oder sieben Jahre, bis die Sanierung der Böden und der Pflanzungen auf Westfalia so weit auf den Weg gebracht war, dass Merensky durchatmen konnte. Gewiss, er hatte in den nachfolgenden Jahren noch viele weitere Ideen zur Verbesserung der Struktur der Farm und setzte diese auch um. Dabei markierte das Jahr 1936 jedoch eine kleine Zäsur. Das Wichtigste war jetzt getan. Nun musste man die Plantagen in Ruhe gedeihen lassen und brauchte nur noch unterstützend einzugreifen.

Für Merensky – inzwischen war er 65 Jahre alt – bedeutete das, dass er nunmehr auch wieder an andere Dinge denken konnte. Was lag da näher, als sich erneut der Prospektion zuzuwenden. Für seine Mitarbeiter war das eine Überraschung. Sie waren alle erst nach dem Erwerb der Farm zu ihm gestoßen. Das waren die Plantagenverwalter, Forstwirte und Kaufleute, die er beschäftigte. Zu ihnen gehörten auch der 1935 angekommene Jürgen von Bülow sowie der ein Jahr später hinzugestoßene Carl-Theodor Klugkist, der Sohn von Merenskys Schwester Margarethe. Er war damals 28 Jahre alt, war promovierter Landwirt und wurde von Merensky als persönlicher Sekretär beschäftigt. Klugkist war dadurch einer seiner engsten Vertrauten.

Die Mitarbeiter kannten Merensky nur als leidenschaftlichen Farmer. Zwar wussten sie, dass er reiche Platin- und Diamantenvorkommen entdeckt hatte, jedoch fehlte ihnen jegliche Vorstellung darüber, wie und warum man irgendwo Platin oder Diamanten findet. Und das wüstenhafte Namaqualand, das von Transvaal aus gesehen weitab lag, kam ihnen vor, als sei es auf einem anderen Stern gelegen. Sie alle waren der festen Überzeugung gewesen, dass die Phase der Prospektion für Merensky längst abgeschlossen war.

Aus Merenskys Sicht stellten sich die Dinge völlig anders dar. Zwar hatte er in den letzten Jahren keine Zeit gehabt, selbst geologisch zu arbeiten, aber er war jederzeit darüber informiert gewesen, welche Entwicklungen im Rohstoffbereich gerade akut waren. Wenn er sich in Johannesburg aufhielt, hatte er nie versäumt, im Rand-Club vorbeizuschauen. Er hatte das nicht einmal aus geschäftlichen Erwägungen getan, sondern weil er von Natur aus gesellig war und es seiner Art entsprach, Freundschaften und Kontakte zu pflegen. Und so hatte er die wichtigen Leute im Rohstoffgeschäft regelmäßig gesehen, die Chefingenieure der großen Firmen, die Geologen und die Financiers. Zugleich war er sich nie zu schade gewesen, und das galt bis zu seinem Lebensende, mit dem einfachen Prospektor, der gerade aus dem Busch zurückkam und der vielleicht etwas zerlumpt aussah, einen Drink zu nehmen und ihm zuzuhören. So wusste er stets, was sich gerade tat, sowohl im Großen als auch im Kleinen.

Dass es die Goldprospektion war, mit der sein Wiedereinstieg in die südafrikanische Bergbauszene begann, hing damit zusammen, dass der südafrikanische Goldbergbau zu dieser Zeit ein akutes Problem hatte. Die Gruben im zentralen Witwatersrand kämpften mit stark rückläufigen Ergebnissen. Es war deshalb dringend notwendig, neue, hochwertige Abbaumöglichkeiten zu erschließen.

Merensky hatte sich stets für die Goldprospektion interessiert. Da war zunächst die für seinen Lebensweg so bedeutsame Affäre mit dem Madagaskar-Gold gewesen. Später hatte er dann in allen Teilen des Subkontinents auf Gold prospektiert, sowohl in Südwestafrika (dem heutigen Namibia) als auch in Südrhodesien (in den Goldfeldern, die noch Karl Mauch entdeckt hatte) und selbstverständlich auch in Transvaal. So hatte er sich mit einer seiner ersten Publikationen, die 1905 in den *Transactions of the Geological Society of South Africa* erschien, mit den Goldvorkommen der *Murchison Range* im Nordosten Transvaals befasst.

Anfang der 30er Jahre hatte er dann, da ihm die Zeit für eigene geologische Arbeiten fehlte, etwas sehr Wichtiges getan, was sich in der Folge als außergewöhnlicher Impulsgeber für den südafrikanischen Goldbergbau erweisen sollte. Im Juli 1930 war nämlich ein junger deutscher Geophysiker, Dr. Rudolf Krahmann (1896–1971), bei ihm erschienen und hatte ihm eine Idee für eine geophysikalische Erweiterungsprospektion für die Goldlagerstätten des Witwatersrand unterbreitet. Krahmann war kein Anfänger. Er hatte sein Geophysikstudium mit anschließender Promotion 1923 in Berlin abgeschlossen. Danach hatte er mehrere Jahre lang für deutsche Firmen geophysikalische Prospektionsarbeiten in verschiedenen Balkanländern, in Spanien, Portugal, Frankreich, Neuseeland, Australien und Indien durchgeführt. Wegen der wirtschaftlichen Depression von 1929 war er im Februar 1930 nach Südafrika ausgewandert, hatte dort aber noch keine geeignete Beschäftigung gefunden. Die Glücksminute, die sein Leben verändern sollte, kam am Pfingstsonntag, dem 8. Juni 1930. Jahre später schrieb sein Sohn, Harald Krahmann, in einem Erinnerungsartikel über diesen Moment und seine Folgen: Es war die „zweite Sternstunde des südafrikanischen Goldbergbaus".

Folgendes ereignete sich: An diesem Sonntag war Rudolf Krahmann Zuschauer bei einem Autorennen (*Hill-climbing race*) am Steilhang des Witwatersrand. Per

Abb. 29. Dr. Rudolf Krahmann bei der Feldarbeit mit seinem Magnetometer.

Zufall sah er am Straßenrand in der roten eisenhaltigen Erde glitzernde Magnetit-Kristalle. Sie stammten aus den in der Straßenböschung anstehenden Schiefern, die regelrecht mit Magnetit gespickt waren. Als er ein kleines Schieferstück an seinen Taschenkompass hielt, schlug dieser deutlich aus. Und nun liefen im Bruchteil einer Sekunde viele in seinem Unterbewusstsein gespeicherten Informationen zusammen:

- Die Magnetit führenden Schiefer gehören in den geologisch tieferen Teil des *Witwatersrand*-Systems.
- Etwas tiefer in dieser Schichtfolge lagen, das wusste man, die Gold führenden Horizonte des *Witwatersrand*-Systems (*Main Reef* etc.).
- Beide Horizonte tauchen nach Süden hin ab und werden dort von jüngeren Schichten verhüllt.
- Niemand wusste, ob die goldführenden Horizonte dort im Süden im Untergrund noch vorhanden sind und wenn ja, in welcher Tiefe sie liegen.

- Diese Frage zu beantworten, war jedoch dringend, da die Goldreserven in den oberflächennahen Lagerstättenteilen zur Neige gingen.
- Tiefbohrungen, wie sie heute zur Tiefenerkundung gang und gäbe sind, waren damals in Südafrika noch extrem selten und in den sehr alten und sehr harten Gesteinsserien dieses Gebietes auch nur schwer zu bewältigen.
- Und nun die neue Idee: Sollte man nicht versuchen, die Lage der Gold führenden Horizonte auf indirektem Wege dadurch zu erkunden, dass man die Magnetit-führenden Horizonte mit einem sensiblen Magnetometer in die Tiefe verfolgte?
- Technisch war das seit kurzem machbar geworden, denn die Askania-Werke in Deutschland hatten gerade ein leistungsstarkes und für diese Zwecke geeignetes Magnetometer auf den Markt gebracht.

Nach einigen weiteren Recherchen bat Rudolf Krahmann Merensky um eine Unterredung und unterbreitete ihm seine Gedanken. Dieser kannte die Sorgen des Goldbergbaus am *Witwatersrand* und hörte entsprechend interessiert zu. Merensky war ein vorsichtiger Geologe, dem übereilter Enthusiasmus fremd war. So auch hier. Das Ganze war bis dahin ja nur die „Idee" für eine neue Prospektionsmethode. Andererseits sah er sofort, dass der wissenschaftliche Ansatz vielversprechend war und unbedingt weiterverfolgt werden sollte. Immerhin konnte man hoffen, dass es möglich sein würde, sich an in der Tiefe verborgene Golderzkörper heranzutasten.

Tatsächlich scheint es so gewesen zu sein, dass Merensky für einen Moment in Erwägung zog, das Projekt gemeinsam mit Dr. Krahmann anzugehen. Nach gründlichem Durchdenken der Angelegenheit sah er jedoch, dass ihm das aus Zeitgründen nicht möglich sein würde. Man muss für diese Entscheidung Verständnis haben. Ein solches Projekt konnte nur mit voller Unterstützung der Goldbergbauindustrie oder – besser noch – im Auftrag einer der großen Gesellschaften durchgeführt werden. Anders war das nicht möglich. Ging er jedoch eine solche Partnerschaft ein, dann hätte Merensky sich den zeitlichen Vorgaben dieser Gesellschaft voll und ganz unterordnen müssen. Wahrscheinlich hätte man von ihm eine monatelange ständige Präsens in Johannesburg erwartet. Die konnte er aber nicht versprechen. Die Pläne zur Sanierung von Westfalia waren gerade im Entstehen begriffen und die ersten Arbeiten liefen an. Einiges davon war sehr delikat, z. B. die Auslichtung der Eukalyptusbestände in den Quellgebieten der zur Zeit trocken liegenden Bäche. Die Leitung dieser Arbeiten wollte Merensky niemand anderem überlassen. Er musste die innere Freiheit behalten, seinen persönlichen Zeitplan an den Notwendigkeiten von Westfalia auszurichten. Die Entwicklung der Farm hatte Vorrang vor allen anderen Dingen.

Merensky schaffte also zunächst einmal auf eigene Kosten ein Askania-Magnetometer an und stellte es Dr. Rudolf Krahmann zur Verfügung. Später kam noch ein Auto hinzu. Über diese Vorgänge existieren im Merensky-Archiv keine Aufzeichnungen. Der Sohn Krahmanns kann jedoch aus seinen Familienunterlagen die Absendung der Bestellung bei den Askania-Werken auf den 9. August 1930 datieren. Dann empfahl Merensky Dr. Krahmann an zwei der fähigsten und tatkräftigsten Fachleute des Goldbergbaus, den beratenden Geologen der *Gold Fields Group* Dr. Leopold Reinicke (1884–1935) und den Bergbauingenieur und späteren Technischen Manager von *Gold Fields* Guy Carleton Jones (1888–1948). Sie nahmen sich der Sache an, und alsbald erlebte die geophysikalische Tiefenexploration in Transvaal einen enormen Aufschwung. Das Ergebnis war die Entwicklung der etwa 90 km westlich von Johannesburg, in der Nähe von Randfontein, gelegenen (und inzwischen berühmten) *West Wits Line*. Entlang dieser Linie entstanden dann zwischen 1934 und 1968 acht große Goldbergwerke. Ihre kumulierte Goldproduktion hat seitdem einen Wert von vielen Milliarden Rand erreicht.

Einige Zeit danach wanderte die Prospektion weiter und erreichte das knapp 160 km südwestlich von Johannesburg gelegene *Klerksdorp*, wo schon um 1900 Gold gefunden worden war. *Klerksdorp* liegt nahe der Grenze zum südlich gelegenen Oranje-Freistaat, der nun ins Blickfeld geriet.

Zu dieser Zeit dachten einige der maßgebenden Geologen darüber nach, ob die nach Süden geneigten goldführenden Schichten, die bei Johannesburg in die Tiefe abtauchten, nicht irgendwo weiter südlich, im Oranje-Freistaat, wieder nach oben biegen könnten. Man stellte sich vor, dass die Schichtfolge des *Witwatersrand*-Systems die Form einer schräg stehenden Untertasse hätte, deren hochgebogener nördlicher Rand bei Johannesburg lag und deren südliche Umrandung irgendwo im Oranje-Freistaat liegen müsste und zwar – wie man hoffte – in einer für den Bergbau erreichbaren Tiefenlage. Dieses Problem ließ sich nur durch eine Bohrung klären, die aber wegen der extremen Härte der Gesteinsserien schwierig und teuer sein würde. Auch konnte niemand sagen, ob es überhaupt gelingen würde, mit einer solchen Bohrung die Gesteine des *Witwatersrand*-Systems in der Tiefe anzutreffen. Das Risiko einer derartigen Tiefenexploration war also groß. Bei einem Fehlschlag wäre das eingesetzte Kapital verloren gewesen.

Es dauerte einige Zeit, bis sich eine Gesellschaft fand, die zu diesem Wagnis bereit war. Es war die *Wit Extensions*. Sie erwarb 1934 Optionen, die etwa 100 km südlich *Klerksdorp*, bei *Odendaalsrust* lagen. Dann ging sie eine Partnerschaft mit der *Anglo French Exploration Company* ein, und ein Jahr später begannen die beiden Firmen auf der Farm *Aandenk* mit einer Tiefbohrung. Dieses Unternehmen wurde von der gesamten Goldbergbauindustrie mit großem Interesse beobachtet, handelte es sich doch um nichts geringeres als den Versuch, dem Goldbergbau neue Abbaumöglichkeiten zu erschließen. Umso größer war die allgemeine Enttäuschung, als die *Anglo French Exploration Company* 1936 wieder absprang und die *Wit Extensions* dadurch finanziell ins Schlingern geriet und schließlich die Bohrung definitiv aufgeben wollte.

Das war der Stand der Dinge, als Merensky sich einschaltete. Auch er hielt den Versuch, den Verlauf der goldführenden Schichten durch eine Tiefbohrung zu klären, für zukunftsweisend. Da er sich gerade in Johannesburg aufhielt, fuhr er kurzentschlossen nach *Odendaalsrust*, um sich an Ort und Stelle über die Lage zu informieren. Bei der Bohrung angekommen stellte er fest, dass es nicht allein die finanziellen Schwierigkeiten waren, die Probleme bereiteten, sondern dass man offenbar bei der Interpretation der geologischen Ergebnisse „ins Schwimmen" geraten war. Man wusste nicht genau, in welchem Teil der Schichtfolge die Bohrung angekommen war. Dementsprechend fehlte auch jede Vorstellung darüber, wie weit man noch zu bohren hatte, um die möglicherweise goldführenden Horizonte des Witwatersrand-Systems zu erreichen.

Das war eine kritische Situation. Wenn es nicht gelang, einwandfrei zu klären, wo man sich innerhalb der Schichtfolge befand, dann war in der Tat jegliches Weiterbohren sinnlos. Die Bohrung musste dann aufgegeben werden. So weit wollte Merensky es aber nicht kommen lassen.

Er beschloss also, etwas länger in *Aandenk* zu bleiben und die vorhandenen Bohrproben einer sorgsamen Prüfung zu unterziehen. Die Proben waren jeweils nach einem oder zwei Metern Bohrfortschritt entnommen worden. Sie bestanden aus kleinen und kleinsten Gesteinsbröckchen und lagen jetzt neben der Bohrung in kleinen Häufchen aufgereiht. Sie zu untersuchen war eine Sisyphusarbeit. Merensky unterzog sich ihr mit der gleichen Akribie, mit der er Jahre zuvor in den Dünen der Kolmanskuppe und später in der Alexanderbucht Aberhunderte von Sandproben unter der Lupe begutachtet hatte. Aus den weiter nördlich gelegenen Tagesaufschlüssen kannte er die Schichtfolgen des *Witwatersrand*-Systems und des darüber lagernden *Ventersdorp*-Systems recht gut, und so gelang es ihm, sich in der Vielzahl von Proben zurechtzufinden. Die Bohrung war bei 830 m Tiefe aus den Lavagesteinen des Ventersdorp-Systems in das darunter liegende Obere *Witwatersrand*-System eingetreten. Seitdem hatte man weitere 400 m gebohrt und befand sich immer noch in dieser Formation. Die goldführenden Horizonte, die sogenannten *Reefs*, die – wenn sie denn überhaupt vorhanden waren – im tieferen Teil des *Witwatersrand*-Systems liegen sollten, waren noch nicht erreicht. Nach Merenskys Auffassung musste man unbedingt weiterbohren.

Er legte seine Meinung den Managern der *Wit Extensions* dar, aber der Entschluss, die Bohrung einzustellen, war bereits gefasst und unumstößlich. Merensky hielt das für eine Fehlentscheidung. Da er sie unbedingt verhindern wollte, übernahm er nach einer kurzen Verhandlung das Gelände der *Wit Extensions* samt der Bohrung mit einer über drei Jahre laufenden Option.

Er hatte den Optionsvertrag kaum unterzeichnet, da berichtete die Johannesburger Presse auch schon in großen Schlagzeilen darüber. Der Tenor war überschwänglich: „Dr. Merensky, der Entdecker des Platins des *Bushvelds* und der Diamanten der Alexanderbucht, steht unmittelbar vor der Entdeckung bedeutender Goldvorkommen im Oranje-Freistaat." Diese Art von Journalismus ärgerte Merensky. Wieder bestand die Gefahr, dass Leute, die nicht vom Fach waren, durch die Erwähnung seines Namens in Spekulationen hineingetrieben wurden, bei denen sie nur verlieren konnten. Er dementierte also. Dann versuchte er zu erläutern, dass die Bohrung auf der Farm *Aandenk* eine „Erkundungsbohrung" sei, die zunächst nur der Klärung der Schichtenabfolge im Oranje-Freistaat dienen solle. Ob die Bohrung goldführende Horizonte antreffen würde, sei völlig ungewiss. Die Presse konnte diese Berichtigung zwar nicht ignorieren, verstand es aber vortrefflich, dem Dementi durch beigefügte, kommentierende Sätze jegliche Wirkung zu nehmen. Schließlich hatte Merensky schon zu oft ins Schwarze getroffen. Warum sollte er, der ausgewiesene Fachmann, viele tausend Pfund riskieren, wenn er nicht eine konkrete Hoffnung hätte, auf eine „Goldader" zu stoßen? Und warum hatte er zusätzlich zu der Bohrung, die er übernommen hatte, sogleich zwei weitere Bohrungen angesetzt? Das musste doch einen Grund haben! Kurzum, man glaubte ihm nicht.

Gerade in diesem Moment wurde das Bergbaugesetz des Freistaates geändert. Bis dahin war das Gesetz eher investitionsfeindlich gewesen. Nun wurde es den in Transvaal gültigen Bestimmungen angepasst. Das führte zwar dazu, dass Spekulanten ins Land kamen, aber auch die großen Goldbergbaugesellschaften zeigten sich jetzt interessiert. Das war wiederum für Merensky erfreulich, denn nun hatte er ernsthafte Gesprächspartner, die sich für den Fortgang der Erkundungsbohrung interessierten. Im Zuge dieser Gespräche kam er mit der *Anglo-American Corporation of South Africa* in Kontakt. Sie hatte gerade ein deutlich verbessertes Bohrgerät entwickelt und setzte neue, sehr effektiv arbeitende Bohrmeißel ein. Diese waren nicht mehr mit den großen, brasilianischen Diamanten besetzt, sondern mit kleineren, südafrikanischen Steinen, die reichlich zur Verfügung standen. Zunächst kam es zu einer finanziellen Zusammenarbeit hinsichtlich der Bohrtechnik. Als die Bergbaugesellschaft jedoch erkennen ließ, dass sie an einer Beteiligung interessiert wäre, nahm Merensky die Gelegenheit wahr und verkaufte Anfang 1937 seine Option an die *Anglo-American*.

Der Rest ist schnell erzählt. Der große Durchbruch wurde 1939 erreicht. Auf der 28 km weiter südlich gelegenen Farm *St. Helena* erbohrte die *Western Holdings* das

Basal Reef, das an dieser Stelle gute Goldgehalte zeigte. Während des Krieges wurden die Erkundungsarbeiten fast vollständig eingestellt, aber man wusste bereits, dass die von Merensky angesetzten Bohrungen auf *Aandenk* ein weitgehend identisches Schichtenprofil aufwiesen. Ende 1945 wurde auch auf *Aandenk* nach einer geringfügigen Vertiefung der Bohrlöcher das goldführende *Basal Reef* erreicht. Ein Jahr später wurde der erste Schacht im *Odendaalsrust*-Distrikt abgeteuft. Von da an entwickelte sich der Bezirk sukzessive zu einem der wichtigsten Zentren des südafrikanischen Goldbergbaus.

Merensky hatte durch den schnellen Verkauf seiner Option keinen oder bestenfalls einen bescheidenen Gewinn erzielt. Trotzdem ist unter Fachleuten unbestritten, dass er einen wichtigen Beitrag für die Entwicklung des Goldbergbaus im Oranje-Freistaat geleistet hat. Seine Erkenntnis, dass die Bohrung sich noch oberhalb der gesuchten *Reefs* befand, war für alle nachfolgenden Arbeiten von entscheidender Bedeutung. Wohl noch wichtiger war jedoch, dass er im entscheidenden Moment verhindert hatte, dass die Erkundungsbohrung auf der Farm *Aandenk* sang- und klanglos eingestellt wurde. Ohne sein Eingreifen hätte sich die Erschließung der Goldvorkommen des Freistaates wahrscheinlich um viele Jahre verzögert. Obwohl alle Bergbaufirmen am Fortgang der Bohrung interessiert waren, hätte keine von ihnen in diesem Moment eine so schnelle Entscheidung fällen können, wie er das als Einzelunternehmer tun konnte.

Es wurde später oft gefragt, warum Merensky seine Option so schnell verkauft habe. Schließlich hatte er, wie sich später zeigen sollte, die zusätzlichen Bohrungen im wörtlichen Sinne „goldrichtig" angesetzt. Für diesen Verkauf gab es drei Gründe:

Erstens hatte Merensky sein ursprüngliches Ziel erreicht. Er hatte verhindern wollen, dass die Bohrung der *Wit Extensions* vorzeitig abgebrochen wurde. Er hielt diese Erkundungsbohrung für die Zukunft des südafrikanischen Goldbergbaus für extrem wichtig. Als *Anglo-American* sich bereit erklärte, seine Option samt Bohrungen zu übernehmen und angesichts der Tatsache, dass auch noch andere Bergbaugesellschaften in den Freistaat strömten, war seine Präsenz nicht mehr vonnöten. Man muss sich in diesem Zusammenhang auch daran erinnern, dass Merensky niemals in seinem Leben beabsichtigt hat, sich aktiv an einem Großbergbau zu beteiligen. Das hatte er nach der Entdeckung des Platins ebenso abgelehnt wie später nach den großen Diamantenfunden. Für ihn wäre das ein völlig anderes Geschäft gewesen, als das, was er als Geologe beherrschte und betreiben wollte. Auch die Tatsache, dass er jetzt vermögend war, änderte daran nichts. Im Übrigen löste er sich auch deshalb gern von dieser Option, da eine Tiefenprospektion mit Bohrungen ein sehr hohes finanzielles Engagement verlangt. Sein Kapital war jedoch in Westfalia und anderen Projekten festgelegt. Die Mittel, die ihm zur freien Verfügung standen, waren nicht unbeschränkt.

Der zweite Grund war sein tiefes Missbehagen gegenüber jeder Art von Presserummel. Man sollte dieses Motiv in keinem Fall unterbewerten. Die vielen Monate, die Merensky in der Alexanderbucht zugebracht hatte, umgeben von enttäuschten, verarmten und verzweifelten Menschen, hatten sich in sein Gedächtnis tief eingekerbt. Die missliche Lage dieser Menschen war damals dadurch entstanden, dass sie aufgebauschten Pressemeldungen gefolgt waren, in denen seine Entdeckungen und sein Name genannt wurden. Die Tatsache, dass er an diesen Vorgängen keine Schuld gehabt hatte, spielte für ihn selbst keine Rolle. Auch jetzt berichtete die Presse wieder mit übertriebenen Schlagzeilen vom ihm. Er wollte so etwas wie in der Alexanderbucht in keinem Fall noch einmal erleben.

Aber es gab noch einen dritten Grund, der vielleicht am schwersten wog. Merensky hatte in diesem Moment gedanklich bereits ein ganz anderes Prospektionsprojekt vor Augen. Eine Prospektion, die er für erfolgversprechend hielt und die er – so erstaunlich das klingen mag – für sinnvoller als die Goldprospektion ansah. Es war die Suche nach Chromerzen.

E-11 Chromerzlagerstätten

Das stahlgrau glänzende Schwermetall Chrom hat ein spezifisches Gewicht von 7,19 und einen Schmelzpunkt von rund 1.857 °C. Seine industrielle Bedeutung gründet sich darauf, dass es – zusammen mit Nickel, Kobalt, Mangan, Molybdän, Niob, Tantal, Vanadium und Wolfram – zu der Gruppe der sogenannten Stahlveredler gehört. Die Präsenz von Chrom steigert die Druck- und Zugfestigkeit von Stählen und erhöht ihre Widerstandsfähigkeit gegen Verschleiß. Edelstähle mit höherem Chromgehalt sind zudem rost-, säure- und hitzebeständig. Eine weitere wichtige Verwendung ist die Verchromung von Metall- und Kunststoffoberflächen.

Vom Weltverbrauch an Chromerzen gehen 65–70 % in die stahl- und metallverarbeitende Industrie. Dabei ist Chrom hinsichtlich der Eigenschaften, die es Edelstählen verleiht, kaum substituierbar. Weitere 15–20 % des Chromverbrauchs finden in der chemischen Industrie Verwendung. Chromoxide und Chromate sind Ausgangsstoffe für die Herstellung von Pigmenten für Farben und Lacke und zum Färben von Gläsern. Chromsalze wiederum werden in der Gerberei und für die Herstellung von Fungiziden und Holzschutzmitteln gebraucht. Die restlichen 10–15 % des Weltverbrauchs werden von der Feuerfestindustrie in Anspruch genommen. Wegen ihres hohen Schmelzpunktes und der geringen chemischen Reaktionsfähigkeit finden Chromerze für die Herstellung von Feuerfeststeinen und von Stampfmassen für Schmelzöfen Verwendung.

Das Element Chrom ist in der Erdkruste relativ weit verbreitet. Unter den vielen Chrommineralien, die in der Natur vorkommen, tritt jedoch nur ein einziges, der Chromit, in solch kompakten Mengen auf, dass er abbauwürdige Lagerstätten bildet. Chromerzlagerstätten sind in rund 25 Ländern bekannt. Verknappungen sind deshalb kaum zu befürchten. Mineralogisch gehört der Chromit zur Gruppe der Spinelle und ist chemisch gesehen ein Mischkristall mit der Formel $Cr_2O_3 \cdot FeO$. Dabei kann das Chromoxid (Cr_2O_3) durch wechselnde Mengen von Aluminiumoxid (Al_2O_3) oder Eisenoxid

(Fe_2O_3) ersetzt werden, während anstelle von FeO auch Magnesiumoxid (MgO) treten kann. Das hat zur Folge, dass praktisch kein Chromerz dem anderen gleicht und dass der theoretisch mögliche, höchste Cr_2O_3-Gehalt von 67,9 % im Chromit in der Natur fast nirgendwo erreicht wird. Chromitvorkommen sind an basische und vor allem an ultrabasische Gesteine gebunden, in denen sie als magmatische Ausscheidung auftreten.

In erster Annäherung kann man zwei Hauptgruppen von Chromerzvorkommen unterscheiden. Die erste umfasst linsenförmige Vorkommen, die in „orogenen Zonen" auftreten. Das bedeutet, dass sie während einer Gebirgsbildung ausgeschieden wurden. Die wichtigsten Lagerstätten dieser Gruppe liegen in Kasachstan, andere in Albanien, Russland, der Türkei, im Iran und auf den Philippinen. Häufig bestehen die Lagerstätten aus einer größeren Anzahl von mehr oder weniger nahe beieinanderliegenden kleinen Erzkörpern mit Vorräten von nur einigen 100 bis mehreren 10.000 t Erz. Die Metallgehalte sind jedoch häufig sehr hoch. Bis zur Entwicklung der Chromerzlagerstätten des *Bushvelds* war dieser Lagerstättentyp der ausschließliche Träger der Versorgung des Weltmarktes mit Chromerzen.

Die zweite Hauptgruppe von Chromerzlagerstätten ist die der „schichtförmigen" Lagerstätten. Sie treten im *Bushveld* (Transvaal) und in Simbabwe auf. Die Mächtigkeit der einzelnen Chromitflöze beträgt dort nur einige Dezimeter bis knapp einen Meter, selten mehr. Häufig liegen mehrere Flöze übereinander, und in vielen Fällen können sie auch gemeinsam abgebaut werden. Die Metallgehalte dieser Erze sind deutlich geringer als die der oben genannten, in orogenen Zonen auftretenden Chromerzlager. Da die schichtförmigen Erzlagen sich jedoch in der Regel kilometerweit verfolgen lassen, haben diese Lagerstätten riesige Vorräte. Weltweit gesehen entfallen auf diesen Lagerstättentyp heute wahrscheinlich mehr als 90 % der verfügbaren Chromerzressourcen. Das große, weit über Südafrika hinaus wirkende Verdienst Merenskys war es, diesen Lagerstättentyp, der bis dahin als wirtschaftlich uninteressant angesehen worden war, als erster ins Gespräch gebracht und prospektiert zu haben.

19 Neue Erfolge: Chromerze und Vermiculit

Merensky regelte auf der Farm *Aandenk* die Übergabe seiner Bohrungen an die *Anglo-American*. Dann ging er ohne jede Verzögerung ins nördliche Transvaal. Er wollte dort nach Chromerzen suchen. Er hatte sich viel vorgenommen, und so wurde es eine Prospektionskampagne in großem Stil.

Sein Interesse an Chromerzen entsprang keineswegs einer plötzlichen Eingebung, sondern hatte sich über Jahre hin aufgebaut. Auslöser waren seine Gespräche mit Politikern und Wirtschaftsführern des Landes gewesen, mit denen er seit seiner Rückkehr von der Alexanderbucht verkehrte. Dabei wurde auch über die Notwendigkeit der Industrialisierung des Landes und insbesondere über den Aufbau einer Stahlindustrie gesprochen. Merensky begrüßte diese Ideen. Nicht, dass er nun etwas gegen den Platin-, Gold- oder Diamantenbergbau gehabt hätte. Das waren nach seinem Verständnis hochinteressante Wirtschaftszweige, die viel Geld ins Land brachten und für Arbeit sorgten. Die Diamanten und Edelmetalle wurden jedoch exportiert und es fand keine Weiterverarbeitung im Lande statt. Aber gerade das war es, was dem Lande fehlte. Nur mit Hilfe von weiterverarbeitenden Industrien ließ sich der Wohlstand auf breite Bevölkerungsschichten übertragen. Der erste Schritt dazu war die Entwicklung einer Stahlindustrie.

Jetzt, 1937, wollte Merensky seinen persönlichen Beitrag zu dieser industriellen Entwicklung leisten. Er wollte Chromerzvorkommen identifizieren und für die bergmännische Gewinnung bereitstellen. Chrom ist ein sogenannter „Stahlveredler“ und für die Herstellung von Edelstählen unverzichtbar.

Dass Südafrika im *Bushveld* über Chromerze verfügte, war seit langem bekannt. Trotzdem waren die ersten zaghaften Abbauversuche erst 1917 unternommen worden, und die erste echte Gewinnung – bescheidene 4.570 Tonnen – wurde erst 1924 in den offiziellen Statistiken verzeichnet.

Merensky war für die Prospektion auf Chromerze im *Bushveld* in mehrfacher Hinsicht gut gerüstet. Er kannte das Gebiet aus den Tagen der Platinprospektion so gut wie kaum ein anderer. Damals hatte er im Lydenburg-Distrikt zahlreiche Chromitflöze beobachtet, und er wusste auch, dass sie in der Abfolge des *Bushvelds*

Abb. 30. Chromit-Flöze auf der Farm Jagdlust.

unterhalb des Merensky-*Reefs* lagen. Nun kam es darauf an, die Lokalitäten zu ermitteln, an denen die Chromitflöze am mächtigsten waren und zu versuchen, sie über größere Strecken zu verfolgen.

Der Zufall wollte es, dass sein alter Prospektor Busschau ihn kurz zuvor darauf aufmerksam gemacht hatte, dass am Ostrand des *Bushvelds*, zwischen Pietersburg und Lydenburg, die Farm Jagdlust zum Verkauf stand. Dort waren Chromerzvorkommen bekannt, und die Farm schien Merensky der ideale Ausgangspunkt für eine Prospektionskampagne zu sein. Also griff er zu und kaufte die Farm. Er konnte das unbeschwert tun, denn die Farm entsprach seinen landwirtschaftlichen Interessen. Sollte die Prospektion erfolglos bleiben, konnte er Jagdlust als Rinderfarm nutzen.

Die Farm Jagdlust war jedoch nicht sein einziger Ansatzpunkt für die Suche nach Chromerzen. Merensky besaß nämlich auf der Westseite des *Bushvelds*, im Distrikt Rustenburg, bereits die Farm *Vlakpoort*, die ebenfalls als Rinderfarm genutzt wurde, auf der aber auch ein kleines Chromerzvorkommen bekannt war. Zur Arrondierung seiner dortigen Interessen erwarb er die Schürfrechte für zwei angrenzende Farmen, *Haakdoorndrift* und *Varkvlei*. Nun konnte er auf beiden Seiten des *Bushvelds* auf Chromerze prospektieren.

Es ergab sich dann sehr schnell, dass die ersten ermutigenden Ergebnisse auf der Farm Jagdlust erzielt wurden. Nach der entsprechenden Einweisung durch Merensky hatte sein alter Vertrauter Busschau die Leitung der Feldarbeiten übernommen. Es dauerte nicht lange, da war eine Gruppe von innerhalb der Schichtfolge nah beieinanderliegenden Chromitflözen identifiziert. Das größte war knapp einen Meter mächtig, andere erreichten nur 30, 20 oder auch nur 10 cm. Ihre Gesamtmächtigkeit summierte sich auf etwa 2,40 m. Diese Horizonte ließen sich quer durch das Farmgebiet bis an dessen Grenze verfolgen. Merensky bekam das Gefühl, dass es sich hier um eine „große" Lagerstätte handeln könnte, und so zögerte er nicht und kaufte die Nachbarfarm *Winterveld* hinzu. Auch dort waren die Chromerzschichten gut entwickelt. Die Flöze nahmen fast kein Ende! Schließlich hatte man die Erzhorizonte auf einer Erstreckung von 11,2 km zutage anstehend verfolgt. Von diesen Tagesaufschlüssen aus tauchten die Chromerzlagen mit einem flachen Einfallen von 10° bis 20° Grad nach Westen hin ab. Eine überschlägige Kalkulation ergab sehr schnell, dass das die größte zusammenhängende Chromerzlagerstätte war, die bisher auf der Welt gefunden worden war. Merensky war dementsprechend hochzufrieden.

Nun ging man an die systematische Beprobung und begann die Erze zu analysieren. Merensky ahnte schon, dass die Chromitgehalte nicht allzu hoch sein würden – und so war es dann auch. Der Durchschnittsgehalt aller Proben lag bei rund 46 % Cr_2O_3. Das war nur eine mittlere Erzqualität. Die guten Chromerzlagerstätten auf der Welt hatten Gehalte von 50 % Cr_2O_3 und manchmal auch deutlich mehr. Es waren solche hochwertigen Lagerstätten, nach denen die großen Stahlfirmen verlangten. Als Busschau die Analysenwerte sah, war er enttäuscht und wollte die Prospektion abbrechen. Er glaubte nicht, dass man für ein Chromerzvorkommen mit solch geringen Metallgehalten einen Käufer finden könne.

Merensky sah das ganz anders und strahlte weiterhin Zuversicht aus. Sicherlich gab es einige gravierende Nachteile bei dieser Lagerstätte. Der Chromitgehalt war nicht allzu hoch, das Erz enthielt ziemlich viel Eisen, die Verkehrsanbindung der Lagerstätte war schlecht und der nächste Überseehafen, Maputo, war 550 km entfernt. Andererseits war die vorhandene Erzmenge riesig. Merensky war sich sicher, dass die Industrie eine Lagerstätte von diesen Ausmaßen nicht unbeachtet lassen würde. Wer hier investierte, konnte mit einem langjährigen Abbau rechnen. Hinzu kam, dass die Chromitflöze praktisch störungsfrei lagerten. Unangenehme Überraschungen während des Abbaus waren also nicht zu befürchten. Was die unerwünscht hohen Eisengehalte im Erz anging, da vertraute Merensky auf die Innovationskraft der Hütteningenieure. Er rechnete fest damit, dass sie Verfahren entwickeln würden, die speziell auf die Chromite des *Bushvelds* zugeschnitten waren. Kurzum, es war nur eine Frage der Zeit, bis die Lagerstätte in Abbau kommen und zu einem der großen Lieferanten des Weltmarktes aufsteigen würde. Bis dahin konnte er die beiden Farmen als Weideland nutzen. Sie stellten für ihn kein totes Kapital dar. Bezüglich des Verkaufs der Chromerzlagerstätte stand er nicht unter Zugzwang.

Und wieder einmal behielt Merensky Recht. Zwar wurde die Verwertung des Vorkommens durch den Ausbruch des Krieges verzögert, und auch unmittelbar nach dem Kriege bestand zunächst keine Nachfrage. Im Jahr 1952 war es dann aber so weit. Einer der größten US-Stahlkonzerne, die *Union Carbide-Corporation*, kaufte die Lagerstätte für 500.000 Pfund. Das entsprach in etwa einer Summe von 10 Mio. Mark.

Die Entwicklung ging weiter. Heute wird Chromerz nicht nur in dem von Merensky prospektierten Bereich, sondern auch an vielen anderen Stellen im *Bushveld* abgebaut. Südafrika ist nach Kasachstan das an Chromerzen reichste Land der Welt und in Bezug auf leicht gewinnbare Chromerze mit Cr_2O_3-Gehalten zwischen 44 % und 46 % ist es sogar führend.

Nach dem erfolgreichen Abschluss der Prospektion kehrte Merensky eilig auf seine Farm zurück, denn dort warteten Berge von Arbeit auf ihn. Die großen Projekte auf Westfalia waren zwar auf den Weg gebracht, trotzdem gab es noch unzählige Details zu regeln. Täglich mussten neue Entscheidungen gefällt werden, und die Mitarbeiter waren froh, dass Merensky jetzt wieder die Verantwortung übernahm. Aus der Sicht der rein landwirtschaftlich orientierten Belegschaft auf Westfalia war der Ausflug zu den „Gold-Bohrlöchern" des Oranje-Freistaats ja nur ein „Alt-Herren-Hobby" gewesen. Konkrete Ergebnisse, so sah man es, hatte der Ausflug nicht gebracht. Und was die Chromerzkampagne anging, so mochte der „Doktor" sie zwar als erfolgreich betrachten, letztlich war dabei aber nur ein Wechsel auf die Zukunft herausgekommen. Das Hauptergebnis der „Ausflüge" war eigentlich, dass man mit *Winterveld* und Jagdlust nunmehr zwei weitere Farmen zu verwalten hatte. Natürlich wäre auf Westfalia niemand auf die Idee gekommen, diese spontanen Prospektionsausflüge zu kritisieren, aber man nahm doch als selbstverständlich an, dass Merenskys Leidenschaft für die Prospektion nunmehr endgültig gestillt war. Was sollte er auch sonst noch suchen? Er hatte auf jedes nur denkbare Metall mit Erfolg prospektiert, und die großen Lagerstätten in Südafrika waren ohnehin alle entdeckt – meinte man. Außerdem vollendete er im Frühjahr 1937 sein 66. Lebensjahr. Das war ein Alter, in dem andere schon längst ihren Ruhestand genossen.

Merensky war jedoch weit davon entfernt, solchen Gedanken nachzuhängen. Trotz seiner Jahre war er, abgesehen von seiner zunehmenden Schwerhörigkeit, noch recht fit. Zudem hatte er die Fähigkeit, Detailaufgaben zu delegieren und sich kräftesparend auf das Wesentliche zu konzentrieren. Das hatte er übrigens immer schon getan. Es war ein Teil seines Erfolgsrezeptes.

Zu den Dingen, die ihm damals besonders am Herzen lagen, gehörte die Suche nach zusätzlichem Weideland, das nicht so weit entfernt liegen sollte wie seine Farmen im *Bushveld.* Und so war er im Frühjahr 1937 im *Lowveld*, also östlich von Westfalia, unterwegs, um zu schauen, ob er dort brauchbares Land erwerben konnte. Begleiten ließ er sich von einem alten Bekannten, Max Ruh, der ortskundig war. Sie besuchten mehrere Farmen, fanden aber nichts, was Merenskys Vorstellungen entsprochen hätte.

Als sie die Suche schließlich abbrachen, fragte Merensky ganz nebenbei: „Und sonst ist hier im Distrikt nichts, was interessant wäre?"

Max Ruh schüttelte zunächst den Kopf, dann fiel ihm aber doch etwas ein: „Ich weiß nicht, ob Sie das interessiert? Sie kennen doch den alten Cleveland? Der gräbt jetzt nämlich am Loolekop und sucht nach Glimmern".

„Und? Hat er was gefunden?" fragte Merensky.

„Bis jetzt wohl nicht," sagte Max Ruh. „Bis jetzt hat er nur so ‚verfaulten Glimmer' gefunden. Das ist wahrscheinlich dieses neue amerikanische Zeug, Sie wissen was ich meine, Doktor?"

Merensky merkte auf. Er kannte den Loolekop. Das war ein kleiner, sich kegelförmig aus dem dichten Busch des *Lowvelds* erhebender Berg, in dessen Umgebung die verschiedensten Mineralien zu finden waren. Eine wie auch immer geartete Lagerstätte hatte dort aber bisher niemand nachweisen können. Auch Merensky hatte dort irgendwann vor dem Ersten Weltkrieg geschürft, aber nur kleinere Mengen von Kupfererzen gefunden. Er kannte auch den alten Cleveland. Der war als Prospektor ein Einzelgänger, der seinen eigenen Ideen folgte, aber er war tüchtig. Wenn Cleveland dort seit längerer Zeit grub, dann musste es dafür einen ernsthaften Grund geben. Und was den „verfaulten Glimmer" anging, „dieses neue, amerikanische Zeug", wie Max Ruh es bezeichnete, da wusste Merensky sofort, was gemeint war, nämlich „Vermiculit". Das war ein Mineral, das man im Gelände nur selten und dann auch nur in kleinen Mengen zu Gesicht bekam. Viele Geologen kannten es deshalb auch nur aus geologischen Schausammlungen. Bis vor kurzem war es auch nicht als nutzbares Mineral eingestuft gewesen. Jetzt hatte man jedoch in den USA, in Montana, zum ersten Mal ein großes Vorkommen dieses Minerals entdeckt, und plötzlich sprach in Fachkreisen jedermann von den seltsamen physikalischen Eigenschaften des Vermiculits. Wenn man ihn schockartig erhitzt, dehnt er sich nämlich um das 10- bis 30-fache seines ursprünglichen Volumens aus. Das wiederum eröffnet ihm zahlreiche industrielle Einsatzmöglichkeiten.

Es war klar, dass Merensky, der im Gelände noch nie ein größeres Vorkommen von Vermiculit beobachtet hatte, sofort hochinteressiert war. Sie brachen also auf und erreichten den Loolekop am späten Nachmittag. Sie kämpften sich durch das dichte Buschwerk Richtung Bergkuppe vor und trafen Cleveland tatsächlich in einem seiner Schürfgräben an. Er freute sich, einen so kompetenten Besucher zu haben.

„Was halten Sie davon, Doktor?" fragte der alte Prospektor. Merensky stieg in den Graben hinunter, kratzte Proben aus der Wand und betrachtete sie unter der Lupe.

Ja, das war Vermiculit wie er ihn kannte und offenbar in einer relativ guten Konzentration, das heißt mit wenig Beimengungen von Lehm oder Sand.

„Das sieht doch ganz gut aus", meinte er zu Cleveland.

Der schüttelte jedoch den Kopf und schien mit seinen Schürfergebnissen nicht zufrieden zu sein. Das sei Vermiculit, das wisse er, aber er würde ja nicht nach Vermiculit suchen. Dafür gäbe es ja noch gar keinen Markt, jedenfalls nicht in Südafrika. Andererseits wäre Vermiculit eben doch ein Glimmermaterial, wenn auch ein „verwittertes, verfaultes Material". Und irgendwo darunter müsste doch „unverdorbene Glimmererde" stecken, und die wolle er finden. Für Glimmer gäbe es genügend Abnehmer. Merensky warnte ihn vorsichtig. Dieser Vermiculit konnte 20 und vielleicht auch 50 m in die Tiefe reichen, so dass es keine Möglichkeit gab, das darunter liegende Gestein mit einfachen Schürfgräben zu erreichen.

Der alte Cleveland nickte: „Wahrscheinlich haben Sie recht, Doktor. Ich hatte auch schon das Gefühl, dass ich hier nicht an der richtigen Stelle grabe."

Merensky kehrte nach Westfalia zurück. Er war sehr nachdenklich. Am nächsten Morgen fragten seine Verwalter, ob er brauchbares Weideland gefunden habe. Er winkte müde ab. Und dann passierte etwas, das seine Mitarbeiter sofort alarmierte. Er blieb nach dem Frühstück einfach auf seiner Terrasse sitzen und schaute hinunter ins Tal, so, als ob er träumen würde. Zur Mittagszeit saß er immer noch da. Das kannte man. Das war die „Ruhe vor dem Sturm"! Genauer gesagt, der Doktor brütete über einem neuen Plan. Das hatten sie schon öfter erlebt. Einmal war es der Plan für die Avocados gewesen, ein anderes Mal waren es die Tremas-Bäume und davor der Staudamm. Das war die Denkphase, in der alles durchdacht wurde. Das konnte zwei oder manchmal auch drei Tage dauern, dann war der Plan für den Handlungsablauf fertig, und Merensky würde präzise Anweisungen geben, was im Einzelnen zu tun sei. Aber war das denn wirklich möglich? Die Mitarbeiter hatten vom Chauffeur gehört, dass Merensky am Loolekop gewesen war. Dachte er wirklich über ein neues Prospektionsprojekt nach?

So war es! Und Merensky hatte viel zu durchdenken. Der Vermiculit war zweifellos ein hochinteressantes Mineral. Aber sollte er sich darin engagieren? Da es in Südafrika noch keine Bergbaufirma gab, die sich für den Vermiculit interessierte, müsste er nicht nur die Prospektion, sondern auch die anschließende bergmännische Erschließung übernehmen. Das hatte er bisher immer vermieden. Von der Größenordnung her konnte er das allerdings verkraften. Was wären die einzelnen Schritte, die zu unternehmen waren? Zunächst musste er eine Regelung mit dem alten Cleveland finden. Das war wahrscheinlich nicht schwierig, denn Cleveland interessierte sich nicht für den Vermiculit und war auch fast schon bereit aufzugeben. Dann musste er die unmittelbare Umgebung der Schürfgräben untersuchen. Das war sicherlich kein Vorkommen, das sich über zehn oder mehr Kilometer erstreckten würde, aber einige hundert Meter müssten es schon sein, um eine echte Lagerstätte darzustellen. Anschließend musste er nach Johannesburg reisen und sich um die Konzession bemühen. Cleveland hatte ihm gesagt, dass die gesamten Schürfrechte in der Hand eines Syndikats lägen, das sich das Gebiet für den Fall gesichert hätte, dass man dort Kupfer finden würde. Er, Cleveland, hätte nur eine vorläufige Erlaubnis, um nach Glimmern zu graben, mehr nicht. Er musste also die Konzession erwerben. Das ließ sich wahrscheinlich auch regeln. Dann käme die detaillierte Untersuchung des Vorkommens. Das würde nicht allzu teuer sein. Mit 20 bis 25 Arbeitskräften konnte man in drei Monaten einen guten Überblick über die Lagerstätte bekommen – wenn es denn eine war. Die Tiefenerstreckung musste mit Bohrungen oder, besser noch, mit Schächten getestet werden. Die eigentlichen Probleme kämen wahrscheinlich erst hinterher. Cleveland hatte vollkommen Recht, es gab für den Vermiculit noch keinen Markt in Südafrika. Was die Sache aber so interessant machte, war die Tatsache, dass man den Vermiculit zur Bodenverbesserung benutzen konnte. Er lockerte die Böden auf. Und wo konnte man die Nützlichkeit dieses Minerals wohl besser demonstrieren als auf Westfalia? So gesehen sprach einiges dafür, das Projekt in Angriff zu nehmen. Allerdings würde die Demonstration des Einsatzes von Vermiculit auf Westfalia nicht ausreichen. Er musste also nicht nur die Gewinnung organisieren, sondern musste auch eine Marketinggesellschaft gründen, die den Vertrieb in die Hand nahm. Sie müsste sich aktiv darum bemühen, sowohl die Farmer als auch die Industrie von den zahlreichen Anwendungsmöglichkeiten des Vermiculits zu überzeugen. Ohne ein solches Marketing hätte das ganze Unternehmen keinen Sinn.

Drei Tage später war Merensky wieder am Loolekop. Die Übereinkunft mit Cleveland war schnell erreicht. Dann zog Merensky von den vorhandenen Schürfgräben aus seine Kreise. Genauer gesagt, es wurde ein Oval. Er konnte den Vermiculit im Streichen der Schicht über einen Kilometer verfolgen, und auch quer dazu fand er, sobald er etwas in die Tiefe grub, immer wieder Vermiculitbröckchen. Das genügte vorerst.

Dann fuhr er nach Johannesburg und kaufte die Konzession. Bald darauf begann die Untersuchung des Geländes. Sie wurde von seinem Assistenten Dr. Gelletich geleitet. Dieser war einer jener tüchtigen, jungen Einwanderer, denen Merensky beim

Start ins Berufsleben behilflich war. Seine Beweggründe waren ganz einfach, aber logisch. Sie lauteten: „Tüchtige Leute verdienen es, dass man ihnen hilft und dem Lande tut es gut, wenn das Können, das sie mitgebracht haben, an der richtigen Stelle eingesetzt wird." Gelletich war 1908 in Budapest geboren, hatte in Österreich Geologie studiert und war 1934 nach Südafrika gekommen. Zunächst hatte er mit Dr. Krahmann in der Goldprospektion gearbeitet, war dann aber (wahrscheinlich auf Anraten Merenskys) noch einmal für ein Jahr zurück nach Europa gegangen, wo er an Merenskys Heimatuniversität in Berlin-Charlottenburg promovierte. Von 1937 bis 1941 finden wir ihn dann als Mitarbeiter Merenskys, zunächst bei der Goldprospektion im Oranje-Freistaat und dann bei der Prospektion auf Chromerze im *Bushveld.* Jetzt kümmerte er sich mit großer Umsicht um die Erschließung des Vermiculit-Vorkommens. Bekannt wurde er aber vor allem dadurch, dass er am Loolekop sehr schnell erkannte, dass dieser nicht nur geologisch hochinteressant war, sondern zugleich eine außerordentlich ergiebige Fundstelle für prähistorische Steinwerkzeuge darstellte. Um ihre Bergung und Archivierung machte sich Dr. Gelletich sehr verdient. Als er wenige Jahre später leider viel zu früh verstarb, hinterließ er eine bedeutende Sammlung dieser Werkzeuge.

Was nun die Untersuchung des Vermiculits anging, zeigte sich, dass das Vorkommen eine Fläche von über einem Quadratkilometer einnahm. Das war deutlich mehr, als Merensky erwartet hatte. Und so wurde es wieder einmal eine „große" Prospektionskampagne. Insgesamt grub seine Mannschaft 3.000 Schürfschächte! Bei 15 m war man überall noch in der Vermiculit führenden Schicht, an manchen Stellen auch noch bei 24 m und an einzelnen Stellen schien es noch tiefer hinunterzugehen.

Das war also ein Vorkommen, dessen Tonnage durchaus mit dem einzig anderen bis dahin bekannten Vorkommen, dem von *Libby* in Montana, zu vergleichen war. Allerdings gab es einen wesentlichen Unterschied: In Montana trat zusammen mit dem Vermiculit stets etwas Asbest auf. Am *Loolekop* war das nicht der Fall. Damals maß man diesem Unterschied keine große Bedeutung bei. Vierzig Jahre später, als der Asbest wegen seiner Gefährlichkeit für die menschliche Gesundheit allgemein geächtet wurde, führte dieser Asbestgehalt zur vorzeitigen Schließung der Lagerstätte *Libby.* Die eigentliche Überraschung brachten jedoch die Labortests. Der Wert eines solchen Vorkommens hängt vor allem vom Expansionsfaktor des Vermiculits ab. Je stärker sich das Material bei der Schockerhitzung ausdehnt, umso größer sind seine Einsatzmöglichkeiten. Die US-amerikanischen Vermiculite hatten einen Expansionsfaktor von 12 bis 18. Das war schon gewaltig. Der Vermiculit des *Loolekop* vergrößerte sein Volumen bei der Schockerhitzung aber um das 26-fache! Die Qualität des Materials übertraf die des amerikanischen bei weitem! Merensky war im *Lowveld* auf den von der Qualität her besten Vermiculit gestoßen, den man bis dahin auf der Welt kannte, in einer Lagerstätte, die in ihrer Größenordnung an die von Montana herankam.

E-12 Vermiculit

„Vermiculit" ist die Bezeichnung für eine Gruppe von Eisen-Magnesium-Aluminium-Schichtsilikaten, die Wasser aufgenommen und in ihr Kristallgitter eingelagert haben. Da die Anteile der Hauptkomponenten der Vermiculite – das sind Siliziumoxid, Aluminiumoxid, Eisenoxide, Magnesiumoxid und Wasser – in einer beträchtlichen Bandbreite variieren, lässt sich eine einheitliche chemische Formel, die für alle Vermiculite gültig wäre, nicht angeben.

Vermiculite erscheinen im Gelände als schuppig-blättrige, locker-erdige Aggregate von weißgelblicher, häufig auch goldgelber, sonst auch brauner oder grauer Farbe, von geringer Härte (1,5 nach Mohs) und einer Dichte zwischen 2 und 3. Laien, die das Material zum ersten Mal sehen, beschreiben es häufig als „verfaulten Glimmer".

Vermiculite sind keine primären Bestandteile eines Gesteins, sondern stets „Umwandlungsprodukte", die durch eine nachträgliche Wasseraufnahme entstanden sind. Die ursprünglichen Minerale, in die das Wasser eingelagert wurde, können Biotit (ein Magnesia-Eisenglimmer), Phlogopit (ein Magnesiaglimmer) oder auch andere basische Silikatminerale, wie Amphibol, Pyroxen, Olivin oder Serpentin sein. Die Wassereinlagerung kann im Zusammenhang mit oberflächennahen Verwitterungsprozessen und/oder durch hydrothermale Vorgänge erfolgt sein. (Wässrige hydrothermale Lösungen haben ihren Ursprung in magmatogenen Prozessen, zirkulieren aber in weiter bis sehr weiter Entfernung von dem ursächlichen Magmaherd und sind mit 450–150 °C entsprechend niedrig temperiert. Sie spielen eine entscheidende Rolle als Transportmedium bei der Bildung bestimmter Erzlagerstätten.) Bei der Wasseraufnahme der Vermiculite kommt es zu gewissen Mineralumwandlungen (insbesondere durch die Entfernung von Kalium), im Übrigen aber zu einer schichtförmigen Platzierung des Wassers parallel zu den Silikatnetzschichten der Kristalle.

Wird der Vermiculit schockartig stark erhitzt, verdampft das innerkristalline Wasser. Da es nicht entweichen kann, kommt es zu einer akkordeonartigen Aufblähung des Materials, die grundsätzlich senkrecht zur Schichtstruktur der Minerale erfolgt. Diese in ihrer Art sehr typische Aufblähung hat zur Namensgebung der Vermiculite (*Vermiculus* lat. = Würmchen) durch T. H .Webb (1824) geführt. Der Grad der Ausdehnung hängt wesentlich vom Wassergehalt ab und kann das 10- bis 30-fache des ursprünglichen Volumens erreichen. Entsprechend sinkt das spezifische Gewicht des Materials von vorher 2 bis 3 auf 0,016 bis 0,064.

Der aufgeblähte Vermiculit ist technisch vielseitig einsetzbar. Seine geringe Wärmeleitfähigkeit und der relativ hohe Sinterpunkt von ca. 1.050 °C eröffnen ihm vielfältige Verwendungsmöglichkeiten bei der Wärmedämmung sowie im Brand- und Feuerschutz, hier häufig auch an Stellen, an denen früher Asbest eingesetzt wurde. Vermiculit wird in feuerfesten Stampfmassen zur Isolierung von Industrieöfen und beim Schornsteinbau eingesetzt. Mit Zement vermischt gilt er als wirkungsvoller Brandschutzputz. In der Metallurgie dient er zum Abdecken von Gießrinnen und Schmelzpfannen sowie zur Steuerung der Abkühlgeschwindigkeit von großen Formteilen. Besonders wichtig ist seine Rolle in der Land- und Gartenwirtschaft, wo er zur Bodenmelioration gebraucht wird. Seine hohe

Absorptionsfähigkeit ermöglicht es ihm, große Flüssigkeitsmengen aufzunehmen, ohne dabei seine lockere Konsistenz zu verlieren. Er kann deshalb sowohl zur Steuerung des Wasserhaushaltes als auch als Träger von Düngemitteln, Herbiziden und Insektiziden Verwendung finden. Als Verpackungsmaterial genutzt, gibt er eine thermische Isolierung, dämmt gleichzeitig Erschütterungen und kann im Falle eines Unfalls gefährliche Flüssigkeiten direkt aufsaugen. Diese Fähigkeit macht man sich bei Laborunfällen zunutze, aber auch im Haushalt beim Einsatz als Katzenstreu.

Die Weltproduktion an Vermiculit beträgt heute rund 520.000 t pro Jahr. Davon kommen etwa 36 % aus Südafrika und dort fast ausschließlich aus *Palabora* (dem früheren „*Loolekop*"), der heute größten Vermiculit-Lagerstätte der Welt. Die USA liefern heute knapp 29 % der Weltproduktion, vor allem aus *South Carolina.* Der Betrieb der Lagerstätte *Libby* in Montana, die in der Nachkriegszeit die größte Vermiculit-Lagerstätte der Welt war, wurde 1990 wegen der Verunreinigungen des Vermiculiterzes durch Asbest eingestellt. Sie hatte zu diesem Zeitpunkt noch Erzvorräte für 35 Jahre. Kleinere Vorkommen existieren in Russland, China, Brasilien und Simbabwe.

20 Der letzte Coup

Die Zeit verging. Auf Westfalia gab es unglaublich viel zu tun, denn durch die im Laufe der Jahre hinzugekommenen Nebenbetriebe hatte sich die landwirtschaftlich genutzte Fläche stark ausgedehnt. Dann war plötzlich der September 1939 da – Kriegsbeginn! Wie viele andere war auch Merensky innerlich in keiner Weise darauf vorbereitet, und noch weniger ahnte er, was für ein Flächenbrand da entfacht worden war.

Aber noch überraschter war er von dem Donnerschlag, mit dem die Kriegszeit für ihn persönlich begann. Anfang 1940 teilten die Behörden ihm mit, er solle sich für den Transfer in ein Internierungslager bereithalten. Merensky war entsetzt, aber noch mehr war er empört, aufs Tiefste empört. Das konnte doch in einem zivilisierten Staat nicht möglich sein. Ihn zum zweiten Mal hinter Stacheldraht zu sperren, ihn, der in Südafrika geboren war und der sein gesamtes Berufsleben in diesem Lande verbracht hatte, ihn, der sich so als Südafrikaner fühlte wie kaum ein anderer, ihn, der so viel für dieses Land getan hatte. Merensky ist nie in seinem Leben überheblich oder eingebildet gewesen. Er wusste jedoch genau, welchen Wert seine Entdeckungen hatten, nicht nur als persönliche Erfolge, sondern als Bausteine für die wirtschaftliche Entwicklung Südafrikas. Genauso entsetzt waren seine Freunde und Bekannten. Sie alle, auch die jüngeren, kannten Merenskys Lebensgeschichte, und die älteren unter ihnen erinnerten sich noch sehr genau, in welch desolatem Gesundheitszustand er 1919 aus dem Internierungslager zurückgekehrt war. Man musste befürchten, dass er eine erneute Lagerhaft nicht überstehen würde.

Auf den Versuch, Merensky zu internieren, gab es vonseiten der Wissenschaft eine klare Antwort. Die Universität Pretoria verlieh ihm nämlich am 9. Dezember 1939, also drei Monate nach Kriegsbeginn, die Ehrendoktorwürde. Das Verfahren für diese Ehrung war schon Monate zuvor eingeleitet worden, und die Fakultätsgremien sahen sich in keiner Weise veranlasst, diese hochverdiente Ehrung jetzt wegen des Kriegsbeginns fallen zu lassen oder auch nur zu verschieben.

Noch subtiler war die indirekte Ehrung, welche die *Geological Society of South Africa* Hans Merensky zuteil werden ließ. Ihr Präsident, R. T. Bridges, gab der *Presi-*

dential Address des Jahres 1942 den Titel: „*The Geologist: His work in South Africa*". In seiner Ansprache nannte er keinerlei Namen, aber Dreiviertel seines Vortrages befassten sich mit den großartigen Entdeckungen des Platins im *Bushveld* und der Diamanten in der Alexanderbucht. Und jedermann im Saale verstand, wer gemeint war und warum diese Rede gehalten wurde.

Schließlich kam es dann doch nicht zur Einweisung in ein Lager. Stattdessen wurde Merensky mit Hausarrest belegt. Das bedeutete, dass er während der Kriegszeit auf Westfalia bleiben musste. Es gilt als sicher, dass diese Entscheidung aufgrund einer Intervention von General Smuts erfolgte, der am Tag des Kriegsbeginns Justizminister war und wenige Tage darauf Ministerpräsident wurde. Für General Smuts war es nicht nur ein persönlicher Freundschaftsdienst, den er Hans Merensky erwies, sondern eine durchaus politische Entscheidung. Smuts, der schon einmal Ministerpräsident gewesen war und der sich seit Jahrzehnten in den Zentren der politischen Macht bewegte, gehörte zu denjenigen, die die Bedeutung der Entdeckungen Merenskys für das zukünftige Südafrika klar erkannt hatten. Und vielleicht hatte er auch eine unbestimmte Ahnung, dass Merensky trotz seiner 68 Lebensjahre noch nicht am Ende seines Weges als Geologe und Entdecker angekommen war und noch mehr für das Land würde leisten können.

Nicht so glimpflich gingen die Behörden dagegen mit Jürgen von Bülow um. Er war inzwischen einer der wichtigen Mitarbeiter Merenskys und stellte zu dieser Zeit gerade erfolgreiche Versuche mit dem Anbau von Eukalyptus an mit dem Fernziel, größere Waldbestände zu schaffen. Er hatte sich im Jahr zuvor mit einer Tochter des Geographen Professor Erich Obst (der 1934/35 im Zuge des von Merensky initiierten Klimaforschungsprojektes nach Südafrika gekommen war) verheiratet und war gerade erstmals Vater geworden. Nun musste er ins Internierungslager.

Das gleiche Schicksal ereilte auch Carl-Theodor Klugkist, für den die Internierungszeit dann leider tragisch endete. Er starb 1943 während eines Krankenhausaufenthaltes. Für Merensky war das ein herber Schlag, denn er hatte mit Klugkist noch viel vorgehabt. Für ihn war Klugkist „der einzig dazu befähigte Verwandte", den er sich auf die Dauer in einer leitenden Position in seinen Unternehmungen vorstellen konnte. Noch Jahre später findet sich in einem an einen Geschäftsfreund gerichteten Brief die Bemerkung: „Klugkist fehlt mir doch sehr".

Und auch Rudolf Krahmann, der für den südafrikanischen Goldbergbau so außerordentlich viel geleistet hatte, traf ein hartes Schicksal. Da er im Jahre 1939 immer noch die deutsche Staatsangehörigkeit besaß, verlor er seine Anstellung bei *Gold Fields* und wurde kurz darauf interniert. Später, acht oder zehn Jahre nach dem Kriege, revidierte *Gold Fields* allerdings seine Haltung und gewährte ihm eine kleine, aber regelmäßige Rente.

Für Merensky selbst war der Hausarrest auf Westfalia sicherlich nicht das Schlechteste, was ihm widerfahren konnte. Er verfügte dort über alles, was er persönlich brauchte, und er war von Mitarbeitern umgeben, die ohne Wenn und Aber zu ihm standen. Die Tatsache, dass unter ihnen verschiedene Nationalitäten vertreten waren, spielte keinerlei Rolle. Merensky hatte zu Beginn des Krieges deutlich gemacht, dass es jedem gestattet sei, seine eigene politische Meinung zu haben, dass er es aber nicht gutheißen könne, wenn jemand versuchen würde, den anderen zu überzeugen. Das hatte ausgereicht.

Ansonsten konnte Merensky seine land- und forstwirtschaftlichen Entwicklungsarbeiten auf Westfalia und den Nebenfarmen uneingeschränkt weiterführen. Tatsächlich sind seine Projekte während der Kriegsjahre mit beträchtlichem Erfolg weiterentwickelt worden. Trotzdem blieb in Merensky eine tiefe Verärgerung oder sogar Verbitterung über den Versuch, ihn noch einmal zu internieren, haften.

Später zeigte sich wieder einmal, dass „nichts so heiß gegessen wird, wie es zuvor gekocht wurde", denn Merensky wurde im Laufe der Kriegsjahre zweimal von der Regierung gebeten, Lagerstättenprojekte zu begutachten. Was war geschehen?

Es war eine dramatische Entwicklung, die sich in Südafrika abspielte. Ab 1942 begann das Land unter dem Mangel an Superphosphat – dem wichtigsten Düngemittel – zu leiden. Südafrika besaß keine eigenen Phosphatvorkommen und hatte seinen Bedarf bis in den Herbst 1939 fast ausschließlich mit marokkanischem Phosphat gedeckt. Dabei war es so, dass Rohphosphat importiert wurde und dass die Weiterverarbeitung zu Superphosphat in Südafrika stattfand. Als der Krieg begann, lagen noch große Mengen von unverarbeitetem Rohphosphat auf Halde. Die regelmäßigen Lieferungen brachen zwar ab, aber es dauerte eine Weile, bis die vorhandenen Rohphosphate aufgebraucht waren. Ab dem dritten Kriegsjahr kam es dann zu einem akuten Mangel an Düngemitteln und in der Folge zu schwerwiegenden Problemen in der Landwirtschaft.

Die Phosphaterze, die bis zum Kriegsbeginn aus Marokko importiert wurden, stammten aus sehr jungen geologischen Formationen, nämlich dem Tertiär. Solche Phosphaterze existieren in Südafrika praktisch nicht. Wohl gibt es aber in Südafrika kristalline Gesteinsformationen, die Phosphatmineralien enthalten, z. B. Apatit, ein Calcium-Fluor-Phosphat. Auf der Basis dieser Gesteine lässt sich ebenfalls eine Düngemittelproduktion aufbauen, allerdings ist das Gewinnungsverfahren umständlicher und vergleichsweise teurer als bei Phosphaterzen aus jungen Formationen. Die Sowjetunion, die gleichfalls keine jungen Phosphatlagerstätten besitzt, hatte dieses Verfahren mit Erfolg eingesetzt und sich damit von Importen unabhängig gemacht.

In Südafrika war diese Idee schon zu Beginn der 30er Jahre aufgegriffen worden. So hatte 1931 die *South African Phosphate Company* im Tal unterhalb des *Loolekops*

Abb. 31. Merensky auf den Stufen seines Hauses in Westfalia, um 1936.

prospektiert und dort tatsächlich phosphatführende Gesteine nachweisen können. Ein zweijähriger Probeabbau zeigte dann jedoch, dass die Gewinnung nicht rentabel gestaltet werden konnte. Die mangelhafte Qualität der Phosphaterze und die unzulängliche verkehrstechnische Infrastruktur machten es unmöglich, in dieser damals noch sehr abgelegenen Gegend einen wirtschaftlich arbeitenden Bergbau zu etablieren.

Zu eben diesem Vorkommen schickte die Regierung Merensky zweimal, als sich während des Krieges die Verknappung der Düngemitteln abzeichnete. Er sollte prüfen, ob dort nicht doch ein Abbau möglich wäre. Es ergab sich jedoch, dass die Gründe, die 10 Jahre zuvor zur Einstellung des Versuchsabbaus geführt hatten, immer noch gültig waren und durch die kriegsbedingte Knappheitssituation nicht an

Bedeutung verloren hatten. Die Gutachten fielen also negativ aus. Das war fachlich richtig, trotzdem wurmte diese Angelegenheit Merensky fortan. Da er selbst Landwirt war, litt er mit den anderen Farmern mit.

Der Krieg ging vorbei. Die allgemeine Situation besserte sich jedoch nicht so schnell, wie man es erhofft hatte. Noch schlimmer waren aber die Nachrichten, die von der Familie und von Freunden aus Europa eintrafen. Wie für so viele Deutschstämmige in Südafrika, den USA oder Südamerika war es für auch für Merensky selbstverständlich, *Care*-Pakete nach Europa zu senden, um die akute Lebensmittelknappheit zu lindern. Nur waren es nicht ein oder zwei Pakete im Monat, sondern 120–150 Stück. Die Liste der Adressaten war lang. Neben seiner einzigen noch lebenden Schwester, seinen Nichten und Neffen und seinen schlesischen Freunden waren darunter auch der Herzog von Mecklenburg, mit dem er gemeinsam gejagt hatte, und der greise General a. D. von Lettow-Vorbeck, dem er sich verbunden fühlte, weil sein verstorbener Bruder Albert als Major in Ostafrika einer seiner Vertrauten gewesen war.

Inzwischen schrieb man das Jahr 1946. Merensky wurde nun 75 Jahre alt. Seine Mitarbeiter hielten es für selbstverständlich, dass seine Laufbahn als aktiv prospektierender Geologe abgeschlossen war, zumal es in Westfalia genügend zu tun gab. Sie sollten sich auch diesmal geirrt haben. Die für Merenskys Gefühl geradezu widersinnige Situation, dass das rohstoffreiche Südafrika hinsichtlich seines Bedarfs an Phosphaten in einer unheilvollen Importabhängigkeit gefangen war, hatte ihn unterschwellig fortwährend beschäftigt.

Eines Morgens blieb er nach dem Frühstück auf seiner Veranda sitzen und schaute versonnen über das Tal. Es war die Tageszeit, zu der er sonst in seine Zitrusplantage oder zu irgendeiner anderen Anpflanzung ging, um nach dem Rechten zu schauen. Als er gegen Mittag immer noch auf der Terrasse saß, wussten seine Mitarbeiter, dass es nicht der von ihm so geliebte Ausblick war, der ihn auf der Terrasse festhielt, sondern dass eine neue Planungsphase begonnen hatte. Was mochte es wohl diesmal sein? An Prospektion dachte niemand. Alle glaubten, dass er ein neues landwirtschaftliches Projekt initiieren würde. Der Gedanke war gar nicht so abwegig, denn jetzt, nachdem wieder Frieden herrschte, gab es neue Möglichkeiten, sich junge Pflanzen aus aller Welt kommen zu lassen, neue Maschinen zu importieren oder mit neuen Methoden der Weiterverarbeitung zu experimentieren.

Zunächst wagte niemand, Merensky zu stören, aber dann fragte von Bülow, der inzwischen wieder zurück war, welches Problem ihn im Moment denn bewege. Merensky schaute auf und sagte in ganz ruhigem Ton: „Ich *muss* noch eine *große* Phosphatlagerstätte finden ...", und nach einer längeren Pause, „... das wird dann mein Abschiedsgeschenk sein." Wohlgemerkt, Merensky, der so überaus höflich im Umgang mit Dritten war, der noch nie zu jemanden gesagt hatte, er „müsse" etwas tun, sondern immer mit großer Freundlichkeit fragte: „Könnten Sie dies oder das tun …", sagte plötzlich „ich muss." Das war ungewöhnlich, genauso wie die Tatsache, dass er von vornherein eine „große" Lagerstätte finden wollte. Er setzte sich dadurch unter einen so starken Druck, wie er es noch nie getan hatte. Später erläuterte er, was ihm seit langem durch den Kopf gegangen war: Während der Kriegsjahre war durch den Mangel an Düngemitteln unendlich viel Schaden entstanden. Ein solcher Notstand sollte sich niemals mehr wiederholen. Diese Knappheit hatte sich, so empfand er es, wie eine der biblischen Plagen über das Land gesenkt. Es erschien ihm fast grotesk, dass so etwas in einem Land geschehen konnte, das vielleicht das an Rohstoffen reichste der Erde war. All das, was er und die große Schar von Geologen, die in Südafrika arbeiteten, in den letzten Jahrzehnten gefunden hatten, all das Platin, das Gold und die Diamanten, war doch sinnlos, wenn es nicht gelang, den Farmern zu ermöglichen, ihre Plantagen, Felder oder Viehweiden vor der Versteppung zu bewahren.

Er wusste auch genau, was er suchen wollte und wo er suchen musste. Er wandte sich an von Bülow und sagte: „Sie kennen doch den Loolekop, wo wir den Vermiculit untersucht haben." Als von Bülow nickte, sagte er: „Sie würden mir einen ganz großen Gefallen tun, wenn Sie hinfahren und mir einen bestimmten Stein bringen würden. Sie steigen von der Rückseite auf den Berg, da gibt es einen Pfad, der durch das Dornengebüsch geschlagen ist und zur Kuppe führt. Sie brauchen nicht ganz bis zur obersten Spitze aufsteigen, sondern bleiben im Niveau etwa 80 m darunter. Dann wenden Sie sich nach Westen und gehen um die Kuppe herum. Nach einigen hundert Metern finden Sie einen auffälligen, vom Wind zerzausten großen Baum. Wahrscheinlich steht er noch da. Wenn Sie den erreicht haben, dann sind sie fast schon an der richtigen Stelle. Sie gehen auf der gleichen Höhe weiter und dort muss nach etwa 200 Metern am Hang ein großer Stein liegen, mit unregelmäßiger Oberfläche. Wenn Sie sich diesen Stein ansehen, dann erkennen Sie kleine grünliche Apatitkristalle. Das ist der Stein, den wir suchen. Bringen Sie mir den Stein bitte her."

Von Bülow wäre es nie in den Sinn gekommen, Merensky einen Wunsch abzuschlagen. Diesmal zuckte er jedoch zumindest innerlich zusammen. Er war kein Geologe und außer der „Einführung in die Bodenkunde", die vor 15 Jahren einmal in Bonn auf seinem Lehrplan gestanden hatte, war er mit dem Fach wenig in Berührung gekommen. Einen ganz bestimmten, einzelnen Stein von einem mitten im Busch gelegenen, von Dornengestrüpp überwucherten Berg zu holen, kam ihm etwas schwierig vor. Deshalb fragte er vorsichtig nach: „Wann haben Sie diesen Stein denn gesehen?" Merensky überlegte einen Moment und meinte dann: „Ich glaube, das war 1908, der Baum müsste aber trotzdem noch da stehen und der Stein kann eigentlich auch nicht weg sein."

Von Bülow machte sich auf den Weg. In der Luftlinie war der *Loolekop* etwas über 100 km von Westfalia entfernt, der Weg, den er nehmen musste, war jedoch viel weiter. Der *Loolekop* lag wie eh und je da, ausgedörrt, in der prallen Sonne. Die vor Jahren in das Dornengestrüpp geschlagenen Pfade waren zugewachsen und nicht mehr begehbar. Von Bülow kämpfte sich Richtung Bergkuppe durch. Als er glaubte, die richtige Höhe erreicht zu haben, versuchte er, nach Westen gehend, die Bergspitze zu umrunden – und siehe da, nach einigen hundert Metern stieß er auf einen auffälligen, windzerzausten, älteren Baum, der das Buschwerk überragte. 200 Meter weiter kam er an ein wenig bewachsenes Hangstück, auf dem zahlreiche kleinere Gesteinsstücke lagen. Mitten dazwischen sah er einen etwas größeren Brocken mit einer deutlich unebenen, buckligen Oberflächenstruktur. Grünliche Apatitkristalle, wie Merensky sie erwähnt hatte, waren allerdings nicht zu sehen. Dennoch, wenn überhaupt, musste es dieser Stein sein, der gemeint war. Er wog fast 20 kg. Von Bülow grub den Stein aus, schleppte ihn den Berg hinunter und lud ihn in den Wagen.

Als von Bülow in Westfalia ankam, hatte Merensky sich schon zum Mittagsschlaf zurückgezogen. Der Stein wurde auf den Verandatisch gelegt, und dann setzte sich von Bülow in einen Korbsessel und wartete, was da kommen würde. Kurz nach halb vier erschien Merensky, offensichtlich gut ausgeschlafen und guter Dinge. Als er den Stein auf dem Tisch liegen sah, begrüßte er ihn wie einen alten Bekannten, den er seit 40 Jahren nicht mehr gesehen hatte: „Ach, da ist ja unser Apatitgestein", und dann an von Bülow gewandt: „Ich hoffe, es war nicht zu schwierig."

Von Bülow wehrte ab: „Nein, nein, nicht schwierig, aber ich habe keine grünen Kristalle gesehen!"

„Ja," sagte Merensky, „der Stein ist ja auch verwittert. Man muss ihn durchschlagen."

Er nahm seinen Geologenhammer und nach zwei kurzen trockenen Schlägen brach der Stein in der Mitte durch.

„Da sehen Sie den Apatit", sagte er und deutete auf einige grüne Stellen. Dann nahm er seine Lupe und betrachtete Zentimeter für Zentimeter die frische Bruchstelle.

Nach einer Weile schob er den Stein beiseite und sagte halblaut: „Das ist das Beste, was wir an Apatiterz haben – ich glaube, wir sollten das gründlich untersuchen".

Von nun an ging es Schlag auf Schlag. Merensky hatte das Arbeitsprogramm bereits im Kopf. Er bat von Bülow, zu Beginn der nächsten Woche mit 12 Arbeitern zum *Loolekop* aufzubrechen und die gesamte Bergkuppe zu roden. Zwei Wochen später wollte er nachkommen und an Ort und Stelle die Schürflinien festlegen. Gleichzeitig wurde ausgemacht, den Zweck der Prospektion zunächst nicht bekannt zu geben, sondern die Arbeiter und auch Außenstehende vorläufig im Glauben zu lassen, man würde die Schürfarbeiten auf Vermiculit wieder aufnehmen.

Eine Weile später kam Merensky zum *Loolekop*. Er nahm sich viel Zeit, um das Gelände der Länge und Breite nach abzuschreiten und immer wieder Bodenproben aufzunehmen und unter der Lupe zu betrachten. Nach einigen Stunden rief er von Bülow zu sich und sagte: „Nach Untersuchung der Oberfläche hat man den Eindruck, als wenn das Apatit führende Gestein fast auf der gesamten Bergkuppe ansteht. Das ist mehr, als ich gedacht hatte. Ich denke, es lohnt sich, das sorgsam zu überprüfen. Das kann ein Jahr in Anspruch nehmen. Wir wollen 30.000 Pfund dafür bereitstellen, ich meine, das sollte reichen."

Von Bülow staunte. 30.000 Pfund (rund 600.000 Mark) waren eine gewaltige Summe. Aber hatte Merensky nicht auch von einer „großen" Lagerstätte gesprochen? Nur – ob eine Lagerstätte groß oder klein sein würde, konnte doch auch ein Merensky nicht schon vor Beginn der Untersuchung wissen.

Wie dem auch sei, Merensky begann gleich darauf die Linien für die Schürfgräben festzulegen, und am Ende des Tages war die Bergkuppe mit Pflöcken übersät. Die Arbeit begann, und bald war das markierte Feld kreuz und quer von Gräben durchzogen. Sobald der einzelne Graben eine Tiefe erreicht hatte, in der sauberes, nicht mehr mit Lehm und Sand vermischtes Gestein anstand, wurden Proben genommen und für die Analyse bereitgestellt.

Nach einem Jahr sah die Bergkuppe wie ein von Schützengräben durchzogenes Schlachtfeld aus, auf dem unzählige Granaten eingeschlagen waren. Gräben hier, Gräben dort, dazwischen aufgeworfene Erdhügel und überall Pflöcke, die mit Zahlen und unterschiedlichen bunten Bändern gekennzeichnet waren. Die Mitarbeiter durchschauten nicht mehr, wo denn nun „gutes" oder „weniger gutes" Apatiterz anstand. Ganz anders dagegen Merensky, der mit Dutzenden von selbstgefertigten Plänen hantierte, auf denen die Gräben eingezeichnet und die Analysenergebnisse notiert waren.

Als das Jahr um war, sagte Merensky: „Das reicht noch nicht! Ich glaube, wir müssen die Arbeit intensivieren und noch mehr Arbeitskräfte einsetzen. Ich denke, wir sollten noch einmal 30.000 Pfund bereitstellen". So geschah es. Man grub jetzt mit 200 Arbeitern. Das war aber noch nicht alles, denn diese Arbeiter mussten mit Essen, Trinken und allem Lebensnotwendigen versorgt werden. Der *Loolekop* lag weit ab im Busch; um die Versorgung sicherzustellen, musste eine ganze Versorgungskette aufgebaut werden.

Anfangs war Merensky in Westfalia geblieben und nur einmal in der Woche zum *Loolekop* herausgefahren, um die Arbeiten zu inspizieren und die Stellen für die Probennahmen festzulegen. Als die Arbeiten aber fortschritten, kam er immer häufiger, und schließlich ließ er auf der Kuppe des Berges eine kleine Holzbude aufstellen, in der er fortan übernachtete. Als Sitzgelegenheit hatte er eine alte Kiste, die mit leeren Säcken bedeckt war. Er lebte dort so spartanisch wie in früheren Tagen. Trotz der glühenden Hitze marschierte er tagsüber zwischen den einzelnen Schürfgräben hin und her, betrachtete Gesteinsbröckchen unter der Lupe und wählte die Stellen aus, an denen Proben genommen werden sollten.

Dass die Untersuchung sich über das vorgesehene Jahr hinaus verzögerte lag daran, dass sich das Vorkommen als deutlich größer entpuppte, als anfangs vermutet. So mussten insgesamt viel mehr Proben zur Analyse eingesandt werden, als man zunächst geplant hatte. Zudem wurde Merensky im Zuge der Arbeiten klar, dass der von ihm untersuchte Bereich nicht isoliert betrachtet werden durfte. Er war offenbar Teil einer größeren Struktur, die den gesamten *Loolekop* umfasste. Auch das Vermiculitvorkommen gehörte dazu, ebenso wie der unten im Tal liegende Probebergbau von 1930/32. Merensky kommentierte das mit den Worten:

„Die von der *South African Phosphate Company* lagen gar nicht so falsch, es gibt hier ein großes Phosphatvorkommen! Die Leute haben einfach an der falschen Stelle zu prospektieren begonnen und haben dann den Fehler gemacht, zu früh mit dem Versuchsbergbau zu beginnen. Sie hätten zuvor ihre Kreise weiter ziehen sollen.“

Er selbst tat das und stieß dabei immer wieder auf Spuren von Kupfermineralien und schließlich auch auf Spuren von radioaktiven Mineralien. Das machte die Struktur noch komplexer. Diese Zusammenhänge zu klären, musste hochinteressant sein. Ihm war jedoch klar, dass das ein langwieriger Prozess sein würde. Dafür hatte er weder die Zeit noch die Mittel. Er konzentrierte sich deshalb auf die Untersuchung des Apatitvorkommens. Er war davon überzeugt, dass die Untersuchung der anderen Indikationen sich von alleine ergeben würde, sobald die Phosphaterze in Abbau gingen. Die Zukunft sollte ihm Recht geben.

Nach Ablauf des zweiten Jahres waren die Untersuchungen immer noch nicht abgeschlossen. In der Flächenausdehnung war das Vorkommen erkannt, nun musste die Ausdehnung in die Tiefe getestet werden. Merensky stellte dafür noch einmal 10.000 Pfund bereit. Für diese Untersuchung wurde ein Bohrgerät eingesetzt, was sich aber als nachteilig erwies, weil der Antransport Ewigkeiten dauerte und so der Abschluss der Arbeiten verzögert wurde. Wahrscheinlich wäre man mit einigen in die Tiefe getriebenen Schächten schneller vorangekommen. Auch sonst gab es vielerlei Schwierigkeiten. Einmal waren während der Regenzeit der *Olifant River* und der *Letaba River*, die man, um zum *Loolekop* zu kommen, durchqueren musste, so angeschwollen, dass die Versorgung nicht durchkam. Die Verpflegung musste deshalb vom Flugzeug aus abgeworfen werden. Ein anderes Mal stellte sich heraus, dass eine ganze Partie von Analysen fehlerhaft war. Merensky hatte, wie erfahrene Feldgeologen das tun, immer wieder einzelne Proben unter einer anderen Bezeichnung ein zweites Mal analysieren lassen und war so darauf gekommen, dass eine ganze Serie von Ergebnissen nicht einwandfrei war. Das ließ sich zwar nachholen, aber es kostete wiederum Zeit.

Schließlich waren die Prospektionsarbeiten nach zweieinhalb Jahren abgeschlossen. Merensky schien sehr zufrieden zu sein. Die Mitarbeiter, die den Durchblick schon seit langem verloren hatten, fragten deshalb: „Was haben wir denn gefunden?"

Merensky lächelte leicht und sagte: „Sie wissen doch, was Südafrika pro Jahr an Phosphatdüngemitteln benötigt ..." Die Mitarbeiter kannten die Zahl in Tonnen ausgedrückt natürlich nicht, nur die Tatsache, dass es eine erhebliche Menge sein musste, war allen klar.

„Nun", sagte Merensky, „was wir hier am *Loolekop* an Apatiterzen liegen haben, reicht aus, den Phosphatbedarf Südafrikas für 100 Jahre zu decken!" Er sagte das ganz ruhig, ohne größere Emotionen erkennen zu lassen.

Um so mehr verschlug es von Bülow und den anderen die Sprache. Das war offenbar tatsächlich die „große" Phosphatlagerstätte, von der Merensky zweieinhalb Jahre zuvor gesprochen hatte. Das war ein unglaublicher Erfolg. Bevor die Mitarbeiter aber in Jubelstürme ausbrechen konnten, dämpfte Merensky mit einigen ganz sachlichen Überlegungen die Stimmung: Sicherlich, es war eine große Lagerstätte, aber sie warf ebenso große Probleme auf, gerade weil sie solche Dimensionen hatte. Der Phosphatabbau allein würde dem Land gar nichts nützen. Die Phosphaterze mussten aufbereitet und an Ort und Stelle zu Superphosphat umgearbeitet werden. Dieses wiederum musste abtransportiert und im Land verteilt werden. Da waren Abertausende von Tonnen zu bewegen. Im Gegenzug mussten riesige Materialmengen herangeschafft werden, um den Bergbau in Gang setzen zu können. Kurzum, es war notwendig, das *Lowveld* durch ein Bahnnetz verkehrsmäßig zu erschließen. Es musste so ausgelegt sein, dass Massenguttransporte problemlos in beide Richtungen fließen konnten. Zudem musste rund um den Loolekop eine agro-chemische Industrie aufgebaut werden.

Merensky, der bei seinen Prospektionsarbeiten stets die technischen Notwendigkeiten und die wirtschaftlichen Konsequenzen gleichermaßen im Auge hatte, konnte auch sofort Zahlen nennen. Die Entwicklung des Gesamtkomplexes, also Einrichtung des Bergbaus und der Aufbereitungsanlage, der Aufbau der agro-chemischen Anlagen einschließlich der Lagerhäuser und der Ausbau der Infrastruktur verlangten eine Investition von 12–20 Mio. Pfund (240–400 Mio. Mark). Damit die verschiedenen Teilprojekte reibungslos ineinander greifen konnten, war anzuraten, dass das Geld möglichst aus einer Hand kam. Und selbstverständlich musste von Beginn an nach einem umfassenden Masterplan vorgegangen werden. Nur so ließen sich kostspielige Fehlinvestitionen vermeiden.

Aus Merenskys Sicht sollte so etwas durch den Staat in die Wege geleitet werden. Denn obwohl er sich sein Leben lang im Umfeld des privatwirtschaftlich arbeitenden Bergbaus bewegt hatte, war er der Auffassung, dass die Entscheidung, ob am *Loolekop* tatsächlich ein industrielles Zentrum entstehen sollte, eine Frage von nationalem Interesse war. Das musste von der Regierung gewollt und befürwortet werden. All das legte er aus dem Stegreif sprechend seinen Mitarbeitern dar und schloss dann mit den Worten: „Nun wollen wir mal sehen, was sich in Kapstadt machen lässt."

Dort war allerdings sein Freund General Smuts gerade aus dem Amt geschieden. Merensky bat deshalb seinen langjährigen Finanzberater William Warmback, mit der Regierung Kontakt aufzunehmen. Merensky wollte aus seiner Phosphatprospektion keinerlei Gewinn ziehen. Er war in diesem Stadium bereit, die ausexplorierte Lagerstätte gegen Ersatz der von ihm verauslagten 80.000 Pfund an die Regierung zu übergeben. Warmback flog also nach Kapstadt. Als die Politiker und Minister begriffen, welche Ausmaße die Lagerstätte hatte, waren sie überrascht und begeistert zugleich. Eine gesicherte Phosphatversorgung, das war es doch, was Südafrika brauchte und was in den Kriegsjahren so sehr gefehlt hatte! Aber dann kam es zu einem Gespräch zwischen dem Finanzminister Nicolaas Christiaan Havenga (1882 –1957) und William Warmback, in dem dieser die Folgekosten des Gesamtprojekts, wie Merensky sie sah, zur Sprache brachte. Der Finanzminister schreckte zurück und entschied dann, dass der Staat sich an diesem Großprojekt nicht beteiligen wolle. Er stellte Merensky frei, die Konzession nach seinem Gutdünken selbst zu nutzen oder auch zu veräußern.

Als Merensky mit der Entscheidung Havengas konfrontiert wurde, war er enttäuscht. Er war jetzt 77 Jahre alt und körperlich angeschlagen. Er wollte das Projekt noch zu seinen Lebzeiten in Gang gesetzt sehen. Und so zögerte er nicht und ließ öffentlich verlauten, dass die Lagerstätte zum Verkauf stünde. Das Aufsehen, das er damit erweckte, war gewaltig. Eine Lagerstätte mit sicheren Vorräten für 100 Jahre, die von dem berühmten Merensky zertifiziert wurden, das war eine Sensation. Seine Bedingung war allerdings, dass der potentielle Käufer kapitalkräftig war und bereit sein musste, einen Planungs- und Finanzierungsentwurf vorzulegen, der das Gesamtprojekt umfasste.

Sein erster Gesprächspartner war Dr. Hendrik van der Bijl (1887–1948), der Chef der *African Metal-Corporation*. Die einleitenden Kontakte waren vielversprechend, aber dann verstarb Dr. van der Bijl plötzlich, und so musste Merensky sich weiter umschauen. Einige kleinere Bergbaufirmen, die sich meldeten, wurden schnell abgewimmelt, da es wenig wahrscheinlich schien, dass sie es schaffen würden, die notwendigen Investitionsgelder aufzubringen. Merensky wollte unbedingt vermeiden, dass die Lagerstätte von einer wenig zahlungskräftigen Gesellschaft an die nächste weitergereicht würde. So etwas hätte dem Renommee des Projektes geschadet.

Dann reichte die Otavi-Minen-Gesellschaft ein Angebot ein. Otavi ist eine bedeutende Bergbaugesellschaft aus dem ehemaligen Deutsch-Südwestafrika. Zu dieser Zeit war sie schon lange nicht mehr in deutschen Händen, sondern unterstand der Aufsicht des „Verwalters der beschlagnahmten Feindvermögen". Otavi wäre ein interessanter Partner gewesen, sowohl hinsichtlich ihres finanziellen Hintergrundes als auch bezüglich ihres Rufes in bergbaulicher Hinsicht. Der staatlich bestellte Verwalter war jedoch nicht bereit, den Otavi-Minen eine solche Investition zu gestatten, und in Südafrika selbst bestanden auch gewisse Vorbehalte gegen eine ehemals deutsche Firma, wenn das auch nicht öffentlich gesagt wurde.

Als sich auch dieser Kontakt zerschlagen hatte, beauftragte Merensky Jürgen von Bülow, Sir Ernest Oppenheimer anzusprechen. Dieser erfasste sofort die Bedeutung, die ein so großer Phosphatbergbau für Südafrika haben würde. Es kam zu Vorgesprächen mit *Anglo-American*, dann zu einem *Memorandum of understanding* und danach zur Bildung eines *Joint Committee*. Hinsichtlich des *know-how* und der Finanzkraft der Gesellschaft gab es nichts Besseres. Keine andere Firma in Südafrika war so geeignet, ein solches Megaprojekt zu planen und auch durchzuziehen.

Bald darauf regten sich jedoch im Handelsministerium und in der *Industrial Development Corporation* einflussreiche Stimmen, die sich gegen die Entscheidung des Finanzministers wandten. Später wurde von dritter Seite gelegentlich behauptet, dass diese Vorbehalte sich im Grunde gegen *Anglo-American* bzw. Oppenheimer gerichtet hätten. Man hätte verhindern wollen, dass *Anglo-American* zusätzlich zu ihrer Vormachtsstellung im Diamanten- und Goldbergbau nun auch die südafrikanische Düngemittelindustrie übernähme. Bewiesen ist diese Interpretation jedoch nicht. Tatsache ist dagegen, dass zwischen dem Finanzministerium und seinen regierungsinternen Gegnern ein gravierender Dissens bestand. Die Haushaltsexperten scheuten die Kosten und Risiken des Projekts und wollten an dem Grundsatz festhalten: „Bergbau ist Sache der Privatindustrie. Der Staat schafft dafür die notwendigen Rahmenbedingungen, ohne sich jedoch an Bergbauprojekten zu beteiligen". Dem wurde ein ganzer Strauß von Argumenten entgegengestellt, die für eine Staatsbeteiligung sprachen. Das Handelsministerium argumentierte, dass es jährlich Devisen im Gegenwert von 2,7 Mio. Pfund sparen könne, wenn Südafrika sich von Importen von Rohphosphat freimachen würde. Zudem würde man auf die Preisgestaltung der Endprodukte Einfluss nehmen und die Farmer vor überteuerten Düngemitteln schützen können. Die *Industrial Development Corporation* wiederum wollte die Chance, die Entwicklung des bis dahin vernachlässigten Nordosten des Landes voranzutreiben, nicht ungenutzt verstreichen lassen.

Um einen Fuß in die Tür zu bekommen, kaufte die *Industrial Development Corporation* zunächst der *Palabora Phosphate & Vermiculite Company* die Rechte für die Phosphatgewinnung ab und zahlte dafür 350.000 Pfund Diese Gesellschaft war eine der beiden kleinen Bergbaufirmen, die zu dieser Zeit neben dem Merensky gehörenden, deutlich größeren Betrieb, am *Loolekop* Vermiculit abbauten.

Als Merensky von diesem Kauf erfuhr, war er sichtlich irritiert. Ihn störte die Tatsache, dass die Regierung sich intern so unkoordiniert zeigte. Nach kurzem Überlegen sagte er dann aber: „Na ja, dann kommen wir schließlich doch dahin, wo wir hin wollten". Gemeint war seine Idee, dass ein Projekt von solch nationaler Bedeutung der Planungshoheit des Staates unterliegen müsse. Und so entschied er dann: „Wenn die Regierung das Phosphatprojekt haben will, dann muss sie es auch bekommen". Von Bülow, der ja öfter in diplomatischer Mission für Merensky unterwegs war, oblag die undankbare Aufgabe, Sir Ernest Oppenheimer zu unterrichten. Dieser war über die Zurücknahme von Merenskys Angebot keineswegs erfreut, war aber Pragmatiker genug, um die Situation zu akzeptieren.

Nun verhandelten die Berater Merenskys mit der Regierung. Dabei wurde Merenskys ursprüngliches Angebot, die Phosphatrechte gegen Ersatz der eigenen Auslagen (80.000 Pfund) an die Regierung abzutreten, nicht aufrechterhalten. Stattdessen forderte man jetzt 370.000 Pfund. Merensky argumentierte, dass die *Palabora Phosphate & Vermiculite Company*, für deren Rechte der Staat 350.000 Pfund gezahlt habe, kleiner als sein Unternehmen sei und über deutlich geringere Phosphatreserven verfüge. Er sei deshalb kein Preistreiber. Der Preisrahmen sei vielmehr von der Regierung selbst vorgegeben worden. Da diese das Geschäft ohne Aufsehen zu erregen schnell über die Bühne bringen wollte, akzeptierte sie Merenskys Preisvorstellung.

Die Phosphatrechte wurden von der neu gegründeten staatlichen *Phosphate Development Corporation* übernommen. Merenskys *Transvaal Ore Company* behielt jedoch ein zentrales Dreieck am *Loolekop*, in dem der Vermiculit-Tagebau lag und für das Merensky alle anderen Schürfrechte besaß. Das war bedeutsam, denn einige Zeit später erwies sich dieses Gebiet als das Zentrum der Kupfervererzung und wurde dadurch sehr wertvoll.

Wie immer, wenn Merensky durch den Verkauf von Konzessionen oder Minenanteilen oder andere Transaktionen einen größeren finanziellen Erfolg hatte, schüttete er auch jetzt hohe Prämien an die beteiligten Mitarbeiter aus. Das war in den meisten Fällen eine Barauszahlung, konnte aber auch der Erlass eines Darlehens sein, das er einem Mitarbeiter für einen Hauskauf in Johannesburg oder Ähnliches gewährt hatte.

Ein Vertrag mit solchen finanziellen Dimensionen musste selbstverständlich vom Kabinett gebilligt werden. Wegen Abwesenheit des Finanzministers oblag es dem Wirtschaftsminister Hon. E. Louw, das Dossier im Kabinett zu erläutern. Später gestand dieser ein, dass er angesichts der riesigen Summe, die zur Debatte stand, ein flaues Gefühl im Magen gehabt hätte. Ein Jahr später zeigte sich jedoch, dass er mit der Einbringung dieses Tagesordnungspunktes ein für die Regierung extrem vorteilhaftes Geschäft auf den Weg gebracht hatte. Sofort nachdem der Vertrag unterzeichnet war, begann die Regierung nämlich an einem Masterplan zur Entwicklung des Phosphatprojekts und der gesamten Region zu arbeiten. Renommierte Fachleute und *Engineering Bureaus* wurden eingeschaltet. Zu einem solchen Masterplan gehört selbstverständlich auch die Überprüfung der Erzvorräte der Lagerstätte. Das Ergebnis war sensationell. Der Wert der Lagerstätte wurde auf 300 Mio. Pfund geschätzt, also etwa sechs Milliarden Mark. Das war mehr als das 400-fache des Preises, den die Regierung ein Jahr zuvor an die beiden Gesellschaften für die Phosphatrechte gezahlt hatte. Am nächsten Morgen konnte man diese Zahlen in der südafrikanischen Presse lesen. Und der Vormittag war noch nicht halb vergangen, da war die Nachricht per Telefon auch in Westfalia angelangt. Merensky war zu dieser Stunde bereits auf seinem morgendlichen Marsch durch die Plantagen. Als er wiederkam, konfrontierten ihn seine Mitarbeiter, durch die ungeheure Summe sichtlich aufgewühlt, mit der Neuigkeit. Merensky nickte freundlich und meinte, dass er das erwartet habe und „... es sollte ja auch ein Geschenk sein – ein Abschiedsgeschenk.“

21 Die letzten Jahre

Als der Verkaufsvertrag für die Phosphatkonzession unterzeichnet war, fiel von Merensky eine Last ab. Es hatte während der Arbeit am *Loolekop* Augenblicke gegeben, in denen er Zweifel hegte, ob es ihm vergönnt sein würde, dieses Projekt zu Ende zu bringen. Die Güte der Lagerstätte stand für ihn bald nach Beginn der Arbeiten außer Frage. Gedanken hatte er sich dagegen darüber gemacht, ob es nach Ende der Prospektion gelingen würde, die Lagerstätte so zügig zu entwickeln, dass er den Start der Phosphatproduktion noch erleben würde.

Die Sorge war nicht unberechtigt, denn während der ganzen Zeit der Prospektion am Loolekop hatte er am Rande seiner physischen Leistungsfähigkeit gearbeitet. Sein Hausarzt, der ihn seit einiger Zeit regelmäßig besuchte, hatte ihn eindringlich davor gewarnt, sich größeren Strapazen zu unterziehen. Diese Warnung hatte er fast zeitgleich mit Merenskys Entschluss, die Untersuchungsarbeiten aufzunehmen, ausgesprochen. Aktueller Anlass war eine leichte Bronchitis gewesen, die nicht abklingen wollte. Der Patient schleppte sie seit einiger Zeit mit sich herum und der Arzt war deshalb sichtlich beunruhigt. Merensky wies jedoch jegliches Ansinnen, seine Aktivitäten einzuschränken, weit von sich, schließlich sei er ja „erst 75 Jahre alt." Und mehr noch: Er lud den Doktor mit großer Liebenswürdigkeit zu einer Tasse Tee ein und erklärte ihm dann, was er sich für die nächsten Monate vorgenommen hatte und von welcher Wichtigkeit diese Unternehmung sei. Da der Prospektionsplan für die Phosphate am *Loolekop* in dem Moment, als er zum ersten Mal darüber sprach, bereits voll ausgereift war, konnte er seine Pläne mit viel Temperament vortragen. An Eloquenz hat es ihm, wenn es um die Beschreibung eines Prospektionsziels ging, ja nie gemangelt. Der Arzt ließ sich jedoch davon nicht beeindrucken. Er und sein Patient bewegten sich in diesem Augenblick nämlich gedanklich in völlig unterschiedlichen Sphären. So war Merensky erstaunt, als der Doktor am Ende der Teestunde seinen Ausführungen nicht mit Begeisterung zustimmte, sondern ganz sachlich feststellte: „Und trotzdem, ich bin der Meinung, sie sollten herunter an die Küste gehen. Sie brauchen Urlaub und Sie brauchen Luftveränderung. In Ihrem Alter muss man dafür Zeit haben."

Die Strafe für die Uneinsichtigkeit – denn das war es – folgte fast auf dem Fuße. Einige Tage später weitete sich die Bronchitis zu einer beidseitigen Ohrenentzündung aus, die mit quälenden Kopfschmerzen verbunden war, und schließlich platzten ihm beide Trommelfelle. Es dauerte einige Zeit, bis Merensky einigermaßen wiederhergestellt war, was den Beginn der Prospektion verzögerte. Danach fuhr er alle paar Tage zum *Loolekop* hinaus, was jedoch anstrengend war, da man erst am Abend zur Rückfahrt aufbrach und somit fast die ganze Nacht unterwegs war. Als er sich später auf der Kuppe des *Loolekop* eine Hütte errichten ließ, wurde es auch nicht viel besser, denn in den Sommermonaten war es tagsüber in diesem einfachen Bretterverschlag unerträglich heiß. Es gab Tage, da war er so erschöpft, dass er es nicht einmal mehr schaffte, zwischen den einzelnen Schürfgräben hin- und herzugehen. Das war allerdings sowieso schwierig, denn aufgrund der Ausschachtungen lagen allenthalben riesige Erdhaufen herum, die es zu überklettern galt. Er ließ sich deshalb von einem Schürfgraben zum anderen tragen und manchmal auch zu einem Baum, um sich in dessen Schatten etwas auszuruhen.

Merensky wollte sein Ziel, den *Loolekop* zu einer Phosphatlagerstätte zu entwickeln, unbedingt erreichen, komme was da wolle. Lange Zeit weigerte er sich deshalb einzusehen, dass er in seiner augenblicklichen gesundheitlichen Verfassung sein Vorhaben wahrscheinlich nicht zum Abschluss bringen würde. Sein Hausarzt warnte ihn immer wieder, aber der Patient war „beratungsresistent". Glücklicherweise führte das dann doch nicht bis zum totalen Zusammenbruch. Irgendwann gelang es dem Doktor, den Geschwächten für sechs Wochen nach Süden ins Kapland zu schicken, wo er sich in einem gesunden Klima erholen konnte. Dieses „Sichfestklammern an der Arbeit" erinnerte fatal an sein Verhalten nach dem Unfall während der Platinprospektion, nur mit dem Unterschied, dass er damals 23 Jahre jünger war und entsprechend größere Leistungsreserven besaß.

Die Prospektion ging während seines Zwangsurlaubs weiter. Selbstverständlich wollte Merensky in jedem Moment genauestens unterrichtet sein. So wurden fast täglich die gerade eingegangenen Analysenergebnisse sowie die Skizzen der Stellen, an denen Proben genommen worden waren, an ihn geschickt. Er wiederum bombardierte von Bülow mit Telegrammen. Zweimal in diesen sechs Wochen musste dieser hinunter ans Kap fahren und Merensky Gesteinsproben und Pläne zur Begutachtung bringen. Zusammen machten der Hin- und Rückweg jedes Mal über 4.000 km aus.

Die Erleichterung Merenskys nach Unterzeichnung des Vertrages mit der Regierung war also verständlich. Er kehrte nun endgültig nach Westfalia zurück, wo es ihm, von seinen Angestellten einfühlsam umsorgt, gesundheitlich besser ging. Er wusste, dass ihm nun nicht mehr viel Zeit verblieb. Das bekümmerte ihn aber nicht, denn sein Lebenswerk war abgeschlossen.

Dann hatte er aber doch noch einmal ein großes Erfolgserlebnis. Er konnte sein Chromerzvorkommen auf den Farmen Jagdlust und *Winterveld* nach einer Wartezeit von 15 Jahren verkaufen! Eingefädelt wurde das Geschäft durch von Bülow, der ja häufig schwierige Missionen zu erledigen hatte. Im Dezember 1951 kam der amerikanische Geologe Professor Eugene N. Cameron (1910–1999), Professor für *Economic Geology* an der Universität von Wisconsin, nach Johannesburg und war bei von Bülow zu Gast. Cameron war auf dem Weg nach Südrhodesien, um sich im Auftrag der *Union Carbide-Corporation* nach Chromerzlagerstätten umzuschauen. Die Amerikaner, die bis dahin ihre Chromerze vorwiegend aus den Philippinen und der Türkei bezogen, sahen zu dieser Zeit beide Lieferanten nicht mehr als absolut sicher an und wollten sich deshalb in einer dritten Weltgegend eine zusätzliche Versorgungsquelle sichern. Von Bülow machte Cameron auf die großen Vorteile der Chromerze des *Bushvelds* aufmerksam und nun ging es Schlag auf Schlag. Der Amerikaner besichtigte die beiden Farmen Jagdlust und *Winterveld*. Dann besuchte er Merensky in Westfalia und kam Anfang 1952 noch einmal zurück. Man trat in Verhandlungen ein, und bald einigte man sich auf einen Kaufpreis von 500.000 Pfund. Vier Wochen vor Merenskys Tod wurde der Kaufvertrag unterschrieben. Wie immer bei solchen Geschäftsabschlüssen, beteiligte Merensky auch diesmal seine Mitarbeiter.

Neue Unternehmungen plante Merensky nach der Rückkehr vom *Loolekop* nicht mehr. Von nun an galten seine Überlegungen in erster Linie dem Ordnen seines Nachlasses. Er hatte damit schon Jahre zuvor begonnen und seinen Letzten Willen in ausgefeilten testamentarischen Bestimmungen und durch die Gründung einer Stiftung festgelegt. Was jetzt noch zu tun blieb, war die Besprechung letzter Feinheiten und die Festlegung der Kompetenzen für die Zeit des Übergangs. Das Jahr 1951 wurde dadurch zu einem Schlüsseljahr für die Nachfolgeregelung. Von Bülow fungierte als General Manager für die *Transvaal Ore Company* und war für die Holzwirtschaft verantwortlich, Max Ruh leitete den Vermiculit-Abbau vor Ort, der neu eingetretene Dr. Fick wurde Hauptverwalter für Westfalia.

Merensky wollte sicherstellen, dass die Farm nach seinem Tode in seinem Sinn weiterentwickelt wurde. Deshalb führte er in seinem letzten Lebensabschnitt viele Einzelgespräche mit Angestellten der Farm. Dabei legte er ihnen jeweils an Herz, diesen oder jenen Teil der Plantagen nach seinem Tode sorgsam zu pflegen oder irgend etwas Besonders zu beachten. Gelegentlich mahnte er auch an, die Experimente mit der Anpflanzung verschiedener Grassorten unbedingt weiterzuführen. Ein anderes Mal erinnerte er daran, dass die Zitrusplantagen besonders intensiver Pflege bedürfen. Dann wiederum wies er darauf hin, dass man irgendwann in den nächsten Jahren an zwei Stellen, die bereits festgelegt waren, Staudämme bauen solle oder dass die Aufforstung der gerade angelegten Eukalyptuswälder konsequent fortgesetzt werden müsse. Vor allem sollte jedoch die Vermarktung der Bäume sehr selektiv vorgenommen werden. Grundsätzlich sollten die Bestände nach sieben oder acht Jahren gelichtet werden, einzelne Bäume solle man jedoch gut zwanzig Jahre stehen lassen, um sie dann als hochwertiges Bauholz verkaufen zu können.

Besonderen Raum bei seinen Überlegungen nahm die Pflege der afrikanischen Hausrinder und der Namaqualand-Ponys ein. Beide waren gegen viele Krankheiten resistent, und Merensky beobachtete mit Sorge, dass diese ursprünglich von den Eingeborenen gehaltenen Tierrassen immer stärker zurückgedrängt wurden. Es war zu befürchten, dass beide Rassen, wenn man nichts für ihre Erhaltung täte, bald aussterben würden. *Kalkfontein*, eine seiner Weidefarmen, sollte zu einem Refugium für diese bedrohten Rassen werden. Später, wenn man für diese Dinge aufgeschlossener wäre, könnten sie dann für Kreuzungsversuche mit europäischen Rassen eingesetzt werden mit dem Ziel, deren Widerstandsfähigkeit zu stärken. Dieses Interesse Merenskys an Kreuzungsversuchen zwischen afrikanischen und europäischen Haustierrassen beruhte auf einer Familientradition. Auch sein Vater hatte sich damit ausführlich befasst und 60 Jahre zuvor einen wissenschaftlichen Artikel über die „Akklimatisation des Pferdes in Südafrika" veröffentlicht.

All diese Ideen, die Merensky für Westfalia und die anderen Farmen hatte, besprach er immer wieder mit seinen Abteilungsverwaltern, mit von Bülow und den anderen leitenden Herren. Keine dieser Unterredungen wurde so geführt, dass der Gesprächspartner das Gefühl haben konnte, hier würden Anweisungen für die Jahre nach seinem Ableben erteilt. Vielmehr versuchte er die Gesprächspartner zu überzeugen, dass das, was er vorschlug, für die weitere Entwicklung der Farm das Richtige wäre.

Es sind aber nicht nur solche Gespräche überliefert. Vielmehr sind aus den letzten 10 Jahren seines Lebens eine ganze Reihe von Berichten und kleinen Anekdoten erhalten, die Schlaglichter auf Merenskys menschliche Eigenschaften werfen. Die Kenntnis dieser Anekdoten verdanken wir Olga Lehmann, seiner ersten Biographin. Sie konnte für ihr im dritten Jahr nach seinem Tod erschienenes Buch noch viele Zeitzeugen befragen.

Einige dieser Berichte betreffen Merenskys stets diskret-fürsorgliche Haltung gegenüber Mitarbeitern, unabhängig davon, ob sie europäischer oder afrikanischer Herkunft waren. Einmal zum Beispiel musste sich die Frau eines seiner Angestellten einer kostspieligen Operation unterziehen. Merensky ermutigte den Ehemann, sofort alles Notwendige in die Wege zu leiten, die Kosten wären ja kein Problem, da ihm ja sowieso noch ein Bonus zustünde. Der Mann wusste bis dahin nichts von einem solchen Bonus, aber am Monatsende erschien diese zusätzliche Zahlung auf seinem Lohnzettel. Sie deckte die Operations- und Krankenhauskosten ziemlich exakt ab – sicherlich nicht zufällig.

Ein anderes Mal hörte Merensky, dass ein Kinder eines Angestellten einen ungewöhnlich heftigen Malariaanfall hätte. Da sein Hausarzt gerade in diesem Moment bei ihm vorfuhr, ließ er ihn erst gar nicht aussteigen, sondern eilte mit ihm zum Elternhaus des Kindes. Unter vielen Entschuldigungen, dass er unangemeldet eindringe und auch noch jemanden mitbrächte, ließ er das Kind untersuchen. Die Diagnose ergab, dass es sich nicht um Malaria, sondern um eine bereits fortgeschrittene Blutvergiftung handelte. Nun organisierte er auch noch die lebensrettende Einlieferung ins Krankenhaus.

Eine andere Eigenschaft, die sich aus diesen Erzählungen ablesen lässt, ist der verständnisvolle Humor, mit dem er kleine „Malheurchen" zur Kenntnis nahm. So hatte er seit Jahren die afrikanischen Frauen in den naheliegenden Kraals angehalten, sich Gemüsegärten zuzulegen. Er hoffte, dadurch die Ernährungsbasis der Afrikaner zu verbessern. Gleichzeitig wollte er den Frauen Gelegenheit geben, sich durch den Verkauf von Gemüse eigenes Geld zu verdienen. Als Anreiz hatte er versprochen, ihnen überschüssige Gemüsemengen jederzeit abzukaufen. Eines Tages kam nun ein Junge und brachte eine Schüssel mit schönen Bohnen. Er wurde bezahlt. Drei Tage später brachte er wieder Bohnen und einige Tage danach noch einmal. Merensky zeigte sich darüber recht erfreut. Doch dann wurde ihm hinterbracht, dass der Junge die Bohnen am Morgen heimlich in Merenkys hauseigenem Garten gepflückt hatte. Nun steckte Merensky in einer doppelten Klemme. Einerseits war das Klauen von Äpfeln und Birnen (und in diesem Fall zählten Bohnen auch dazu) nur eine „lässliche Sünde", zumal bei einem Zehnjährigen. Andererseits musste er deutlich reagieren, denn sein Gärtner Zimmermann machte aus seinem Zorn keinerlei Hehl, da ihm sein Garten über alles ging. Er und Merensky kannten sich seit nunmehr 35 Jahren und Merensky schätzte ihn wegen seiner absoluten Zuverlässigkeit. Außerdem leitete Frau Zimmermann Merenskys Junggesellenhaushalt, und er wollte keinen von beiden verärgern. Er setzte also ein ernstes Gesicht auf und sagte mit Nachdruck, so etwas müsse in Zukunft unbedingt unterbunden werden. Als Zimmermann dann gegangen war, räsonierte er jedoch wesentlich milder und meinte zu einem der Verwalter: „Ganz schön gerissen, der Kleine. Aber eigentlich ist Geschäftssinn ja etwas Gutes. Und Bohnen zu pflücken ist ja auch Arbeit. Faul ist der Kleine also nicht – und das ist die Hauptsache".

Manchmal war sein Humor auch mit einer gewissen Schalkhaftigkeit verbunden. So erschien eines Tages ein Lastwagenfahrer bei ihm, der ihm lang und breit erklärte, dass man ihm sein Auto gestohlen hätte. Er wäre übrigens auch schon oft für den Farmbetrieb unterwegs gewesen. Nun aber wäre ihm die Existenzgrundlage geraubt, ob Merensky ihm nicht helfen könne. Dieser erinnerte sich nicht daran, den Fahrer je gesehen zu haben. Er ließ sich die Immatrikulationsnummer geben, und während er mit dem Fahrer weiterplauderte, erkundete seine Sekretärin telefonisch innerhalb weniger Minuten, dass es die angegebene Wagennummer gar nicht gab und dass der zuständigen Polizei in *Duiwelskloof* von einem solchen Diebstahl nichts bekannt war. Die Sekretärin reichte ihm einen entsprechenden Zettel herein, und als er diesen überflogen hatte, breitete er die Arme aus und lachte den Fahrer freudestrahlend an: „Sie sind wirklich ein Glückspilz," sagte er, „die Polizei sagt mir eben, dass ihr Fahrzeug gefunden worden ist und auf der Polizeistation steht. Also, nichts wie hin – aber vorher trinken Sie noch eine Tasse Tee mit mir ..."

Allerdings reagierte Merensky nicht immer so humorvoll, besonders dann nicht, wenn Bittsteller in unangenehmer Weise aufdringlich waren. Robbie Maddison berichtet von einer solchen Begebenheit. Er hatte damals, nach dem Krieg, als junger Mann gerade auf der Farm zu arbeiten begonnen. An einem Sonntag saß er nachmittags im Torhaus der Farm, als zwei unangemeldete Besucher auftauchten, die Merensky „unbedingt" sprechen wollten. Sie hätten ihm etwas „Wichtiges" zu zeigen. Robbie telefonierte zum *Top House*, aber Merensky lehnte ab, die ihm unbekannten Besucher zu empfangen. Diese insistierten jedoch und zwangen Robbie ein zweites und dann sogar ein drittes Mal, im Haupthaus anzurufen. Als Merensky merkte, dass Robbie Maddison die ungebetenen Besucher nicht abschütteln konnte, befahl er sie heraufzubringen. Er empfing die beiden stehend und mit unbeweglichem Gesicht. In dem Moment, als sie die Terrasse betraten, erschien der Hausboy und fragte, was er bringen solle. Das entsprach der in heißen Ländern gültigen Sitte, dass man Gästen oder auch Fremden, die das Haus betreten, etwas zu trinken anbietet. Mit immer noch unbewegtem Gesicht sagte Merensky: „Wasser für die Herren, Tee für Robbie und mich" und dann, zu den Besuchern gewandt „Was führt Sie zu mir?"

Der eine von ihnen holte aus seiner Jackentasche ein kleines Päckchen und wickelte umständlich aus mehreren Lagen Zeitungspapier eine goldgelb glitzernde Erzprobe und hielt sie Merensky hin. Der stand unbeweglich da und sagte nur „Ja und?" Nun kam das, was Merensky erwartet hatte, nämlich eine langatmige Erklärung. Sie hätten im *Lowveld* gearbeitet und nannten ein sehr abgelegenes Gebiet. Dort hätten sie Kupfererze gefunden. Nun nahm Merensky die Probe in die Hand, griff nach einer auf einem Abstelltisch liegenden Lupe und begutachte die Probe eingehend. Dann reichte er sie zurück und sagte „Ja, das ist ein schönes Kupfererz" und wartete, was nun kommen würde. Die beiden drucksten herum und kamen dann mit ihrem eigentlichen Anliegen heraus. Sie wollten diesen Fundort weiter untersuchen und Schürfgräben anlegen. Ob Merensky sich an der Weiterentwicklung nicht beteiligen wolle, er kenne sich damit doch aus. Merensky nahm die Probe noch einmal in die Hand und betrachtete sie von allen Seiten, diesmal jedoch ohne Lupe. Sein Gesicht ließ immer noch keinerlei Regung erkennen. Dann reichte er die Probe zurück und sagte knapp: „Diese Probe stammt aus der Grube Messina.

Die ist schon untersucht. Da ist nichts mehr zu entwickeln. – Robbie, wären Sie so liebenswürdig, die Herren zum Farmtor zu begleiten." Dann drehte er sich um und ging ohne Gruß ins Haus.

Den beiden Galgenvögeln verschlug es die Sprache, Robbie Maddison aber auch. So hatte er seinen Chef noch nie erlebt. Als sie in den Wagen einstiegen, hörte er, wie einer der beiden dem anderen zuzischte: „Woher zum Teufel konnte er das wissen?" Robbie wusste es auch nicht. Einige Tage später fragte er Merensky, ob man tatsächlich erkennen könne, aus welcher Grube eine Erzprobe stamme. Merensky lächelte und sagte: „Im Prinzip schon, aber manchmal macht es etwas Mühe. Das war hier aber nicht notwendig. Das waren zwei Gauner, die nie und nimmer längere Zeit im Busch gearbeitet haben. Und dann die Erzprobe! Die war eingewickelt, als wenn sie aus Glas wäre und sie war so schön, das konnte nicht stimmen. Erzproben, die man im Busch findet, sind verwittert und unansehnlich."

Merensky hatte einen ausgeprägten Sinn für die Schönheit der Natur, aber beileibe nicht nur für großartige Landschaftsszenerien oder herrliche Sonnenunter-

Abb. 32. Die Kupfergrube Messina 8 km südlich des Limpopo. Die Lagerstätte wurde 1904 aufgrund von dort existierenden prä-europäischen Abbauen entdeckt und stand dann bis 1992 im Abbau. Das Foto entstand vor 1914.

gänge, sondern auch für Kleinigkeiten, die ihm buchstäblich am Wegesrande begegneten. So beobachtete er eines Tages bei einem seiner Spaziergänge an einem Waldesrand Perlhühner, die dort nach Nahrung suchten. Von seinem Weg waren sie durch einen Graben getrennt, der parallel zum Waldrand verlief und der nach Regenfällen auch Wasser führte. Nachdem er die Tiere dort öfter in den Nachmittagstunden gesehen hatte, nahm er regelmäßig Körner in seiner Jackentasche mit und fütterte die Perlhühner. Tatsächlich gewöhnten sich die Tiere daran und flogen über den Graben, sobald er das Futter auf dem Weg ausstreute. Er wiederum nahm schließlich einen kleinen Jungen mit, der ihm ein Eimerchen mit Körnern hinterher trug. Eines Tages erschienen die Perlhühner jedoch mit einer Schar von Küken. Während die großen Tiere wie in den Wochen zuvor über den Graben flogen, blieben die Küken ratlos an seinem Rande stehen und piepsten ihren Eltern hilflos hinterher. Am Abend ließ Merensky einen seiner Handwerker kommen und bat ihn, an dieser Stelle eine kleine Brücke zu bauen. Der Mann war sofort dazu bereit, schlug aber vor, die Brücke etwas weiter unterhalb zu platzieren, dann könnte der Doktor auch besser in den Wald kommen. Merensky bestand jedoch darauf, dass die Brücke genau an dieser bestimmten Stelle gebaut werden müsse, weil sie ja nicht für ihn, sondern für die Küken bestimmt wäre. Dem guten Mann verschlug es die Sprache. Doch wie immer, wenn der von ihnen verehrte Doktor einem Mitarbeiter gegenüber einen solchen oder ähnlichen Wunsch äußerte, war es ganz selbstverständlich, dass sein Begehren erfüllt wurde. Zwei Tage später stand die Brücke; sie hatte sogar rechts und links in Form von zwei senkrecht stehenden Brettern eine Art Schutzgeländer, so dass keines der Küken in den Graben fallen konnte.

Ein großes Problem war für Merensky in den letzten Jahren seine Schwerhörigkeit. Einem Zweiergespräch konnte er ohne weiteres folgen, insbesondere dann, wenn es sich um ein ihm geläufiges Thema handelte. Schwierigkeiten hatte er dagegen, wenn das Gespräch in einer größeren Gruppe hin und her sprang oder wenn ein fremder Besucher (meistens wollte er Geld geborgt haben) sich weitschweifig an den eigentlichen Besuchszweck herantastete. Merensky war dann, wenn er den Gesprächsfaden verloren hatte, richtig unglücklich. Und so schirmten ihn seine engeren Mitarbeiter, wo sie nur konnten, gegen solche Besucher ab. Leider durchkreuzte er diese Bemühungen manchmal durch seine angeborene Liebenswürdigkeit, die er nicht ablegen konnte. So hatte er eines Tages einige Herren des „Ausschuss für Bodenkonservierung“ empfangen und auf der Farm herumgeführt. Das kam nicht von ungefähr, denn Westfalia galt zu dieser Zeit bereits als das südafrikanische Musterbeispiel für eine wirkungsvolle Prävention gegen die Bodenerosion. Die Gespräche fanden in kleinem Kreis statt, zwischen Fachleuten, die eine gemeinsame Sprache hatten, und so wurde der Besuch ein großer Erfolg. Als bald darauf eine Konferenz über Maßnahmen zur Bodenkonservierung stattfand, schickte man nach diesen guten Erfahrungen eine ganze Exkursion nach Westfalia. Dem fühlte Merensky sich nun aber nicht mehr gewachsen, und so führte der Hauptverwalter, Dr. Fick, die Besucher über das Farmgelände. Anschließend lud er die Teilnehmer in sein Haus zum Nachmittagstee ein. Die Gäste waren enttäuscht, dass sie den berühmten Dr. Merensky weder bei dem Rundgang noch beim Abschlussplausch zu Gesicht bekamen. Dieser hatte derweil seinen üblichen Nachmittagsspaziergang absolviert. Als er zurückkam, sah er unweit des Hauses zwei Chauffeure unter einem Baum sitzen und auf die Besuchergruppe warten. Beide grüßten höflich. Merensky kam mit ihnen ins Gespräch, und schließlich lud er sie zu sich auf die Veranda zum Tee ein. Er meinte, bevor sie die lange Rückfahrt antraten, sollten sie sich noch ein wenig stärken. Für ihn war das ein ganz natürliches Verhalten, denn er war sich nie zu schade gewesen, mit sogenannten „einfachen Leuten" zu plaudern. „Man kann von jedem Menschen etwas lernen", war einer seiner Grundsätze. Nicht so sehr begeistert waren die Exkursionsteilnehmer, darunter einige hochkarätige Professoren und höhere Ministerialbeamte, als sie am Abend von dem geselligen Teestündchen bei Merensky erfuhren.

Sinn für Geselligkeit war immer einer der wesentlichen Züge Merenskys gewesen. In guten oder schlechten Tagen, er hatte es immer geschätzt, Freunde um sich zu haben und mit ihnen gemeinsam zu speisen. So auch in diesen letzten Jahren und Monaten. Es waren nicht mehr die großen Feste, wie er sie einst in Johannesburg gegeben hatte, sondern kleine Essen, mal mit diesem, mal mit jenem Ehepaar und meistens bei einer guten Flasche Wein. Desgleichen liebte er das Kartenspiel, vor allem Bridge, aber noch mehr Skat, weil es dabei nicht ganz so ernsthaft zugehen musste. Das war eine Reminiszenz an seine Jugendzeit. Da der letzte deutsche Kaiser ein begeisterter Skatspieler war, erfreute sich das Spiel damals in Offiziers- und Studentenkreisen ebenfalls großer Beliebtheit, und Merensky spielte es 60 Jahre später immer noch sehr gern. Man könnte also sagen, dass Merensky bis zu seinem letzten Tag voll im Leben stand und es auch genoss. Trotzdem war er aber innerlich „vorbereitet". Einige Tage vor seinem Tode sagte er zu Dr. Fick: „Wenn mein Ende kommt, dann sterbe ich ohne Furcht und Reue, im Bewusstsein, ein schönes und erfolgreiches Leben gelebt zu haben."

An seinem letzten Lebenstag, man schrieb den 21. Oktober 1952 – er schwächelte seit einigen Tagen und hatte wieder mal eine leichte Bronchitis –, versuchte sein Hausarzt ihn zu überreden, sich doch für einige Tage ins Bett zu legen und zu schonen. Er protestierte heftig, denn am Abend wollte er doch Skat spielen. Am Nachmittag nahm er wie gewöhnlich den Tee gemeinsam mit seinem Hauptverwalter, Dr. Fick, ein. Als sie aufstanden, läutete das Telefon. Von Bülow rief aus Johannesburg an, wo er über einen Vertrag verhandelte, und kündigte seinen Besuch für den nächsten Tag an. „Wunderbar," sagte Merensky, „dann können wir das ganze auf deutsch besprechen, das ist einfacher." Das waren seine letzten Worte. Anschließend legte er sich hin, um sich einen Moment auszuruhen. Eine halbe Stunde später schickte Dr. Fick, der beunruhigt war, den jungen Robbie Maddison ins *Top House*, um nach Merensky zu sehen. Er schaute durch einen Türspalt und berichtete, dass Merensky schlafen und dabei leicht schnarchen würde. Eine Stunde später merkten seine Mitarbeiter, dass er inzwischen für immer eingeschlafen war.

Seinem Wunsch entsprechend wurde seine Asche über den Wäldern der *Rosendal*-Farm, die zu Westfalia gehörte und die er besonders geliebt hatte, verstreut. Er hatte keine Begräbnisstätte und vor allem keinen großartigen Grabstein gewünscht. Ein Jahr nach seinem Tode wurde dann oberhalb des *Top House* doch eine Gedenkstätte errichtet, die seinem Wesen und seinem Leben gemäß war. An einer Stelle, von der aus man einen weiten Blick über das Tal hat, wurde ein kleiner Park eingerichtet. Ein unbehauener Stein trägt dort die Inschrift:

HANS MERENSKY
1871 – 1952

In einem großen Kreis stehen 81 Bäume, für jedes Jahr seines Lebens einer. An den Wegen, die davon wegführen, wurden all die Arten von Büschen und Bäumen gepflanzt, die im nordöstlichen Transvaal von Natur aus heimisch sind, in diesem Land, das Merensky geliebt und das er sich zur zweiten Heimat erkoren hatte.

Abb. 33. Der Merensky-Gedenkstein oberhalb des Top-House.

22 Ein großes Testament

Bevor man das Leben des Hans Merensky bewertet, sollte man sich seine persönliche Entwicklung ins Gedächtnis rufen. Sie führte dazu, dass sich seine Lebensziele sukzessive veränderten.

In seinem Berufsleben lassen sich mehrere, deutlich voneinander abgesetzte Perioden unterscheiden. Der erste Berufsabschnitt reichte von 1904, dem Jahr seiner Einwanderung, bis zum Börsenkrach 1911. Es waren die Jahre, in denen er als junger Geologe dank seiner hervorragenden Ausbildung, seines umgänglichen Wesens und der Fähigkeit, sich den Bedingungen des Landes anzupassen, zu Wohlstand kam. Der Enthusiasmus, mit dem er seinem Beruf nachging, und sein großer Fleiß waren die weiteren Grundlagen für seinen Erfolg.

Der zweite Abschnitt reichte von 1911 bis in den Sommer 1924. Es war für ihn die Zeit der großen Sorgen, der Armut und zeitweise auch der Verzweiflung. Das Unheil kam langsam. In den Jahren 1911 und 1912 verlor er in mehreren Schritten sein Vermögen an der Börse und 1913 kam es zu einer veritablen Bankrotterklärung. Erst in diesem Moment wurde ihm klar, dass er finanziell ins völlige Abseits gerutscht war. Dann kam die Internierung. Sie war die schwierigste Zeit in seinem Leben. Am Schluss war er physisch und psychisch auf einem absoluten Tiefpunkt. Nach seiner Entlassung 1919 dauerten seine finanziellen Sorgen zwar an, sein angeborener Optimismus gewann jedoch nach und nach wieder die Oberhand. Trotz aller Schwierigkeiten glaubte er schließlich wieder fest daran, dass er als Geologe Erfolg haben würde, wenn die Wirtschaftsflaute erst einmal vorbei war.

Die dritte Periode war die der beiden großen Entdeckungen. Sie reichte von 1924 bis 1930. Zur Jahresmitte 1924 entdeckte er das südafrikanische Platin, was ihm Weltruhm einbrachte und ihm ermöglichte, seine Schulden zu tilgen. 1927 entdeckte er die Diamanten in der Alexanderbucht. Knapp zwei Jahre später wurde er durch den Verkauf seiner Konzessionen zum reichen Mann. Das gab ihm die Möglichkeit, sein Leben von da an vollkommen umzustellen.

Der vierte Abschnitt, der 1930 begann und bis etwa 1949 andauerte, war durch einen geradezu atemberaubenden Kreativitätsschub gekennzeichnet. Das Erstaunliche war, dass Merensky zu Beginn dieses Abschnitts schon 59 Jahre alt war. Trotzdem sprudelte er über von neuen Ideen. Da er finanziell unabhängig war, konnte er sie auch in die Tat umsetzen. Das eigentliche große Ereignis dieser Zeit und zugleich auch der Wendepunkt in seinem Leben war jedoch der Kauf der Farm Westfalia. Ihre Sanierung und ihre Entwicklung zur Musterfarm nahmen von da an den größten Teil seiner Kraft in Anspruch. Trotzdem arbeitete er auch weiterhin als Geologe, allerdings mit einer völlig andersgearteten Motivation als zuvor. Bis dahin hatte er prospektiert, um seinen Lebensunterhalt zu verdienen, jedoch auch aus reiner Freude an der Entdeckung von Lagerstätten. Nach 1930 prospektierte er nur noch sporadisch, dann aber stets gezielt auf solche Erze oder Mineralien, von denen er glaubte oder wusste, dass sie für die wirtschaftliche Entwicklung Südafrikas zukunftsweisend seien. Mit diesen Prospektionskampagnen verdiente er gutes Geld, aber das „Geld verdienen“ war nicht mehr der Beweggrund seines Handelns. Wichtiger war der wirtschaftliche Nutzen, den seine Funde dem Lande bringen konnten. Seine letzte große Entdeckung, die Phosphatlagerstätte am Loolekop, hat er, wenn man es rein rechnerisch betrachtet, dem Staat sogar fast geschenkt.

Sein letzter Lebensabschnitt begann 1949 mit der Unterschrift unter sein Testament. Er war das Ausklingen eines arbeitsreichen Lebens, zugleich aber auch sein krönender Abschluss, denn es gelang ihm, sein Lebenswerk zu konsolidieren. Er hatte ein ausgefeiltes Stiftungskonzept entwickelt und er fand eine überzeugende Nachfolgeregelung. Beides hatte er gedanklich seit Jahren vorbereitet.

Bevor man jedoch versucht, das Fazit zu ziehen, müssen noch einige Fragen erörtert werden:

1. Was war das Geheimnis seiner großen Erfolge? Oder anders gefragt: Wie konnte jemand an Stellen, an denen schon Hunderte von erfahrenen Geologen gearbeitet hatten, plötzlich bedeutende Lagerstätten entdecken, deren Existenz den Vorgängern offensichtlich entgangen war?
2. Was ist aus seinem großen Vermögen geworden? Wie hat er seinen Nachlass geordnet?
3. Wie nachhaltig waren seine Entdeckungen und seine Unternehmungen? Haben die von ihm gefundenen Lagerstätten das gehalten, was man sich davon versprochen hatte? Wie sind die land- und forstwirtschaftlichen Unternehmungen weitergeführt worden?
4. Wie ist der Nachruhm des Hans Merensky – oder wie werden seine Leistungen heute eingeschätzt, zunächst von der Wissenschaft und dann in Südafrika ganz allgemein?

1. Die Entdeckungen

Es hat Zeitgenossen gegeben, die die Bedeutung der Entdeckung des Platins im *Bushveld* relativieren wollten. Sie hätte damals sozusagen in der Luft gelegen, die Zeit wäre dafür einfach reif gewesen. Tatsächlich wurde 1923/1924 auch von anderen Prospektionsteams nach Platin gesucht. Nur – Merensky fand es und er entdeckte es sogar mehrfach! Darauf hat vor allem Percy Wagner, einer der bedeutendsten südafrikanischen Geologen dieser Zeit, immer wieder hingewiesen. Denn Merensky hatte mit seinem Team nicht nur die ersten Funde im Gebiet von Lydenburg gemacht, sondern er entwickelte unmittelbar danach auch die Idee, das platinführende *Reef* rund um das *Bushveld* zu verfolgen. Er tat das zu einer Zeit, als alle anderen sich noch ausschließlich um Optionsgebiete in unmittelbarer Nähe der Erstfunde bemühten. Auf diese Weise entdeckte er als zweites die Platinvorkommen bei Potgietersrust und danach, als alle anderen die Suche dort bereits aufgeben wollten, als drittes das Platin-*Reef* bei Rustenburg, verhüllt unter dicken Torfschichten.

Wahr ist allerdings auch, was von Neidern oft angeführt wurde, dass Hans Merensky für seine großen Entdeckungen – Platin, Diamanten, Gold im Oranje-Freistaat, Chromerze, Vermiculit und Phosphate – immer eine Art Initialzündung durch Dritte benötigte. Die ersten Hinweise auf die Existenz von Platin im Bezirk Lydenburg stammten von dem Farmer Lombaard. Die Diamanten der Alexanderbucht wurden in Merenskys Abwesenheit gefunden, wenn auch an den von ihm zuvor abgesteckten Stellen. Das Gold im Oranje-Freistaat wurde erbohrt, nachdem Merensky seine Konzession bereits verkauft und den Freistaat verlassen hatte. Auf die Chromerzvorkommem auf der Farm Jagdlust hatte ihn sein alter Prospektor Busschau hingewiesen. Die Untersuchung des Vermiculit-Vorkommens am Loolekop war bereits von dem Prospektor Cleveland in Angriff genommen worden, und auch auf die nahebei gelegenen Phosphate war schon 16 Jahre zuvor von dritter Seite prospektiert worden, wenn auch an der falschen Stelle. Andererseits ist genauso klar, dass ohne das Eingreifen Merenskys keine dieser Lagerstätten in diesem Moment als solche identifiziert worden wäre. Wahrscheinlich wären sie noch über Jahre, wenn nicht Jahrzehnte hin unbeachtet geblieben. Andries Lombaard und seine Farmerfreunde hätten ohne Merensky nach wenigen Tagen den Elan verloren, weiter zu prospektieren. Dr. Reuning und all die anderen, die bei der Alexanderbucht nach Diamanten suchten, wären ohne Merensky nie hinauf auf die höher gelegenen Terrassen gegangen. Die Aufschlussbohrungen im Oranje-Freistaat wären eingestellt worden, ohne dass das Schichtprofil geklärt und damit die Grundlage für die Goldfunde gelegt worden wäre. Genauso wäre niemand auf die Idee gekommen, die an sich bekannten, aber eher unbedeutend erscheinenden Chromitbänder des

Bushvelds über größere Strecken zu verfolgen. Und als die ungewöhnliche Ausdehnung der Chromerzlagerstätte schließlich feststand, blieb Merensky dennoch lange Zeit der Einzige, der ihren internationalen Rang erkannt hatte. Der alte Cleveland wiederum, der am Loolekop grub, war, als Merensky ihn besuchte, kurz davor, seine Grabung zu beenden, denn der Vermiculit interessierte ihn nicht. Wäre Merensky nicht zufällig vorbeigekommen, dann hätte Cleveland die Grabung einige Tage später abgebrochen. Es ist nicht sicher, ob sich noch einmal jemand bereitgefunden hätte, am Loolekop zu prospektieren. Genauso hätte auch die Identifizierung der nahebei gelegenen Phosphatlagerstätte ohne Merenskys Zutun möglicherweise noch Jahre auf sich warten lassen.

Dass es immer wieder des Eingreifens Merenskys bedurfte, um vorhandene Erzspuren in ihrer Bedeutung zu begreifen und den Weg zur Entwicklung einer Lagerstätte zu öffnen, war sicherlich kein Zufall. Offenbar war er für jedes dieser Vorkommen „der richtige Mann im richtigen Moment", der den entscheidenden Anstoß gab.

Wahrscheinlich kann man die Erfolge Merenskys am besten damit erklären, dass er ein begnadetes Multitalent war. Dort, wo nichts war, konnte auch er nichts finden. War aber irgendwo eine Lagerstätte vorhanden und mochten die äußeren Anzeichen dafür auch noch so schwach oder undeutlich sein, dann besaß er eine ganze Palette von Eigenschaften, die ihn dazu befähigten, die Lagerstätte aufzuspüren und ihr Entwicklungspotential richtig einzuschätzen.

Merensky war ein hervorragender Geologe und hatte eine exzeptionelle Beobachtungsgabe. Das allein hätte aber noch nicht gereicht. Das Land hatte damals viele gute Geologen. Merensky hatte jedoch neben seiner geologischen Ausbildung auch die vielleicht beste bergmännische Ausbildung absolviert, die man zu Beginn des 20. Jahrhunderts haben konnte. Diese Kombination war sicherlich etwas Besonderes. Er hat immer davon profitiert. Sie befähigte ihn nicht nur zu erkennen, dass ein Erzvorkommen diese oder jene Ausdehnung hatte, sondern ermöglichte ihm auch, die technischen Bedingungen eines eventuellen Abbaus ins Kalkül zu ziehen und die Wirtschaftlichkeit eines Projekts zu beurteilen. Was er auch tat, er hatte immer einen Blick für das Ganze.

Zudem war er jemand, der Visionen hatte und weit in die Zukunft denken konnte. Ein Beispiel dafür war seine persönliche Vorstellung über die industrielle Entwicklung des zukünftigen Industriekomplexes am Loolekop. Bereits beim Abschluss der Prospektion auf die Phosphate hatte er ein klares Bild vor Augen, wie es dort einmal aussehen würde. 20 Jahre danach waren all diese Anlagen entstanden und in voller Funktion. Ähnlich zukunftsorientiert waren seine Überlegungen hinsichtlich der Chromiterze des *Bushvelds*. Man glaubte allgemein, dass sie für die Stahlveredlung nicht brauchbar wären. Merensky setzte dagegen auf die Innovationsfähigkeit der Hütteningenieure und behielt Recht.

Die wahrscheinlich wichtigste Eigenschaft Merenskys war jedoch seine Fähigkeit, kreativ zu denken. Er konnte sich aufgrund der Anzeichen, die er im Gelände beobachtet hatte, Lagerstätten vorstellen, die als Typ oder in Bezug auf ihren Bauplan niemals zuvor beobachtet und dementsprechend auch noch nie beschrieben worden waren. Das traf auf das platinführende *Reef* im *Bushveld* zu und desgleichen auf das Diamantenlager der Austernlinie, bei der es 18 Jahre dauerte, bis man seiner Idee, dass es so etwas geben müsse, Glauben schenkte.

Abgerundet wurden seine beruflichen Fähigkeiten durch persönliche Eigenschaften, die seinen Arbeitsstil und seinen Umgang mit Menschen prägten. Er konnte bis an die Grenze der Erschöpfung arbeiten. Er hatte einen ungeheuer starken Willen, mit dem er seine Arbeit vorantrieb. Mal war dieser Willen mit Eloquenz gepaart und der Fähigkeit, Gefährten wieder aufzubauen, wenn er spürte, dass sie den Mut verloren. So geschehen bei der Platinprospektion. Ein anderes Mal zeigte er eine autoritäre Ausstrahlung, die es ihm ermöglichte, seine Ideen gegen andersgeartete Meinungen durchzusetzen. So geschehen bei der Diamantenprospektion in der Alexanderbucht. Wieder ein anderes Mal waren es eher sanfte Töne, mit denen er seine Mitarbeiter zunächst überzeugte und dann anspornte. Er konnte Teamgeist erzeugen und er war ein Meister in der Menschenführung. Seine Kreativität und seine Begabung, Mitarbeiter zu motivieren, waren im Übrigen auch die Basis seiner Erfolge bei der Entwicklung der Land- und Forstwirtschaft auf Westfalia.

Immer standen die beruflichen Erfolge Merenskys in einem kausalen Zusammenhang mit seiner klaren Lebensplanung. Er hatte schon während seines Studiums oder noch früher beschlossen, beruflich als Selbstständiger zu arbeiten. Von dieser Entscheidung ist er nie abgerückt, auch nicht in den finanziell schwierigen Jahren nach dem Ersten Weltkrieg. Wäre er damals einem der Angebote gefolgt, als angestellter Geologe in eine Bergbaufirma einzutreten, hätte sein Leben von da ab einen anderen Verlauf genommen. Dann wäre ihm einige Jahre später die Leitung der Platinprospektion wahrscheinlich nicht angetragen worden. Und man muss bezweifeln, ob er zwei Jahre danach noch den Zugang zu einer von ihm selbstständig geführten Diamantenprospektion gefunden hätte.

2. Der Nachlass

Da Merensky unverheiratet und ohne leiblichen Erben war, hatte er sich schon frühzeitig Gedanken über seinen Nachlass gemacht. Es war sein Wunsch, dass die Farm als solche ebenso weitergeführt würde wie die vielfältigen Projekte, die er begonnen hatte. Für Südafrika sollte aus diesen Entwicklungsarbeiten der größtmögliche Nutzen entstehen. Das war nur von einer Gruppe von Fachleuten zu bewältigen – und es sollten die besten sein. Damit war klar, dass er sein Vermögen nicht an eine Einzelperson oder eine Gruppe von Personen vererben konnte und somit auch nicht an Familienmitglieder. Das bedeutete nicht, dass er sich gegen seine Neffen und Nichten gewandt hätte. Im Gegenteil, sie haben schon zu seinen Lebzeiten hohe Beträge erhalten und wurden im Testament noch einmal großzügig bedacht. Was er aber im Interesse der Farm vermeiden wollte war, dass irgendwann in der Zukunft familiäre Zwistigkeiten oder der finanzielle Engpass eines Einzelnen die effiziente Führung des Unternehmens beeinträchtigen könnten. Er hatte lange darüber nachgedacht und hatte sich auch anwaltlich beraten lassen. Schließlich skizzierte er ein Testament, das Alexander Douglas anschließend in die notwendige juristische Form goss. Er überschrieb darin bereits zu Lebzeiten 90 % seines Vermögens an den Hans-Merensky-Trust, den er auch als Erben für die restlichen 10 % einsetzte. Als Treuhänder für den Trust wurden vier der engsten Vertrauten berufen, das waren sein langjähriger Anwalt Alex Douglas, sein Finanzberater William Warmback, Jürgen von Bülow und Carl Rolfes.

Diese Überschreibung an den Trust war verbunden mit zwei wesentlichen Bestimmungen:

Erstens: Der Trust als Eigner der Merensky'schen Unternehmungen sollte nur eine vorläufige Regelung darstellen. Frühestens nach 10 und spätestens nach 25 Jahren sollte der Trust in eine Stiftung überführt werden. Dieser Zeitraum war deshalb so gewählt, weil nach Merenskys Überzeugung die Farm erst dann ihre endgültige Struktur gefunden haben würde. Die Überführung des Trusts in eine Stiftung schien ihm geboten, weil niemand die wirtschaftlichen, politischen und gesellschaftlichen Bedingungen voraussehen könne, unter denen der Trust in einigen Jahren zu arbeiten hätte. Er hielt es für wenig sinnvoll, dem Trust über seinen Tod hinaus die Geschäftspolitik vorzuschreiben. Eine Stiftung mit eigenverantwortlich wirkenden Stiftungsverwaltern, die innerhalb eines vorgegebenen Rahmens weitgehend frei entscheiden konnten, erschien ihm als das wesentlich flexiblere Instrument.

Zweitens wurde festgelegt, dass nach dem Tode des Erblassers alle von ihm begonnenen Projekte noch mindestens 10 Jahre weitergeführt werden mussten. Es entsprach Merenskys persönlicher Erfahrung, dass man bei landwirtschaftlichen Unternehmungen einen langen Atem haben müsse und nie vorzeitig aufgeben dürfe. Im Übrigen sollte der Trust in den Jahren bis zur Überführung in die *Hans Merensky Foundation* den Kapitalstock so ausbauen, dass später ausreichende Stiftungsmittel zur Verfügung stünden.

Der Stiftungsauftrag gliederte sich in einen Kernbereich, dessen Zweck sehr genau definiert war, und einen erweiterten Bereich, der den Stiftungsverwaltern einen größeren Handlungsspielraum einräumte. Zu den Kernzielen gehörten:

(1) Forschungsarbeiten zur Bekämpfung der Bodenerosion und zur Verbesserung der südafrikanischen Böden, insbesondere durch Einbringen von natürlich vorkommenden Mineralstoffen wie dem Vermiculit.
(2) Forschungen bezüglich des Anbaus von Zitrusfrüchten in verschiedenen Höhenlagen.
(3) Zucht- und Kreuzungsversuche von Rinderrassen europäischer Herkunft mit den hinsichtlich ihres Fleisch- und Milchaufkommens weniger wertvollen, dafür aber gegen Krankheiten außerordentlich resistenten afrikanischen Hausrindern.

Der erweiterte Bereich ließ den Treuhändern bzw. dem späteren Verwaltungsrat der Stiftung größere Gestaltungsfreiheit. So sollte die Unterstützung fremder Forschungsarbeiten in der Land- und Forstwirtschaft, Tierzucht, Medizin, Lagerstättenkunde, Bergwerkstechnik und der Chemie möglich sein, sofern sie dem „allgemeinen Fortschritt" (eine von Merensky gern benützte Metapher) dienten. Weiterhin sollten zwei Fonds finanziert und betreut werden. Einer sollte der Ausbildung europäischer und nicht-europäischer Studenten und Praktikanten dienen, der andere der Errichtung und dem Unterhalt der entsprechenden Schul- und Wohlfahrtseinrichtungen.

Vorab sollten nach seinem Tode verschiedene Legate ausgeschüttet werden. Da war noch einmal ein hoher Betrag an seine Verwandten. Rund 74.000 Pfund gingen an persönliche Freunde. An erster Stelle stand, neben anderen schlesischen Jugendfreunden, Generalmajor a. D. Albrecht von Thaer, der nach dem Krieg im Emsland untergekommen war. Er hat Merensky noch um 7 Jahre überlebt. Für karitative Zwecke wurden 41.000 Pfund ausgeschüttet. Sie gingen an die Berliner Mission, die Hermannsburger Mission, an die Universitäten Stellenbosch, Pretoria, Witwatersrand und Potchefstroom und an diverse Schulen und Bibliotheken nicht nur in Südafrika, sondern auch in Windhuk. Die leitenden Angestellten seiner Unternehmen erhielten 50.000 Pfund. Das war ein Bonus für treue Dienste, zugleich aber auch ein Bonus auf die Zukunft, denn es lag Merensky daran, das eingearbeitete Personal über seinen Tod hinaus an den Trust zu binden. Schließlich bekam auch sein Hauspersonal einen namhaften Betrag. Die Gesamtsumme der Legate belief sich auf rund 237.000 Pfund. Gemäss den damaligen Währungsrelationen waren das über 4,7 Mio. Mark. Da man einen so hohen Betrag nicht schlagartig aus den Unternehmungen herausziehen konnte, war verfügt, dass die Legate nicht sofort, sondern in Raten innerhalb von 10 Jahren auszuzahlen wären. Alles in allem war das ein ausgefeiltes Stiftungskonzept, das so gestaltet war, dass es funktionieren konnte.

Unterzeichnet wurden das Testament und die Übertragungsurkunde von Merensky und den vorgesehenen Treuhändern spätabends an einem Tag im Mai 1949 auf seiner Farm *Kalkfontein*. Da das dortige Farmhaus noch einfacher eingerichtet war als dasjenige auf Westfalia, fand diese bemerkenswerte Transaktion, bei der Merensky sich von einem Millionenvermögen trennte, bei Kerzenschein statt.

3. Die Nachhaltigkeit der Lagerstätten und der land- und forstwirtschaftlichen Unternehmungen

Die von Merensky entdeckten Lagerstätten sind samt und sonders mit großem wirtschaftlichen Erfolg abgebaut worden. Bei einigen, bei denen für das entdeckte Mineral zunächst noch kein Markt vorhanden war, dauerte es – wie von Merensky vorhergesagt – einige Zeit, bis die Verwertung in Gang kam, dann aber war der wirtschaftliche Erfolg umso größer.

Bei der Platinproduktion hat Südafrika die Vormachtstellung Russlands gebrochen. Nach dem Zweiten Weltkrieg lieferten beide Länder zunächst jeweils etwa 45 % der Weltproduktion an Platinmetallen. Das hat sich im letzten Jahrzehnt geändert. Im Jahr 2004 erbrachte Südafrika rund 75 %, Russland nur noch 17 % der Weltproduktion, wobei Südafrika vor allem Platin, Russland dagegen das industriell ebenfalls wichtige Palladium fördert. Für 2005 hat Johnson Matthey, der führende Händler für Platin, Südafrikas Anteil an der Platin-Weltproduktion sogar auf 77,7 % geschätzt. Wirtschaftlich gesehen ist der Platinbergbau für Südafrika von immenser Bedeutung. Im Jahr 2002 waren 17 Platingruben in Produktion und erwirtschafteten 25,1 % der Gesamterlöse des südafrikanischen Bergbaus.

Die Diamanten der Austernlinie in der Alexanderbucht sind längst abgebaut. Inzwischen hat sich die Gewinnung auf die Nordseite des Oranje-Flusses, nach Namibia verlagert. Da die Austernlinie und andere Hochterrassen auch dort existieren, ist Namibia reich an besonders schönen Schmuckdiamanten. Das Bruttosozialprodukt Namibias wird heute zu über 50 % (zeitweise waren es sogar über 80 %) aus den Gewinnen der Diamantenproduktion gespeist.

Von ganz großer Bedeutung erwiesen sich im Nachhinein die Arbeiten Merenskys bezüglich der Goldvorkommen im Oranje-Freistaat. Zwar hatte er dort nicht bis zur endgültigen Identifizierung der Goldvorkommen gearbeitet, sondern seine Ergebnisse, nachdem er das Problem der geologischen Schichtfolge geklärt hatte, an die Industrie abgegeben. Seine Vorhersagen über die Goldhöffigkeit dieses Gebietes bestätigten sich indes voll und ganz. Die Umgebung von *Odendaalsrust* wurde danach zu einem wichtigen neuen Förderzentrum für Gold.

Die 1936 im nördlichen Transvaal gefundenen riesigen Chromerzlager wurden 1952 für eine halbe Mio. Pfund (das waren damals rund 10 Mio. Mark) an den amerikanischen Stahlkonzern *Union Carbide-Corporation* verkauft. Das war ein Vielfaches der Summe, die Merensky 16 Jahre zuvor für die Prospektionsarbeiten und Konzessionsrechte aufgewendet hatte.

Viel bemerkenswerter ist jedoch die Präzision, mit der Merensky die Entwicklung des Weltmarktes für Chromerze vorausgesagt hatte. Nach ihrer Entdeckung 1937 war die Chromerzlagerstätte auf der Farm Jagdlust zunächst unverkäuflich. Niedrigprozentige Chromerze galten damals als uninteressant. Merensky war jedoch überzeugt, dass angesichts der riesigen Ausdehnung der Lagerstätte die Industrie sofort zugreifen würde, sobald die entsprechenden Verarbeitungsverfahren entwickelt wären. Heute beherrschen diese Art Erze den Weltmarkt für Chrom. Im *Bushveld* wird aus rund 20 Chromerzgruben gefördert. Laut Statistik des *U.S. Geological Survey* deckte Südafrika damit im Jahr 2004 rund 47 % der Weltproduktion. Sowohl bei der Förderung als auch bei den Weltreserven (72,4 %) steht das Land damit an erster Stelle.

Eine geradezu phantastische Entwicklung vollzog sich rund um den *Loolekop*. Dort hatte Merensky zunächst den Vermiculit und später die Phosphate entdeckt, daneben aber auch Spuren von Kupfer und radioaktiven Mineralien. Mitte der 50er Jahre zeigte ein zur Untersuchung der Phosphate angesetztes Bohrprogramm, dass die radioaktiven Mineralisationen wirtschaftlich nicht interessant waren, während die Kupferspuren zu einer der größten Kupferlagerstätten der Welt gehörten. Die Vererzung erstreckte sich bis in eine Tiefe von über 1.000 m. Seitdem werden in dem Gebiet in getrennten Tagebauen Vermiculit, Phosphaterze (Apatit) und Kupfererze abgebaut.

Für die Gewinnung des Kupfers wurde die *Palabora Mining Company* (PMC) gegründet. Sie gehört heute einem Konsortium, in dem *Rio Tinto* mit 46,6 % und *Anglo-American* mit 29 % vertreten sind. Der *Loolekop* als einzeln stehender Berg ist verschwunden. Dort wo er stand, findet sich ein trichterförmiger Tagebau von mehreren hundert Metern Tiefe. An seiner Oberkante hat er einen Durchmesser von 2.000 m. Es ist der größte Tagebau Afrikas. Zwischen 1964 und 2002 wurden aus den dort geförderten Erzen über vier Mio. t Kupfer erschmolzen. Seit dem Jahr 2002 ist die Gewinnung vom Tagebau auf Tiefbau umgestellt worden, aus dem bis zum Jahr 2022 noch einmal 1,4 Mio. t Kupfer (Metall) gewonnen werden sollen.

Das Vermiculit-Vorkommen gehört heute der *Palabora Mining Company.* Mit einer Jahresförderung von rund 200.000 t ist es der weltgrößte Produzent für Vermiculit. Rund 90 % der Produktion gehen in den Export. Der südafrikanische Vermiculit ist wegen seiner Reinheit weltweit stark gefragt.

Ähnlich erfolgreich war die Entwicklung des Phosphatprojekts. Die Regierung hatte dafür die Bergbaugesellschaft *Foskor* gegründet. Ihre Produktion deckt heute mehr als 80% des südafrikanischen Bedarfes. Wie von Merensky vorhergesagt, ist das Gebiet, das heute als *Palabora* bezeichnet wird, zu einem Bergbau- und Industriezentrum ersten Ranges geworden.

Und schließlich, was ist aus der Farm Westfalia geworden und den vielen forst- und landwirtschaftlichen Experimenten, die Merensky begonnen hatte?

Für die Treuhänder war es eine außerordentliche Herausforderung, beide Wünsche des Erblassers gleichzeitig zu erfüllen, nämlich sowohl die experimentellen Arbeiten weiterzuführen als auch so effizient zu arbeiten, dass der Kapitalstock sich so vergrößerte, dass er die Basis einer Stiftung bilden konnte. Beides ist gelungen. Die Anbauversuche wurden fortgeführt, und es kam sogar Neues hinzu, z. B. eine Teeplantage in Natal, Versuchsreihen mit Hochofenschlacken, die zu Schlackenzement verarbeitet wurden, sowie eine Prospektion auf Asbest, die 1965 zur Inbetriebnahme der Eldorit-Mine im *Bushveld* führte.

Gleichzeitig wurde Westfalia wie vorgesehen weiter entwickelt. Die geplanten Staudämme, der von Bülow-Damm (1957) und der *Rosendal*-Damm, wurden angelegt. Nach und nach vergrößerte sich auch die Fläche der Farm und erreichte schließlich 8.000 ha. Von zentraler Bedeutung wurde in dieser Zeit die kontrollierte Aufforstung von Eukalyptus und Kiefern. Auch das Engagement in der Holzindustrie wurde verstärkt. In Natal wurden Waldungen angekauft, Sägewerke wurden erworben, und schließlich stieg man auch in die Bauholzfertigung ein und erwarb eine Möbelfabrik in Pretoria. Große Verdienste um diese Entwicklungen hatte Jürgen von Bülow, der nach Rückkehr aus der Internierung die forstwirtschaftlichen Aktivitäten intensiviert hatte und der nach Merenskys Tod bei der Leitung des Trusts eine prominente Rolle spielte. Er verstarb leider viel zu früh, 1972, nur 61 Jahre alt, an den Folgen einer Bandscheibenoperation.

In den 60er Jahren gab es hinsichtlich der Arbeitsfelder des Trusts einige Änderungen. Die gerade erst eröffnete Asbestgrube Eldorit musste, nachdem der Asbest als gesundheitsschädigend erkannt worden war, wieder geschlossen werden. Die *Transvaal Ore Company* wurde an die *Palabora Mining* verkauft. Zwar war der Vermiculit-Abbau durchaus gewinnbringend, aber es erwies sich doch als zunehmend schwierig, ein weltweites Vertriebssystem aufrechtzuerhalten. Auch Westfalia erlebte eine Cäsur. Nach über 70 Jahren ließ man aufgrund von Problemen mit Schädlingen die Zitrusproduktion auslaufen. Sie wurde durch einen verstärkten Anbau von Avocados ersetzt.

Am 26. November 1973 wurde der Trust dann in die *Hans Merensky Foundation* umgewandelt. Laut Stiftungsurkunde ist es ihr Ziel, „den Wohlstand und die Gesundheit der Einwohner Südafrikas und seiner Nachbargebiete durch die Entwicklung und Förderung der natürlichen Ressourcen – also Boden, Wasser, Mineralien, Flora und Fauna – zu fördern". Die Stiftung vergibt Stipendien zur Ausbildung auf den unterschiedlichsten Niveaus in den Bereichen Forst- und Landwirtschaft und den nachgelagerten verarbeitenden Berufen. Sie arbeitet dabei mit Regierungsorganisationen, allen südafrikanischen Universitäten und Landwirtschaftsschulen sowie in Deutschland mit den Hochschulen Hohenheim und Göttingen zusammen. Ein beim Hamburger Senat angesiedelter Spezialfond vergibt Stipendien für deutsche Studenten, die in Südafrika im Bereich der Forschungsinteressen der Stiftung arbeiten möchten. Außerdem betreibt die Stiftung in den Bereichen Holzwirtschaft und subtropische Früchte eigene Forschungsarbeiten. So bemüht sie sich zum Beispiel – ganz im Sinne ihres Stifters – den von Verbrauchern sehr geschätzten, aber bisher nur wild wachsend bekannten und deshalb bedrohten *Yellowwood*-Baum erstmalig in Plantagen anzubauen. Die ersten Versuche sehen vielversprechend aus. Inzwischen sind die Anbauversuche auch auf das *East African Mahagony* und die *Sawtooth Evergreen Oak* ausgedehnt worden. Unterstützt werden, wo notwendig, auch Forschungsprojekte Dritter. Zudem bieten die *Merensky Technological Services* (MTS) seit 1988 für Fragen hinsichtlich des Anbaus von Avocados weltweite Kontraktforschung an.

Die wirtschaftliche Tätigkeit, mit der die notwendigen Finanzmittel für die Ausbildungsförderung und Forschung erarbeitet werden, konzentriert sich heute vor allem auf zwei Kernbereiche: die Holzwirtschaft und subtropische Früchte. Die zur Stiftung gehörenden Gesellschaften bearbeiten eine Fläche von 101.600 ha, von denen 21.600 ha eigenes Land sind. Der Rest sind gepachtete Flächen und solche, die zum Staatsforst gehören und für die die Stiftung Holzgewinnungsrechte hat. Insgesamt bewirtschaftet die Stiftung eine Fläche, die ziemlich exakt 40 % der Fläche des Saarlandes entspricht. Davon nehmen Eukalyptus-Pflanzungen 11.200 ha ein, während rund 60.000 ha mit Kiefern bestanden sind. Die genutzten Flächen liegen zum Teil in und um Westfalia, zum großen Teil aber auch im Zululand und in Natal. Zu der Holzgewinnung gehören fünf Sägemühlen. Verarbeitet wird das Holz zu Grubenholz und Bauholz sowie zu Laminat für die Möbelherstellung. Beim Anbau subtropischer Früchte stehen Avocados und Mangofrüchte im Vordergrund. Mit einer Anbaufläche von 1.100 ha für Avocados ist die Stiftung der größte Avocadoproduzent Afrikas. Westfalia besitzt u.a. auch eine Baumschule, die jährlich 100.000 Avocadobäumchen abgibt, teils für den eigenen Bedarf, teils an andere Firmen. Rund 525 ha sind mit Mangos bepflanzt. Sowohl bei Avocados als auch bei Mangos wird zunehmend der ökologische Anbau gepflegt. Der Aufkleber „Westfalia“ auf Avocados und Mangofrüchten ist inzwischen zum geschätzten Markenzeichen geworden. Große Teile der Produktion gehen in den Export nach England, Frankreich und Deutschland. Um den Vertrieb in Europa besser steuern zu können, sind in Europa konzerneigene Vertriebsnetze aufgebaut worden. Seit 1999 werden Avocados auch in verarbeiteter Form vertrieben und seit 2002 ist Avocadoöl ein Artikel, der von

Abb. 34. Das Hans Merensky Memorial Building auf der Farm Westfalia.

der kosmetischen Industrie gerne abgenommen wird. Insgesamt beschäftigt der Konzern heute 4.700 Mitarbeiter.

Und natürlich hat sich auch auf der Farm einiges geändert. Am deutlichsten erkennt man die Entwicklung hin zum Großbetrieb an der Geschäftigkeit in der Pack- und Ladestation mit den daran angeschlossenen Kühlräumen. Wo früher Maultiergespanne die Avocado-Ernte aus der Plantage herankarrten, fahren jetzt riesige Lastzüge vor. Auf Paletten gestapelt verlassen im Jahr etwa 2,5 Mio. verkaufsfertig verpackte Kartons à vier Kilogramm die Farm und finden ihren Weg zu den Verbrauchern. Um dieses logistische Zentrum gruppiert liegen ein Kindergarten, eine Kinderkrippe und eine Säuglingsstation, die den in der Packstation arbeitenden Müttern die Kinder abnehmen. Dazu kommen die Sozialstation, der ärztliche Dienst und das Verwaltungsgebäude und in einem anderen Teil der Farm das wissenschaftliche Labor.

Oben am Hang ist das alte *Top House* verschwunden und seit 1982 durch das *Hans Merensky Memorial Building* ersetzt worden. Gewichtige Gründe hatten für diesen Neubau gesprochen. Man benötigte ein funktionales, klimatisiertes Gebäude, in dem das große Herbarium der Pflanzen der Farm und seiner Umgebung sowie das wertvolle Merensky-Archiv unter optimalen Bedingungen aufbewahrt werden können. Dies ist gelungen, und die sonst in tropischen Ländern so häufig zu beobachtenden Schäden an alten Schriftstücken konnten vermieden werden.

Und es wurde noch mehr erreicht: Das Merensky-Archiv vereinigt nun alle Dokumente, Korrespondenzen und wissenschaftlichen Berichte, die in bezug zu Hans Merensky stehen. Die amerikanische Geologin Dr. Katja Freitag, die mehrere Jahre lang in Palabora gearbeitet hat, hat das Archiv neu strukturiert und mit bemerkenswerter Klarheit katalogisiert. Ein gut durchdachtes System mit vielen Querverweisen erleichtert nun eine schnelle Durchsicht des Archivs und nachfolgende vertiefte Recherchen anhand der Merensky-Papiere.

Trotzdem – die Entscheidung für diesen Neubau muss den Verantwortlichen ungeheuer schwergefallen sein. Unverändert schön ist aber immer noch der weite Blick über das Tal – ein Bild des Friedens und der Ruhe.

4. Der Nachruhm

In Deutschland und anderen Ländern ist der Name Merensky nur noch im engeren Fachkreis der Lagerstättenkundler und Geologen bekannt. Die breite Öffentlichkeit kennt ihn nicht mehr, und in den gängigen Nachschlagewerken wird sein Name nicht erwähnt. Ganz anders in Südafrika und Namibia. Da der Platinbergbau floriert, wird in diesem Sektor ständig wissenschaftlich weitergearbeitet. Dabei wurden einerseits die Grundannahmen Merenskys über den Bau und die Ausdehnung des Platin-*Reefs* bestätigt, andererseits aber auch die Detailkenntnisse über die Lagerstätte vervielfacht. Naturgemäß wurde der Name des Entdeckers dadurch immer wieder ins Gedächtnis gerufen. Ein Beispiel sei erwähnt: Das *South African Journal of Geology* betitelte 1999 eines seiner Hefte „*Special Issue on commemorating the 75th anniversary of the discovery of the Merensky Reef*". Der Einband aus Glanzpapier ist mit einem farbig angelegten Faksimile der ersten von Merensky angefertigten Lageskizze der Platinfundorte geschmückt – ein Genuss für jeden Lagerstättenkundler! Merenskys Ruhm als Entdecker des nach ihm benannten platinführenden *Reefs* ist also ungebrochen. Es sei aber nicht verschwiegen, dass es ernstzunehmende Lagerstättenkundler gibt, die nicht die Entdeckung des Platins, sondern die Schlussfolgerungen, die Merensky in den Dünen oberhalb der Lüderitzbucht zog und die zur Entdeckung der Diamanten der Austernlinie führten, für den genialsten Denkansatz halten, den ein prospektierender Geologe je gehabt hat. Was die Austernlinie angeht, sind die wissenschaftlichen Grundannahmen Merenskys (die gemeinsame Ablagerung von Austernschalen und Diamanten, eine Warmwasserfauna, wärmeres Klima, die wichtige Rolle der Hebungsprozesse des Subkontinents usw.) immer noch gültig. Es ist aber auch Neues hinzugekommen.

Abb. 35. Die Merensky-Bibliothek in Pretoria, umstanden von Jacaranda-Bäumen. Erbaut 1937/38 von dem südafrikanischen Architekten Gerard Moerdijk.

So wissen die Geologen der *Consolidated Diamond Mines of South West Africa* (heute NAMDEB) inzwischen, dass es wohl sieben unterschiedlich alte Strandterrassen gibt, auf denen Diamanten abgelagert wurden. Die Austernlinie ist mit 2 Mio. Jahren eine der jüngeren Ablagerungen, während die Diamanten der Kolmanskuppe mit 70 Mio. Jahren wohl die ältesten Ablagerungen dieser Art darstellen.

Wie dem auch sei, der Name Merensky ist bei allen, die im südlichen Afrika auch nur entfernt mit Geologie oder Bergbau zu tun haben, absolut präsent. Dies auch deshalb, weil Merensky dort hohe wissenschaftliche Auszeichnungen erhalten hat: den Ehrendoktor der Universitäten Stellenbosch und Pretoria sowie die Draper-Medaille der *Geological Society of South Africa*, die höchste Ehrung, die die Gesellschaft an Wissenschaftler vergibt.

Weiten Bevölkerungskreisen wird sein Name zudem durch die Tätigkeit der Hans-Merensky-Stiftung sowie durch verschiedene nach ihm benannte Lokalitäten ins Gedächtnis gerufen: Die Merensky-Straße in Windhuk, der Merensky-Damm im südöstlichen Namibia, das Gebäude des Physik-Instituts der Universität Stellenbosch, die großzügig angelegte Merensky-Bibliothek der Universität Pretoria, der Merensky-Damm im Tal unterhalb von Westfalia, die *Merensky-Lodge* und *Merensky Game Reserve* unweit von Palabora.

5. Das Fazit

Was ist also das Fazit dieses Lebens? – Man kann es sehr knapp beschreiben: Sein Leben war spannend, vielleicht sogar abenteuerlich, aber immer zielorientiert und letztlich überaus erfolgreich. Zunächst hatte er als Geologe gearbeitet, um seinen Lebensunterhalt zu verdienen und aus „Freude am Entdecken". Nachdem er wohlhabend geworden war, entwickelte er sehr bald das Gefühl, dass der Besitz dieses Geldes eine Verpflichtung darstelle. Für ihn bedeutete dies, sein Geld für den „allgemeinen Fortschritt" in Wissenschaft und Technik einzusetzen, vor allem zum Wohle Südafrikas, das er zur zweiten Heimat gewählt hatte.

Zum Schluss sollte noch etwas über Merenskys Verhältnis zu Deutschland angefügt werden: Er wurde als Kind deutscher Eltern in Südafrika geboren und hatte dann seine Schul- und Universitätsausbildung in Deutschland absolviert. Er war Leutnant der Reserve geworden und als Bergassessor preußischer Beamter. Über seine ursprünglich deutsche Staatsangehörigkeit besteht also kein Zweifel. Etwa 1926 – er war damals 55 Jahre alt – entschloss er sich, für immer in Südafrika zu bleiben. Er hat seit dieser Zeit mit all dem, was er gesagt und getan hat, keinerlei Zweifel daran gelassen, dass er sich als Südafrikaner fühlte. Das ist die emotionale Seite. Die rechtliche Lage ist dagegen nicht so eindeutig nachzuvollziehen. Es ist nicht klar, ob er jemals seinen deutschen Pass abgegeben hat und ob ihm, da Südafrika sein Geburtsland war, die südafrikanische Staatsbürgerschaft von vornherein zustand oder erst um 1936 zuerkannt worden ist. Für seine südafrikanischen Biographen haben solche formalen Überlegungen nie eine Rolle gespielt. Für sie ist Hans Merensky immer Südafrikaner gewesen. Als Beispiel sei der Autor des Merensky-Artikels im *Dictionary of South African Biography*, W. P. de Kock, zitiert. Er schildert im letzten Absatz seines Artikels die Ziele der Hans-Merensky-Stiftung und beendet ihn mit dem Satz:

„Das ist nun in der Tat ein feines und dauerhaftes Denkmal an einen großzügigen Wohltäter, einen genialen Kollegen, einen charmanten Gastgeber und vor allem an einen großen Südafrikaner."

Wie Hans Merensky selbst zu Südafrika stand, hat er eindrucksvoll in seiner Rede anlässlich der Eröffnung der von ihm gestifteten Universitätsbibliothek in Pretoria gesagt:

„Dieses Land hat mir so viel gegeben, dass ich mich nur zu glücklich schätze, bei seiner Weiterentwicklung Hilfe zu leisten, und ich bin sehr dankbar, dass ich dem Lande einen Bruchteil dessen, was es mir gegeben hat, zurückerstatten darf. Ich hoffe, diese Bibliothek wird zu einem Eckstein bei der Errichtung eines größeren Südafrika für kommende Generationen."

Literatur

ANHAEUSER, C. R. & WILSON, M. G. C., Hrsg., 1998: Mineral Resources of South Africa., *Geol. Surv. S. A., Handbook* **16**.

ARKIN, M., 1972: Jeppe, Sir Julius Gottlieb Ferdinand. *Dict. S. Afr. Biography,* **II**, 340–341, Cape Town.

BARDET, M. G., 1974: Géologie du diamant, II, (Gisements de diamant d'Afrique). *Mém. B. R.G. M.,* **83**.

BIEHLER, W., BOOS, R., BOSSE et al., 1986: Industrieminerale. *Untersuch. Angebot u. Nachfrage,* **XIX**, BGR/PROGNOS, Hannover/Basel.

BLOHM, E. G., 1986: My association with Dr. Hans Merensky. *Unveröffentl. Manuskript,* 26 S., Merensky-Archiv, Westfalia.

BOLZ, K., HARMS, U., PISSULLA, P. et al., 1985: Gold, Platinmetalle u. Diamanten in der sowjetischen Handelspolitik. BGR/HWWA/ITE, Verl. Weltarchiv, Hamburg.

BRAUN, H., 2004: Der Schmuckdiamant als Veblen-Leibenstein-Gut. Vom Symbol der Reichen und Mächtigen zum Konsumartikel mit Wertillusion für das breite Bürgertum. In: WALTER, R., Hrsg.: *Geschichte des Konsums. Vierteljahrsschrift Sozial- und Wirtschaftsgeschichte, Beih.,* **175**, 159–197.

BRAUN, H., 2004: Der Weltmarkt für Diamanten. Eine raffiniert inszenierte Wertillusion. *FAZ,* Sept. 09., S.25.

BRIDGES, R. T., 1942: The Geologist. His work in South Africa. Presidential Address to the Geological Society of South Africa. *S. Afr. Min. J.,* 57–58.

BUCHANAN, D. L., 1979: Chromite production from the Bushveld Complex. *World Mining,* **32**, H.10.

CARSTENS, J., 1962: A fortune through my fingers. Howard Timmins, Cape Town.

CANTON-THOMPSON, G., 1931: The Zimbabwe culture. Ruins and Reactions. Clarendon Press, Oxford.

CAWTHORN, R. G., Hrsg., 1999a: Special issue on commemorating the 75th anniversary of the discovery of the Merensky Reef. *S. Afr. J. Geol.,* **102**, 3, 175–302.

CAWTHORN, R. G., 1999b: The discovery of the platiniferous Merensky Reef in 1924. *Ibidem*: 178–183.

CAWTHRON, R. G., 1999c: Platinum-group element mineralization in the Bushveld Complex – a critical reassessment of geochemical models. *Ibidem*: 268–281.

CHAMBER OF MINES OF SOUTH AFRICA, 2002–2006: Annual Reports, 2003/2004–2005/2006.– *Ibidem*: Facts & Figures, 2003–2005. – *Ibidem*: The South African Mining Industry, Fact Sheet, 2002–2003.

Cloos, H., 1937: Karl Mauch. *Geol. Rundsch.,* **28**, S. 357.

Cockburn, A., 2002: Diamanten. Die bittere Wahrheit. *Nat. Geograph., Germany,* **2002,** 3, 40–73.

Coetzee, C. B., Hrsg., 1976: Mineral Resources of the Republic of South Africa, (5th Ed.), Handbook **7.** *Geol. Surv. S.*

Cornell, F. C., 1920: The glamour of prospecting. T. Fisher Unwin, London. *Reprint* (1986, 1992). David Philip, Cape Town.

Damman, E., 1993: Merensky, Alexander. *Biographisch-Bibliographisches Kirchenlexikon,* **V**, 1294–1295., Verl. Traugott Bautz.

Der Spiegel, 1989: Im Griff des Syndicats. Jg. **43**, H. 44, 151–166.

De Kock, W. P., 1977: Merensky, Hans. *Dict. S. Afr. Biography*, **III**, 602–606, Cape Town.

Duparc, L. & Molly, E., 1928: Les gisements platinifères du Birbir (Abyssinie). *Schweiz. Min. Petr. Mitteil.,* **8**, 240–257.

Du Plessis, J. S., 1968: Smuts, Jan Christiaan. *Dict. S. Afr. Biography*, **I**, 737–758, Cape Town.

Evans, A. M., 1993: Ore Geology and Industrial Minerals. Blackwell Scientific Publ., Oxford.

Freitag, K., 2002: Report on the Hans Merensky documents. Unveröffentl. Bericht, 67 S., Merensky-Archiv, Westfalia.

Förtsch, E., 1988: Der Beitrag Deutscher zum Bergbau in Südafrika. Erzmetall, **41**, 4, 191–204.

Gevers, T. W., 1968: Wagner, Percy Albert. *Dict. S. Afr. Biography*, **I**, 860–861, Cape Town.

Giraud, P. N., 1983: Géopolitique des Ressources Minières. Edition Economica, Paris.

Glueck, N., 1938, 1939, 1940: The first campain at Tell el-Kheleifeh (Ezion-geber). *Bull. Amer. Schools Oriental Research*, **71**, 3–18. – The second campain. *Ibidem*: **75**, 8–22. – Third season of excavation. *Ibidem*: **79**, 2–18.

Grebe, W. H., Kästner, H., Kippenberger, C. et al., 1975: Chrom. *Untersuch. Angebot u. Nachfrage*, **VII**, BGR/DIW, Hannover/Berlin.

Gregory, T., 1971: Sir Ernest Oppenheimer. In: Williams, E. T. & Palmer, H.M., Hrsg.: *Dict. Nat. Biography, 1951–1960*, 781–783, Oxford Univ. Press.

Gutschke, T., 1972: Phillips, Sir Lionel (Bart.). *Dict. S. Afr. Biography*, **II**, 544–546, Cape Town.

Hall, R. N., 1907: Great Zimbabwe, Mashonaland, Rhodesia. Methuen, London.

Hall, R. N. & Neal, W. G., 1902: The ancient ruins of Rhodesia (Monomotapae Imperium). Methuen, London.

Hallack, R. K., 1977: Beyers, Frederick William. *Dict. S. Afr. Biography*, **III**, 67–68, Cape Town.

HANS MERENSKY FOUNDATION, (after 2002): The Hans Merensky Foundation. *Prospectus*, 70 S .

HARRINGTON, A. L., 1972: Barnato, Barney. *Dict. S. Afr. Biography*, **II**, 31–33, Cape Town.

HARRINGTON, A. L., 1977: Jones, Guy Carleton. *Dict. S. Afr. Biography*, **III**, 452–453, Cape Town.

HARTKOPF, W., 1992: Die Berliner Akademie der Wissenschaften. Ihre Mitglieder und Preisträger 1700–1990. Akademie-Verl., Berlin.

HERRMAN, L., 1968: Harris, Sir David. *Dict. S. Afr. Biography*, **I**, 351–352, Cape Town.

HOFFMANN, U., HOFFMEYER, M., KIPPENBERGER, C. et al., 1983: Phosphat. *Untersuch. Angebot u. Nachfrage*, **XVIII**, BGR/IFW, Hannover / Kiel.

HOTZ, L., 1968: Albu, Sir George. *Dict. S. Afr. Bibliography*, **I**, 9–10, Cape Town.

JEPPE, F. & MERENSKY, A., 1868: Original Map of the Transvaal or South African Republic. Combined with the results of their own explorations by F. JEPPE & A. MERENSKY. Reconstructed by A. PETERMANN, 1:1.850.000. *Petermanns Mitteil., Ergänz. Bd.*, **5**, Justus Perthes, Gotha.

KAYSER, K., 1937: Alexander Merensky als Geograph und deutscher Kolonialpionier. *Koloniale Rundsch.*, **28**, 385–394, Bibliogr. Inst., Leipzig.

KNETSCH, G., 1937a: Beiträge zur Kenntnis der Diamantenlagerstätten an der Oranje-Mündung. *Geol. Rundsch.*, **28**, 188–207.

KNETSCH, G., 1937b: Übersicht über die Geologie des südlichen Lüderitzlandes. *Ibidem*: 208–228.

KOHL, H. & SCHOEMAN, A., 2004: Kolmanskop. Past and present. Klaus Hess Publishers, Windhoek/Göttingen.

KRAHMANN, H., 2008: „West-Wits", eine zweite Sternstunde des Goldbergbaus. Afrika-Kurier, Dez.08/Jan.09, 15–16, Pretoria.

KRAHMANN, H., 2009: Ein erfülltes Leben. Nachruf auf meinen Vater Rudolf Krahmann. Unveröffentl. Manuskript., 18 S.

KRAHMANN, H., 2009/2011: Persönl. Mitteil., unveröffentl.

KRAHMANN, R., 1930: Magnetic investigations as an aid to economic geology. *Trans. Geol. Soc. S. A.*, **33**, 65–87.

KRAHMANN, R., 1936: The geophysical magnetometric investigations on West Witwatersrand areas between Randfontein and Potchefstroom, Transvaal. *Trans. Geol. Soc. S. A.*, **39**, 1–44.

KRÜGER, D. W., 1968: Hertzog, James Barry Munnik. *Dict. S. Afr. Biography*, **I**, 366–379, Cape Town.

LEHMANN, O., 1955, (*Reprints* 1956, 1959, 1989): Look beyond the wind. The life of Dr. Hans Merensky 1871–1952. Howard Timmins, Cape Town.

LEHMANN, O., 1965: Hans Merensky. Ein deutscher Pionier in Südafrika. K. W. Schütz Verl., Göttingen.

LISSNER, I., 1961: Rätselhafte Kulturen. Walter Verl., Olten/Freiburg.

LOMBAARD, B., 1936: Report of an interview which Prof. B. Lombaard had with Dr. Merensky in Johannesburg on 11. January 1936. *Unveröffentl. Manuskript*, 3 S., Merensky-Archiv, Westfalia.

LONDON, J., 1993: Wie von alters zog die Argo. In: *Meistererzählungen*, 40 S., Diogenes-Taschenbuch, Zürich.

LÜERT, H., 1971a: Hans Merensky. In: Deutscher Bergbau im Ausland. 41–49, Grote'sche Verlagsbuchhdl., Köln/Stuttgart.

LÜERT, H., 1971b: Rudolf Krahmann. *Ibidem*, 49–52.

MACHENS, E. W., 1968: Das Präkambrium von Afrika. *Handbuch Stratigraph. Geol.*, **XIII**, 2, 414–551, Enke-Verl., Stuttgart.

MACHENS, E. W.. 2007: The Merensky Archive on the Westfalia farm in South Africa. *World of Mining – Surface & Underground*, **59**, 2, 110–113, Clausthal-Zellerfeld.

MACHENS, E. W.. 2009: Platinum, gold and diamonds. The adventure of Hans Merensky's discoveries. Protea Book House, Pretoria. (Vertrieb in Deutschland: Schweizerbart Verlag, Stuttgart)

MACIVER, R. D., 1906: Mediaeval Rhodesia. London.

MADDISON, R., 2007: Persönl. Mitteil., unveröffentl.

MAGER, E., 1895: Karl Mauch. Lebensbild eines Afrikareisenden. Kohlhammer, Stuttgart.

MAUCH, C., 1870: Carl Mauch's Reisen im Inneren von Südafrika (nach Mitteil. des Reisenden aus Potchefstroom vom 30.06.1869). *Petermanns Mitteil.*, **16**, 1–8; 92–103; 139–142; Justus Perthes, Gotha.

MAUCH, C., 1872a: Nachrichten von Carl Mauch im Inneren von Süd-Afrika bis zum 27. Juli 1871. Antritt seiner neuen Reise, nach Manica. Die Gold- und Diamantenfelder in der Transvaal-Republik. *Petermanns Mitteil.*, **18**, 81–82, Justus Perthes, Gotha.

MAUCH, C., 1872b: Carl Mauch's Entdeckung der Ruinen von Zimbaoe, 5. Sept.1871. *Ibidem*: 121–126.

MAUCH, C., 1874: Carl Mauch's Reisen im Inneren von Süd-Afrika 1865–72. *Petermanns Mitteil., Ergänz. Bd.*, **8**, 37, 1–52. *Darin*: PETERMANN, A.: Originalkarte von Carl Mauch's Reise von Simbabye nach Senna 1871–1872, 1:2.000.000, Justus Perthes, Gotha.

MENDELSSOHN, E. M., 1972: Gelletich, Hans. *Dict. S. Afr. Biography*, **II**, 258–259, Cape Town.

MERENSKY, A., 1875: Original Map of Transvaal or South African Republic including the Gold- and Diamondfields, 1:1.850.000. *Z. Ges. f. Erdkunde*, Berlin/Botshabelo.

MERENSKY, A., 1884: Original Map of South Africa. Containing all South African Colonies and Native Territories, 1:2.500.00. Simon Schropp, Berlin.

Merensky, A., 1888: Akklimatisation des Pferdes in Südafrika. *Deutsch. Kolonialzeit., NF*, **1**, 38, 304–305, Berlin.

Merensky, A., 1899: Erinnerungen an das Missionsleben in Südost-Afrika (Transvaal) 1859–1882. Zweit. erweit. Aufl., Berlin.

Merensky, H., 1905: The gold deposits of the Murchison Range in north-east Transvaal. *Trans. Geol. Soc. S. A.*, **8**, 43–46.

Merensky, H., 1909a: The diamaond deposits of Lüderitzland, German South-West Africa. *Trans. Geol. Soc. S. A.*, **12**, 13–23.

Merensky, H., 1909b: Vorläufige kurze Angaben über die Diamanten bei Lüderitzbucht. *Z. prakt. Geol.*, **17**, 79–80, 122–129.

Merensky, H., 1925a: The platinum areas of Lydenburg. *S. Afr. Min. & Eng. J.*, **76**, 474–476.

Merensky, H., 1925b: Report on the platinum occurrence on the properties of Potgietersrust Platinums Ltd. *Unveröffentl.*, 6 S., Merensky-Archiv, Westfalia.

Merensky, H., 1926: Die neu entdeckten Platinfelder im mittleren Transvaal und ihre wirtschaftliche Bedeutung. *Z. deutsch. Geol. Ges.*, **78**, 296–314.

Merensky, H., 1929: The discovery of the Namaqualand diamonds. (Dr. Merenskys replies to Dr. Reunings statements). *Mining Ind. Mag.*, 436–439, Johannesburg.

Niemann, M., 1999: Mecklenburgische Großgrundbesitzer im Dritten Reich (1933–45). *Diss.*, Rostock.

Niemann, M., 2002: Dr. Hans Merensky. Geologe in Südafrika und Gutsherr in Mecklenburg. In: Niemann, M., Hrsg.: Mecklenburgische Gutsherren im 20. Jahrhundert. Erinnerungen und Biographien. Zweit. Aufl., 449–457, Verl. Ingo Koch, Rostock.

Ovendale, r., 1972: Bailey, Sir Abe. *Dict. S. Afr. Biography*, **II**, 19–20, Cape Town.

Potgieter, F. J., 1972: Jeppe, Friedrich Heinrich. *Dict. S. Afr. Biography*, **II**, 338–339, Cape Town.

Priesner, C., 1994: Merensky, Hans. *Neue deutsch. Biograph.*, **17**, 131–132, Duncker & Humblot, Berlin.

Putzer, H., 1968: Aufsuchung. In: *Lehrbuch Angewandt. Geologie*, **II**, **1**, 5–97, Enke-Verl., Stuttgart.

Reh, H., 1958: Dem Andenken des großen Prospektors Hans Merensky. *Z. f. angew. Geol.*, **4**, 4, 182–186, Jena.

Reuning, E., 1928: The discovery of the Namaqualand diamonds. *Mining Ind. Mag.*, 341–356, Johannesburg.

Reuning, E., 1929: The discovery of the Namaqualand diamonds. An answer to Dr. Merensky's reply. *Min. Ind. Mag.*, 3 S., Johannesburg.

Reuning, E., 1931: Der Ursprung der Küstendiamanten Süd- und Südwestafrikas. *N. Jb. Mineralogie etc., Beil.-Bd.*, Abt. A, **64**, 775–828.

Roberts, B., 1972: The Diamond Magnates. Hamish Hamilton, London.

Schneiderhöhn, H., 1929: The mineragraphy and genesis of the platinum-bearing nickel-phyrrhotite ores of the Bushveld Igneous Complex. In: Wagner, P. A.: The platinum deposits and mines of South Africa. Kap. 17, 206–246, Oliver & Boyd, Edinburgh & London.

Schneiderhöhn, H., 1958: Die Erzlagerstätten der Erde. **I**, Gustav Fischer-Verl., Stuttgart.

Schumacher, 1954: Nachruf Hans Merensky. *Geol. Rundsch.*, **42**, 316–317.

Skawran, P. R., 1971: Dr. Hans Merensky. Mens en Voorbeeld. *Publ. Univ. Pretoria, N.R.*, **62**, 53–58.

Spies, S. B., 1968: Maritz, Salomon Gerhardus (Manie). *Dict. S. Afr. Biography*, **I**, 513–515, Cape Town.

Trümpelmann, G, P. J., 1968a: Mauch, Karl (Carl): *Dict. S. Afr. Biography*, **I**, 524–528, Cape Town.

Trümpelmann, G. P. J., 1968b: Merensky, Alexander. *Ibidem*, 532–535.

U.S. Geol. Survey, 2005, 2006: Mineral Commodity Summaries.

Van der Heyden, U., Hrsg., 1996: Alexander Merensky. Erinnerungen aus dem Missionsleben in Transvaal (Südafrika) 1859–1882. Edition Ost, Berlin.

Vermark, C. F., 1976: The Merensky Reef. Thoughts on its environment and genesis. *Econ. Geol.*, **71**, 1270–1298.

Verwoerd, W. J., 1986: Mineral deposits associated with carbonitites and alkaline Rocks. In: Anhaeuser, C. R. & Maske, S., Hrsg.: *Mineral Deposits of Southern Afric. Geol Soc. S. A.*, 2173–2191.

Viljoen, M. J., 1999: The nature and origin of the Merensky Reef of the western Bushveld Complex based on geological facies and geophysical data. *S. Afr. J. Geol.*, **102**, 3, 221–239.

Visser, D. J. L., 1972: Reinicke, Leopold. *Dict. S. Afr. Biography*, **II**, 573–574, Cape Town.

von Bülow, H., Bearb., 1994: Bülowsches Familienbuch. **III**, Aumühle.

Wagner, H., 1989: USA-Stahlveredler, 2. Mangan, Chrom, Nickel, Kobalt, Vanadium. *Rohstoffwirtsch. Länderberichte*, **XXXIII**, BGR, Hannover.

Wagner, P. A., 1925: Notes on the platinum deposits of the Bushveld igneous complex. *Trans. Geol. Soc. S. A.*, **28**, 83–133.

Wagner, P. A., 1929: The platinum deposits and mines of South Africa. Oliver & Boyd, Edinburgh & London.

Wagner, P. A. & Merensky, H., 1928: The diamond deposits on the coast of Little Namaqualand. *Trans. Geol. Soc. S. A.*, **31**, 1–42.

Webb, T. H., 1824: New localities of tourmalines and talc (vermiculites). *Amer. J. Science & Arts*, **VII**, S. 55.

Williams, E. L., 1978: Diamond harvest of the Namib surf; the story of CDM. *Optima*, **27**, 4, 84–105.

Bildnachweise

Hans Merensky Foundation, Johannesburg: Abb. **1, 2, 5, 6, 11, 16, 17, 18, 19, 23, 25, 26, 27, 31, 33**
Landesarchiv Baden-Württemberg, Hauptstaatsarchiv, Stuttgart: Abb. **3**
Ev. Landeskirchenarchiv, Berlin: Abb. **4, 32**
E. Machens, Bonn: Abb. **7, 8, 9, 10, 14, 15, 20, 21, 22, zwei Übersichtskarten in den Buchdeckeln,**
Dr. Gabriele Machens, Frankfurt/M.: Abb. **12, 28, 34**
Geological Society of South Africa: Abb. **13**
Jens von Bülow, Bonn: Abb. **24**
Harald Krahmann, Randburg, Südafrika: Abb. **29**
Prof. David L. Reid, University of Cape Town, Südafrika: Abb. **30**
University of Pretoria: Abb. **35**
Gretchen Hesse, Plettenberg, Südafrika: **Photo des Autors.**

Der Autor

Eberhard W. Machens, Jahrgang 1929, studierte in Tübingen und Münster Geologie. Als junger Geologe arbeitete er 10 Jahre lang in Afrika und prospektierte auf verschiedene Erze, insbesondere aber auf Gold. Nach seiner Rückkunft nach Deutschland und seiner Habilitation mit einer Arbeit über das afrikanische Grundgebirge und seine Lagerstätten hatte er eine Professur für „Geologie außereuropäischer Länder" in Mainz inne. Später war er als Direktor bei der OECD in Paris für Fragen der Prospektion und des Bergbaus in Entwicklungsländern zuständig. Im Anschluss daran wirkte er 14 Jahre lang im Bundeswirtschaftsministerium in Bonn als „Beauftragter für Rohstoffragen im Außenwirtschaftsbereich". Zum Abschluss seines Berufslebens übernahm er noch einmal einen „Lehrstuhl für Rohstoffwirtschaft" an der Universität Cottbus.

In die vorliegende Beschreibung der Lebensgeschichte und der Entdeckungen Hans Merenskys fließen die intimen Kenntnisse des Verfassers über die internationalen Vernetzungen der Rohstoffmärkte, über Prospektionsmethoden und über das Leben eines Prospektors im afrikanischen Busch ein.

Namensverzeichnis

Verzeichnis der Orte, Unternehmen und Institutionen

Sachwortverzeichnis

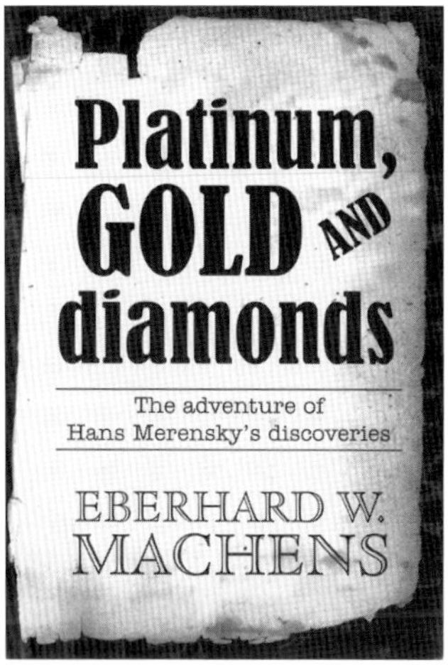

Eberhard W. Machens

Platinum, gold and diamonds The adventure of Hans Merensky's discoveries

2009. 308 pages, 4 figures, 23 photos
22.2 x 15.2 cm

ISBN 978-3-510-65257-0, paperback 26.80 €
www.schweizerbart.de/ 9783510652570

Platinum, gold and diamonds recounts the captivating story of the life of Hans Merensky, responsible for discovering the richest platinum deposit worldwide in South Africa. Born as the son of a well known missionary at Botshabelo (Transvaal), Merensky was trained as a geologist in Germany and drawn back to South Africa by his creative ambition to explore the potential of his native country. On close scrutiny Hans Merensky (*March 16, 1871 to †October 21, 1952) was far more than the wizard geologist the press dubbed him during his heyday.

Today it is obvious that Merensky was not only a scientist of note, but also an extremely farsighted and thoughtful economic strategist, agricultural trendsetter, humanitarian and philanthropist. From the discovery of the Merensky-Reef (the richest platinum deposit world wide) and the richest deposits of alluvial gem diamonds ever found to the initial attempts at the commercial cultivation of avocados and the controlled planting of saligna (Eucalyptus) and pine trees – almost everything Hans Merensky touched turned to gold (platin, rather).

Text boxes throughout the text provide background information about ore geology and economic geology, mineral markets and supporting data to enable the reader to understand the implications of Merensky's achievements.

Alfred Wegener

Die Entstehung der Kontinente und Ozeane

Nachdruck der 1. Auflage 1915 mit handschriftlichen Bemerkungen von Alfred Wegener, Notizen und Briefen sowie neu erstelltem Index.
Nachdruck der 4. umgearbeiteten Auflage 1929 mit neu erstelltem Index.

Hrsg.: Alfred-Wegener Institut für Polar und Meeresforschung Bremerhaven

2005. 481 Seiten, 24 x 17 cm
ISBN 978-3-443-01056-0, gebunden, 39.00 €

www.schweizerbart.de/ 9783443010560

Gabi Schneider

The Roadside Geology of Namibia

2008. 2nd ed., IX , 294 pp., 112 figs, 1 tab., 20 x 14 cm

(Sammlung geologischer Führer, Band 97)

ISBN 978-3-443-15084-6, paperback, 38.00 €

www.schweizerbart.de/9783443150846

The Roadside Geology Guide provides a general introduction into the geological development of southern Africa and Namibia in particular, followed by general chapters on mineralogy, palaeontology, hydrogeology and mining. 29 routes throughout the entire country are described in detail.

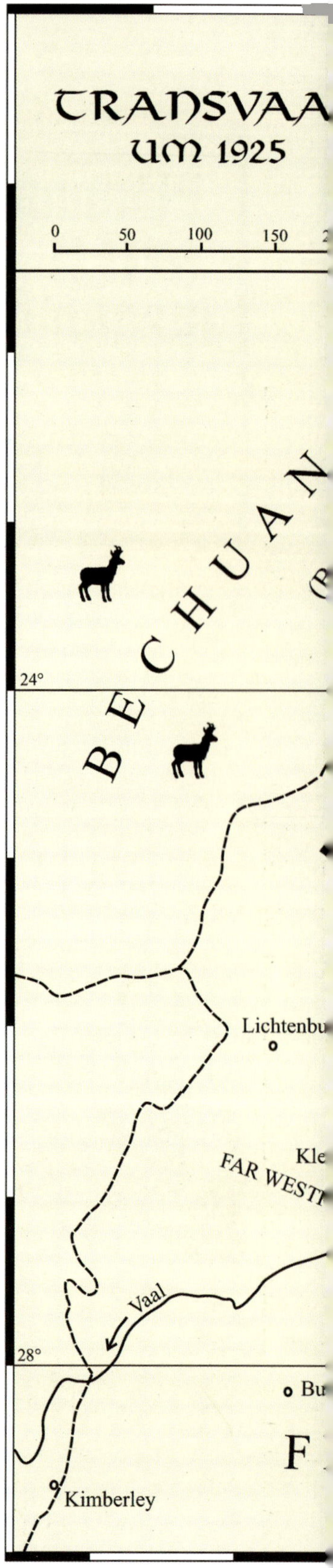
TRANSVAA
UM 1925
0
50
100
150
BECHUAN
24°
Lichtenbu
Kle
FAR WEST
Vaal
28°
Bu
F
Kimberley